普通高等学校
建筑环境与能源应用工程系列教材

Building Environment and Energy Engineering

建筑设备工程造价（第2版）

主　编 /张　怡
副主编 /李　莎
主　审 /陆军令　龙莉莉

重庆大学出版社

内容提要

本书是普通高等学校建筑环境与能源应用工程系列教材之一。全书共分9章，全面阐述了建筑设备工程安装中所涉及的工程造价基本理论、基本方法，以及在建筑各子系统设备安装阶段造价的控制问题；同时，全书在每章设有思考题，以帮助读者巩固所学知识。

书中大量的案例可帮助读者对工程造价基本原理和方法的理解与掌握，也可为建筑安装工程造价管理提供参考和借鉴。本书可作为高等学校土木建筑类专业（建筑环境与能源应用工程、市政工程、消防工程、建筑电气、建筑工程管理等专业）本科教学用书及各类工程造价培训教材，本书还可以供从事工程造价及相关专业人士参考。

图书在版编目(CIP)数据

建筑设备工程造价/张怡主编. —2版. —重庆：重庆大学出版社,2014.3(2022.7重印)
普通高等学校建筑环境与能源应用工程系列教材
ISBN 978-7-5624-8173-7

Ⅰ.①建… Ⅱ.①张… Ⅲ.①房屋建筑设备—建筑安装—工程造价—高等学校—教材 Ⅳ.①TU723.3

中国版本图书馆CIP数据核字(2014)第094125号

普通高等学校建筑环境与能源应用工程系列教材
建筑设备工程造价
(第2版)
主 编 张 怡
副主编 李 莎
主 审 陆军令 龙莉莉
责任编辑：张 婷 版式设计：张 婷
责任校对：关德强 责任印制：赵 晟
*
重庆大学出版社出版发行
出版人：饶帮华
社址：重庆市沙坪坝区大学城西路21号
邮编：401331
电话：(023)88617190 88617185(中小学)
传真：(023)88617186 88617166
网址：http://www.cqup.com.cn
邮箱：fxk@cqup.com.cn(营销中心)
全国新华书店经销
重庆市国丰印务有限责任公司印刷
*
开本：787mm×1092mm 1/16 印张：17 字数：443千 插页：8开3页
2007年5月第1版 2014年6月第2版 2022年7月第7次印刷
印数：11 001—12 000
ISBN 978-7-5624-8173-7 定价：49.00元

特别鸣谢单位

（排名不分先后）

天津大学
广州大学
湖南大学
东南大学
苏州大学
西华大学
江苏科技大学
中国矿业大学
华中科技大学
武汉科技大学
武汉理工大学
山东建筑大学
安徽工业大学
合肥工业大学
安徽建筑大学
重庆交通大学
重庆科技学院
西安交通大学
西安建筑科技大学
重庆大学
江苏大学
南华大学
扬州大学
同济大学
东华大学
上海理工大学
南京工业大学
南京工程学院
南京林业大学
山东科技大学
天津工业大学
河北工业大学
广东工业大学
福建工程学院
伊犁师范学院
中国人民解放军陆军勤务学院
江苏省制冷学会
江苏省工程建设标准定额总站

第2版 前 言

建筑环境与能源应用工程是一个十分广阔而且正在不断发展扩大的工程领域。为了构建好建筑环境与能源应用工程专业学科体系,相关高校积极合作开展教学改革,编写了普通高等教育建筑环境与能源应用工程专业系列教材。为了在充分利用学科平台的基础上,展开建筑环境与能源应用工程技术体系的教学,并拓宽专业口径,增强学生驾驭工程技术的能力,于2007年出版了第一版《建筑设备工程造价》教材。随着工程造价管理制度的不断完善与更新,为使学生能及时掌握新法规、新规范、新技术的内容并在毕业后快速适应实际工作需要,对第一版教材进行了全面修订。为保证教材的时效性和连贯性,第二版教材基本保持了第一版教材的原有体系。此次修订主要是按照新修订的《建设工程工程量清单计价规范》(GB 50500—2013)的规定,对第4~8章有关内容进行了修改。

本书力求达到以下目的:通过本书的学习,掌握工程造价的基本理论与计价方法,并且熟悉工程造价全过程计价管理的理念与基本方法;讲解水暖工程、通风空调工程、消防工程、电气工程的施工图预算编制方法,力求让读者对建筑设备工程的计价有完整的概念;从理论和实践操作角度系统地讲解工程量清单计价模式,并与定额计价模式相比较。

本书由南京工业大学张怡主编,天津工业大学李莎担任副主编,南京工业大学陆军令教授和重庆大学龙莉莉副教授审阅了全书。本书第1,3,4章由张怡编写;第2,9章由李莎、张怡共同编写;第5章由张怡、孙文全(南京工业大学)共同编写;第6章由张怡、李莎和南京林业大学田玉兰共同编写;第7章由江苏省定额总站曹良春、张怡共同编写;第8章由倪宏海、方林梅(南京工业大学)共同编写。

限于作者水平与经验,书中难免有疏漏和不妥之处,衷心地期待专家和读者多给我们提出宝贵意见,以便今后不断地修订和完善!

编 者

2013年12月

第1版 前 言

工程造价是一门集技术、经济为一体的综合性学科，也是理论性、实践性、政策性很强的一门学科。由于各专业涉及的技术理论不同，工程造价的确定和管理也就存在着差异性。建筑环境与设备工程专业性很强，学科分支也较多，设计、施工和管理的各阶段专业技术人员往往更多地关注于技术条件和技术方法，而忽略了经济可行性的分析与判断。技术是项目实现的前提，而经济分析是技术决策的依据。随着建筑管理市场的日益完善，建筑设备安装行业急需具有综合素质的高层次专业人才。本书的编写出版，正是为了满足这一社会需求，适合高等学校土木建筑类相关专业本科教学用书及各类工程造价培训教材。

本书从结构上分为3部分：第1~4章为工程造价基础知识，包括工程造价基础理论、工程定额原理和工程造价的确定等有关知识；第5~8章为建筑设备工程预算内容，详细讲述了给排水、采暖工程、通风空调工程、消防工程和电气工程等施工图预算的编写方法及工程量清单计价原理；第9章为建筑设备工程招投标的有关内容。

第1部分内容结合当前的工程造价理论，由浅入深地讲述了有关工程造价的基本知识；第2部分内容主要介绍建筑设备工程预算的编制方法，并有针对性地介绍了部分工程的安装工艺，为工程造价的编制和工程量清单计价提供方便。同时，在讲解各专业工程施工图预算的章节中，插入了不同类型的建筑设备工程施工图预算编制实例和工程量清单计价编制实例，可作为建筑设备工程造价管理时的参考和借鉴。

本书由南京工业大学张怡主编，天津工业大学李莎担任副主编，南京工业大学陆军令教授和重庆大学龙莉莉副教授审阅了全书。本书第1,3,4章由张怡编写；第2,9章由李莎、张怡共同编写；第5章由张怡、孙文全(南京工业大学)共同编写；第6章由张怡、李莎和南京林业大学田玉兰共同编写；第7章由江苏省定额总站曹良春、张怡共同编写；第8章由倪宏海、方林梅(南京工业大学)共同编写。此外，刘建峰、陈赛赛、黄凯(南京工业大学)也为本书的编写提供了帮助，在此表示感谢。

当前，我国工程造价体制仍处于变革和完善时期，还有许多问题亟待研究和探讨，加之编者理论水平有限，书中缺点和谬误恳请广大读者批评指正。

编 者

2007年2月

目录

1 工程造价基础知识

1.1 基本建设项目与项目建设程序

1.1.1 基本建设项目

基本建设是指形成固定资产的全部经济活动过程，是一种宏观的经济活动，它横跨国民经济各部门（包括生产、分配、流通各个环节），既有物质生产活动，又有非物质生产活动；同时，基本建设又是一种微观的经济活动，如具体项目的决策、土地征用、地质勘查、建筑设计、设备购置、建筑安装等都属于基本建设经济活动的范畴。

国民经济各部门购置和建造新的固定资产的经济活动过程，以及与其相联系的其他工作，即国民经济各部门为了扩大再生产而进行的增加固定资产的工作，均视为基本建设。基本建设通过新建、扩建、改建和重建等形式来完成，其中新建和扩建是最主要的形式。

基本建设项目是指在一个总体设计或初步设计范围内，由一个或几个单项工程组成，在经济上实行独立核算，行政上有独立的组织形式，实行统一管理的建设单位。一般以一个企业、事业单位或大型独立工程作为一个建设项目。例如，新建一座工厂、一所学校、一所医院等均为一个基本建设项目。

凡属于一个总体设计范围内分期分批进行建设的主体工程和附属配套、综合利用、供水、供电等工程，均应作为一个基本建设项目，不能将其按地区或施工承包单位划分为若干个基本建设项目。此外，也不能将不属于一个总体设计范围内的工程按其他方式视为一个基本建设项目。

1.1.2 基本建设项目划分

建设项目是一个有机整体，但可根据项目管理和项目经济核算的需要，将建设项目划分为单项工程、单位工程、分部工程、分项工程等层次。这里，项目管理主要指项目投资管理、项目实施管理和技术管理。

(1)单项工程

单项工程又称为工程项目,即在一个建设项目中,具有独立的设计文件,能单独编制综合预算,竣工后可以独立发挥生产能力或效益的工程。它是建设项目的组成部分。一个建设项目可包括若干个单项工程,也可以只有一个单项工程。

(2)单位工程

单位工程是单项工程的组成部分,通常是指具有单独设计的施工图纸和单独编制的施工图预算,具备独立施工条件和独立作为计算成本对象,但建成后一般不能单独进行生产或投入使用的工程。按照单项工程所包含的不同性质的工程内容和是否具备独立施工条件,可将一个单项工程划分为若干个单位工程。

建筑工程是一个复杂的综合体,为计算简便,一般可根据各个组成部分的性质、作用和专业特点,将一个单项工程分为以下几个单位工程:

①土建工程:包括建筑物和构筑物的各种结构工程和装饰工程等。

②构筑物和特殊构筑物工程:它包括各种设备基础、高炉、烟囱、桥梁、涵洞等工程。

③工业管道工程:包括蒸汽、压缩空气和煤气等管道工程。

④卫生工程:包括室内外给水与排水、采暖通风及民用煤气等工程。

⑤电气照明工程:包括室内外照明设备安装、线路敷设、变配电设备安装等工程。

⑥设备及其安装工程:包括各种机械设备及其安装等工程。

(3)分部工程

分部工程是单位工程的组成部分,一般按单位工程的各个部位、构件性质、使用的材料、工种或设备的种类和型号等划分而成。例如,一般土建工程可以划分为:土石方工程、打桩工程、基础工程、砌筑工程、金属结构工程、木结构工程、楼地面工程、门窗工程等分部工程。通风空调工程可划分为:风管制作安装、阀门制作安装、风口制作安装、通风空调设备安装等分部工程。给排水工程可划分为:管道安装、阀门安装、卫生器具安装等分部工程。

在每个分部工程中,由于构造、使用材料规格或施工方法等因素的不同,完成同一计量单位的工程所需要消耗的工、料和机械台班数量及其价值的差别是很大的。因此,为计算造价的需要,还应将分部工程进一步划分为分项工程。

(4)分项工程

分项工程是分部工程的组成部分,一般按照选用的施工方法、使用的材料、结构构件规格等因素划分,经较为简单的施工过程就能完成,以适当的计量单位就可以计算工程量及其单价的建筑或设备安装工程。它是单项工程组成部分中最基本的构成要素,一般没有独立存在的意义,只是为了编制建设预算时人为确定的一种比较简单和可行的假定"产品"。

综上所述,一个建设项目是由一个或几个单项工程组成的,一个单项工程又是由几个单位工程组成的,一个单位工程又可以划分为若干个分部工程,一个分部工程又可以划分为若干个分项工程,而建设概预算文件的编制就是从分项工程开始的。

1.1.3 工程项目建设程序

项目建设是一种多行业与多部门密切配合的、综合性比较强的经济活动。因此,一个建设项目在整个建设过程中各项工作必须遵循一定的建设程序,该程序是客观存在的自然规律和经济规律的正确反映。

各个国家和国际组织在工程项目建设程序上可能存在某些差异，但是按照工程建设项目发展的内在规律，投资建设一个工程项目都要经过投资决策和建设实施两个进展时期。这两个进展时期又可以分为若干个阶段，各阶段之间存在着严格的先后次序，可以进行合理的交叉，但不能任意颠倒次序。

1）工程项目建设投资决策时期

工程项目建设投资决策时期一般可以分为三个阶段：

（1）提出项目建议书

它是业主单位向国家或主管部门提出的要求建设某一具体项目的建设性文件，是基本建设程序中最初阶段的工作，也是投资决策前对拟建项目的轮廓设想。项目建议书应重点放在项目是否符合国家宏观经济政策，是否符合产业政策、产品结构要求及生产布局要求等方面，减少盲目建设和不必要的重复建设。

项目建议书的内容主要包括：项目提出的依据和必要性，拟建规模和建设地点的初步设想，资源情况、建设条件、协作关系、引进国别和厂商等方面的初步分析，投资估算和资金筹措设想，项目的进度安排，经济效果和社会效益的分析等。

项目建议书是国家选择建设项目的依据，当项目建议书批准后方可进行可行性研究。

（2）进行可行性研究

根据国民经济发展规划及项目建议书，运用多种研究成果对建设项目投资决策进行技术经济论证。通过可行性研究，观察项目技术上的先进性和适用性，经济上的盈利性和合理性，以及建设的可能性和可行性等。

可行性研究工作完成后，即可编写出反映其全部工作成果的"可行性研究报告"，其内容不尽相同，但一般应包括市场研究、工艺技术方案的研究、经济效益和社会效益评价等。

可行性研究报告经过正式批准后将作为初步设计的依据，不得随意修改和变更，此时建设项目才算正式"立项"。

（3）编制计划任务书

计划任务书又称为设计任务书，是确定建设项目和建设方案的基本文件，也是编制设计文件的主要依据。所有的新建、扩建、改建项目都要按项目的隶属关系，由主管部门组织计划、设计，或筹建单位提前编制计划任务书，再由主管部门审查上报。

计划任务书的内容对于不同类型的建设项目是不完全相同的。对于大中型项目，一般包括建设目的和依据，建设规模、产品方案或纲领，生产方法或工艺原则，矿产资源、水文地质和工程地质条件，主要协作条件，资源综合利用情况和环境保护与"三废"治理要求，建设地区或地点及占地面积，建设工期，投资总额，劳动定员控制数，要求达到的经济效益和技术水平等。

2）工程项目建设投资实施时期

工程项目建设投资实施时期一般可分为五个阶段：

（1）编制设计文件

设计文件是安排建设项目和组织施工的主要依据，一般由主管部门或建设单位委托设计单位编制。

一般建设项目应按初步设计和施工图设计两个阶段进行。对于技术复杂且缺乏经验的项目,经主管部门指定,按初步设计、技术设计和施工图设计三个阶段进行。根据初步设计编制设计概算,根据技术设计编制修正概算,根据施工图设计编制施工图预算。

(2)建设准备及招投标阶段

开工前要对建设项目所需要的主要设备和特殊材料申请订货,并组织大型专用设备和施工项目的招投标活动。建设准备阶段的主要工作包括:征地拆迁,技术准备,搞好"三通一平",修建临时生产和生活设施,协调图纸和技术资料的供应,落实建筑材料、设备和施工机械,组织施工招标,择优选择施工单位。

(3)全面施工阶段

工程项目经批准开工建设,即项目进入全面施工阶段。项目开工时间是指设计文件中规定的任何一项永久性工程第一次正式破土开槽施工的日期。

全面施工阶段一般包括土建、给排水、采暖通风、电气照明、动力配电、工业管道,以及设备安装等工程项目的施工。为确保工程质量,施工必须严格按照施工图纸、施工验收规范等要求进行,合理地组织施工。

(4)生产准备阶段

生产准备是项目投产前由建设单位进行的一项重要工作。在展开全面施工的同时,要做好各项生产准备,以保证及时投产,并尽快达到生产能力。其主要工作包括:组织强有力的生产指挥机构,制订颁发必要的管理制度和安全生产操作规程,招收和培训生产骨干和技术工人,组织生产人员参加设备的安装、调试和竣工验收,组织工具、器具和配件等的制作和订货,签订原材料、燃料、动力、运输和生产协作的协议等。

(5)竣工验收和交付使用

建设项目按批准的设计文件所规定的内容建成后,便可以组织竣工验收,对建设项目进行全面考核。验收合格后,施工单位应向建设单位办理工程移交和竣工结算手续,使其由基本建设系统转入生产系统。建设单位负责编制竣工决算。

上述两个进展时期八个阶段中的前五个阶段称为建设前期,它包括的范围广,占用资金不多,但对工程建设的投资、质量起着决定性的作用。而投资实施期中的每一个阶段都以前一个阶段的工作成果为依据,同时又为后一环节创造条件,环环相扣,若其中有一个环节失误,即会造成全盘失误。因此,必须严格按基本建设程序办事。

1.2 建设工程造价概述

1.2.1 工程造价的含义

中国建设工程造价管理协会(CAMCC)定义建设工程造价为"完成一项建设工程所需花费的费用总和。其中建筑安装工程费,也即建筑、安装工程的造价,在涉及承发包的关系中,与建筑、安装工程造价同义。"该定义明确了建设工程造价具有"费用总和"和"建筑安装工程费"

两个内涵。

“费用总和”又称为建设成本或工程投资,是对投资方、业主、项目法人而言的。在确保建设要求、工程质量的基础上,其目的是谋求以较低的投入获得较高的产出。从性质上讲,建设成本的管理属于对具体工程项目的投资管理范畴。

“建筑安装工程费”又称为承包价格或工程价格,是对发包方、承包方双方而言的。在具体工程中,双方都在通过市场谋求有利于自身的合理的承包价格,并保证价格的兑现和风险的补偿。因此,双方都有对具体工程项目的价格管理问题,该项管理属于价格管理范畴。

工程价格是指工程项目的承发包价格,这一承发包价格实际上是指通过招投标等方式,承包商或项目实施者从业主处所获得的工程建设项目的全部收入。它与工程投资关系密切,是工程投资的主要组成部分,其价格的高低直接影响工程投资的多少。

一般而言,工程投资是指由业主支付给项目实施者的一个工程项目的全部费用,包括在工程项目全过程中,从土地购置、规划设计、勘探,到土建、安装、监理、造价管理等方面的各种资源消耗与占用的费用和其他费用。

一些工程造价管理学者还会使用“工程造价”这个概念,该概念会随讨论的问题和使用场合的不同具有不同的含义,有时是指“工程投资”,有时又指“工程价格”。“工程造价”在赋予了这两个内涵之后,作为通用的基本术语,在讨论的问题和使用的场合不同时,其含义会有所不同。

1.2.2 基本建设项目投资构成和工程造价构成

我国现行基本建设项目投资构成包含固定资产投资和流动资产投资两部分。其中,固定资产投资与建设项目的工程造价在量上是相等的。工程造价的构成按工程项目建设过程中各类费用支出或花费的性质和途径等划分,一般包括建筑安装工程费用、设备及工器具购置费用、工程建设其他费用、预备费、建设期贷款利息、固定资产投资方向调节税(暂停征收)六个部分。其中:

(1)建筑安装工程费用

建筑安装工程费用包括建筑工程费用和安装工程费用两大部分。每部分均由直接工程费、间接费、利润及税金四部分组成。

(2)设备及工器具购置费用

设备购置费是指为建设项目购置或自制的,达到固定资产标准的各种国产或进口设备、工具、器具的费用,它由设备原价和设备运杂费构成;工具、器具及生产家具购置费用是指新建或扩建项目按初步设计规定的,保证初期正常生产必须购置的没有达到固定资产标准的设备、仪器、模具、器具、生产家具和备品备件等的费用。

(3)工程建设其他费用

此部分费用为除上述费用以外的,包括为保证工程建设顺利完成和交付使用后能发挥效用而发生的各项费用,可分为三大类:

①土地使用费:为获得建设用地而支付的费用,包括土地使用权出让金和土地征用及拆迁补偿费等。

②与项目建设有关的其他费用:一般包括建设单位管理费、勘察设计费、研究试验费、建设

单位临时设施费、工程监理费、工程保险费等费用。

③与未来企业生产经营有关的其他费用:主要包括生产准备费、联合试运转费等。

(4)预备费

按我国现行规定,预备费包括基本预备费和涨价预备费。

①基本预备费是指在初步设计及概算内难以预料的工程费用,即:

基本预备费=(建筑安装工程费用+设备及工器具购置费用+
工程建设其他费用)×基本预备费率

②涨价预备费是指建设项目在建设期内,由于价格等变化引起工程造价变化而预测的预留费用。通常采用复利方法计算。

1.2.3 工程造价计价特点

建设工程造价除具有一切商品价格的共同特点之外,还具有其自身的价格特点,即单件性计价、多次性计价和组合性计价。

(1)单件性计价

建设工程实物形态千差万别,构成工程费用的各种价值要素差异很大,最终导致建设工程产品不可能像工业产品那样按品种、规格、质量批量定价,而只能根据各个工程项目的特点,通过特定的计价模式进行单件计价。

(2)多次性计价

建设工程的生产周期长,消耗资源多。为了便于工程建设各方经济关系的建立,适应项目管理的需求和工程造价控制的要求,需要按照建设程序的各阶段多次计价。从投资估算、设计概算、施工图预算到招标承包合同价、工程价款结算、竣工决算等,整个计价过程是一个由粗到细,由浅到深,最后确定实际造价的过程。各计价过程相互衔接,前者制约后者,后者是前者的细化和补充。

(3)组合性计价

建设项目分为单项工程、单位工程、分部工程、分项工程四个层次。其中,分项工程是经较为简单的施工过程就能完成,可以用适当的计量单位计量,并便于计算其消耗的工程基本构成要素。工程计价时,首先对各分项工程进行计价,从而确定出分部工程造价,各分部工程价格汇总形成单位工程造价,各单位工程价格汇总形成单项工程造价。因此,建设工程是按工程构成的分部组合进行计价的。

1.2.4 不同建设阶段的工程造价名称及作用

(1)投资估算

在项目建议书、可行性研究或计划任务书阶段,建设单位向国家或主管部门申请基本建设投资时,为了确定建设项目投资总额而编制的经济文件,称为投资估算。它是国家或主管部门审批或确定基本建设投资计划的重要依据。投资估算主要是根据估算指标、概算指标或类似工程预(决)算等资料进行编制的。

经过相关单位批准的投资估算,即为该项目的国家计划控制造价。

(2)设计概算

设计概算又称为工程概算,是在初步设计或扩大初步设计阶段,由设计单位根据初步设计图纸,概算定额或概算指标,设备预算价格,各项费用定额或取费标准,建设地区的自然、技术经济条件等资料,预先计算建设项目由筹建至竣工验收、交付使用全部建设费用的经济文件。

经批准的设计概算即为控制拟建项目工程造价的最高限额。其主要作用是:

①国家确定和控制建设项目总投资的依据。未经规定的程序批准,不能突破总概算限额。

②编制基本建设计划的依据。每个建设项目,只有当初步设计和概算文件被批准后,才能列入基本建设计划。

③进行设计概算、施工图预算和竣工决算——“三算”对比的基础。

④实行投资包干和招标承包制的依据,也是建设银行办理工程拨款、贷款和结算,以及实行财政监督的重要依据。

⑤考核设计方案的经济合理性,选择最优设计方案的重要依据。利用概算对设计方案进行经济性比较,以提高设计质量。

(3)修正概算

当采用“三阶段”设计时,在技术设计阶段随着设计内容的具体化,建设规模、结构性质、设备类型和数量等方面内容与初步设计相比可能有出入时,设计单位对投资进行具体核算,对初步设计的概算进行修正而形成经济文件。

(4)施工图预算

在施工图设计阶段、设计全部完成并经过会审、单位工程开工之前,施工单位根据施工图纸、施工组织设计、预算定额、各项费用取费标准和建设地区的自然、技术经济条件等资料,预先计算和确定单项工程和单位工程全部建设费用而形成经济文件。其主要作用是:

①确定建筑安装工程造价的依据。

②签订建筑安装工程施工合同、实行工程预算包干、进行工程竣工结算的依据。

③建设银行拨付工程价款的依据。

④施工企业加强经营管理,搞好经济核算,实行施工预算和施工图预算“两算”对比的基础,也是施工企业编制经营计划、进行施工准备和投标报价的依据。

(5)标底及投标报价

工程项目的标底就是在招标前,由建设单位根据工程设计图纸,国家、省及其授权机关颁发的有关定额和取费标准等算出的投资总额,并且经当地工程招标管理部门或银行审定后确定的发包造价。

标底的计算主要是以施工图预算为基础,并具有计算准确、可靠程度高的特点。

投标报价是投标单位根据招标文件及自身的管理水平、装备能力、技术力量和资金情况等进行计算后所编制的工程项目价格的经济性文件。

(6)工程结算

一个单项工程、单位工程、分部工程或分项工程完工后,经建设单位及有关部门验收,须由施工企业根据施工过程中发生的增减变化内容(包括设计变更通知书、现场签证、材料代用等资料),并按合同及工程造价的有关规定对原合同造价或施工图预算进行调整编制,最终形成工程造价文件。

(7)竣工决算

在竣工验收阶段,须由建设单位编制的反映建设项目从筹建到竣工验收、交付使用全过程实际支付的建设费用的经济文件,内容由文字说明和决算报表两部分组成。竣工决算全面反映了基本建设的经济效果,是核定新增固定资产和流动资产价值、办理交付使用的依据。

综上所述,不同建设阶段的工程造价名称不同,其分类与基本建设程序紧密相关,见图1.1。

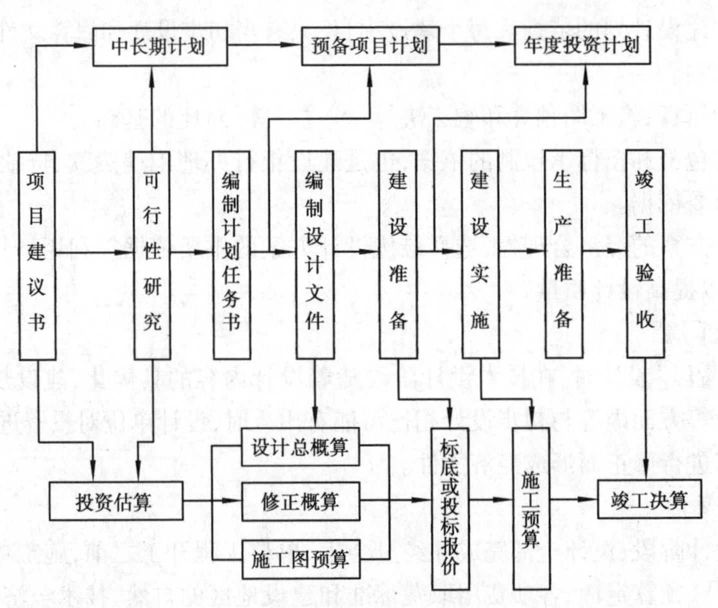

图1.1　基本建设程序与概(预)算的分类关系图

1.2.5　工程建设概预算文件

概预算文件主要由下列概预算书组成:

(1)单位工程概(预)算书

在确定某一个单项工程中时,一般包括土建工程、给排水工程、电气照明工程等各单位工程建设费用的文件。

单位工程概(预)算是根据设计图纸和概算指标、概算定额、预算定额、其他直接费和间接费定额,以及国家有关规定等资料编制的。

(2)综合概(预)算书

综合概(预)算书是确定各个单项工程全部建设费用的文件,并由该单项工程内的各单位工程概(预)算书汇编而成。当一个建设项目中只有一个单项工程时,则与该工程项目有关的其他工程和费用的概(预)算书,也应列入该单项工程综合概(预)算书中,单项工程综合概(预)算书实际就是一个建设项目的总概(预)算书。综合概预算书包括:工程或费用名称,建筑工程费(应分别列出土建工程,给排水工程,采暖、煤气工程,通风工程,装饰工程等费用),设备及安装工程费,以及其他费用和技术经济指标等内容。

(3)建设项目总概(预)算书

建设项目概(预)算书是确定一个建设项目从筹建到竣工验收全过程的全部建设费用的

总文件,是由该建设项目各单项工程的综合概(预)算书汇总而成的,包括建成一个建设项目所需要的全部投资。

综上所述,一个建设项目的全部建设费用是由总概(预)算书确定和反映的,并由一个或几个单项工程的综合概(预)算书组成。一个单项工程的全部建设费用是由综合概(预)算书确定和反映的,它由该单项工程内的几个单位工程概(预)算书组成。

在编制建设项目概(预)算时,应首先编制单位工程概(预)算书,然后编制单项工程综合概(预)算书,最后编制建设项目总概(预)算书。

1.2.6　基本建设预算制度

基本建设预算制度是对基本建设预算的编制、审批办法、各种定额、材料预算价格的编制,以及基本建设预算的组织与管理工作的总称。

1)基本建设预算的编制与审定

基本建设预算是对设计概算和施工图预算的总称。采用两阶段设计的项目,由设计部门编制设计概算和施工图预算。采用"三阶段"设计的项目,设计部门还要在技术设计阶段编制修正概算。对于技术简单的小型建设项目,设计方案确定之后就可进行施工图设计,并编制施工图预算。

建设单位在报批设计文件的同时,必须报批设计概算。施工图预算目前主要由施工单位编制;同时,国家规定有条件的设计单位也要编制施工图预算。

建设单位以审查施工图预算为主,一般不单独编制施工图预算。

施工图预算的审定,应由建设单位或其主管部门组织建设单位、设计单位、施工单位、银行分别或集中进行。从交付预算文件之日算起,预算的审定时间一般不超过30天。

2)基本建设预算工作的管理机构

目前,我国由住房和城乡建设部标准定额司主管基本建设预算工作。各省、自治区、直辖市可设置独立的建设工程造价管理机构,组织制定工程价格管理的有关法规、制度并贯彻实施,负责预算定额、费用定额等的制定和管理工作,以及管理造价咨询单位的资质工作。各市、县可设立建设工程造价管理机构,负责材料预算价格的编制和日常的定额、预算管理工作。

设计机构和工程造价咨询机构按照业主或委托方的意图,在可行性研究和设计阶段,合理确定及有效控制建设项目的工程价格,通过限额设计等手段实现设定的价格目标;在招投标工作中编制标底,参加评标、议标;在项目实施阶段,通过设计变更、索赔等管理进行价格控制。

承包企业设有专门的职能机构参与企业的投标决策;在施工过程中进行价格的动态管理,加强成本控制;进行工程价款的结算,避免收益的流失。

建设银行是主管基本建设信贷投资的专业银行,负责合理发放和监督建设资金的使用和回收工作,所以也应有相应的预算管理和监督的职责。

中国建设工程造价管理协会是具有社会团体法人资格的全国性社会团体,对外代表造价工程师和工程造价咨询服务机构的行业性组织。

3)我国的造价工程师执业制度

我国的造价工程师是由国家授予资格并准予注册后执业,专门接受某个部门或某个单位的指定、委托或聘请,负责并协助其进行工程造价的计价、定价及管理业务,以维护其合法权益的一种独立设置的职业的从业人员。造价工程师应既懂得工程技术,又懂得工程经济和管理,并具有实践经验,能为建设项目提供全过程价格确定、控制和管理,使既定的工程造价限额得到控制,并取得最佳投资效益。

现行制度规定,凡从事工程建设活动的建设、设计、施工、工程造价咨询、工程造价管理等单位和部门,必须在计价、评估、审查(审核)、控制及管理等岗位配备有造价工程师执业资格的专业技术人员。

我国的造价工程师执业资格制度是指国家建设行政主管部门或其授权的行业协会,依据国家法律法规制定的,规范造价工程师职业行为的系统化的规章制度以及相关组织体系的总称。

造价工程师执业资格考试的条件(凡中华人民共和国公民,遵纪守法并具备以下条件之一者,均可参加造价工程师执业资格考试):

①工程造价专业大专毕业后,从事工程造价业务工作满5年;工程或工程经济类大专毕业后,从事工程造价业务工作满6年。

②工程造价专业本科毕业后,从事工程造价业务工作满4年;工程或工程经济类本科毕业后,从事工程造价业务工作满5年。

③获上述专业第二学士学位或研究生班毕业和取得硕士学位后,从事工程造价业务工作满3年。

④获上述专业博士学位后,从事工程造价业务工作满2年。

造价工程师执业资格考试分为四个科目:工程造价管理相关知识、工程造价计价与控制、建设工程技术与计量(土建或安装)、工程造价案例分析。

思考题

1.1 根据项目管理和项目经济核算的需要,建设项目可以划分为哪几个层次?

1.2 简述基本建设项目费用的构成。

1.3 我国现行工程项目的建设依据怎样的建设程序进行?

1.4 工程造价的含义及其计价特点是什么?

1.5 我国工程造价如何分类?找出不同造价文件之间的差异。

1.6 试述工程造价管理与基本建设程序的关系。

2 建筑设备工程造价管理

工程造价管理贯穿工程建设的全过程。在项目决策阶段,其主要任务是编制工程投资估算,并对不同的方案进行对比,为决策提供依据。设计阶段的工程造价管理是整个工程造价管理的关键,可通过编制设计概算了解工程造价的构成,分析设计方案的经济合理性,以及设计方案的技术和经济的统一性,为控制工程造价提供依据。在建设准备阶段,其通过编制施工图预算,为工程招标投标、确定承发包价格、签订工程合同等提供依据。在项目施工阶段,其主要工作是工程的计量和工程价款的结算,这是考核工程实际进度和实现项目实施过程造价控制的关键。在竣工验收阶段,竣工结算是承包方与业主办理工程价款最终结算的依据,也是核定建筑安装工程费用的依据。同时,建设单位应按照国家有关规定编制反映项目从筹建到竣工投产使用过程全部实际支出费用的竣工决算的经济文件。

2.1 投资估算

2.1.1 投资估算的内容

投资估算是指在项目建议书阶段和可行性研究阶段,依据所拥有的资料,采用科学的估价方法,对拟建工程所需的投资额进行的预测和估计。

项目总投资由固定资产投资和流动资产投资两部分组成。其中,固定资产投资等同于基本建设项目费用;流动资产投资是伴随着固定资产投资而发生的长期占用的流动资金,即生产经营性项目投产后,用于购买原材料和燃料、支付工资及其他经营费用等所需的周转资金。在编制投资估算时,一般按照流动资金占固定资产总投资的比例来计算。本章着重讲解固定资产投资估算方法。

投资估算的编制依据:一是项目建议书、可行性研究报告、建设方案等;二是投资估算指标、概算指标、概预算定额及其单价、技术经济指标等资料;三是当地建设工程造价费用构成,当地设备、材料预算价格和市场价格;四是项目现场施工的自然、经济和社会环境等;五是其他方面可供参考的指标和数据等。

2.1.2 投资估算的编制方法

1)民用建筑项目静态投资估算常用方法

(1)指标估算法

根据编制的各种具体的投资估算指标,可进行拟建项目工程投资估算。通常根据投资估算指标与拟建项目的面积、体积、容量、座位数、床位数、房屋套数等相乘,估算出土建、给排水、室内电器照明、采暖、通风、空调、变配电等工程各自的单位工程投资额,然后汇总估算某一单项工程的投资额,再估算出工程建设其他费用及预备费等,最后求得拟建项目所需的总投资额。

采用这种方法进行投资估算时,需根据国家有关规定、投资主管部门或地区颁布的估算指标,结合拟建项目的具体情况进行。当套用的指标与具体拟建工程之间的标准或条件存在差异时,需加以换算或调整。常用的指标估算法主要有:

①单位面积综合价格指标估算法:用测算的已建类似项目每平方米建筑面积的价格指标(包括单位工程所需的总投资额)乘以拟建项目的建筑面积,即可估算拟建项目投资额。该方法适用于单项工程的投资估算,即:

拟建项目投资额 = 单位面积综合价格指标 × 拟建项目建筑面积 × 价格浮动指数 ± 结构及建筑标准部分的价差

②单元指标估算法:用测算的拟建类似项目的单元价格指标乘以拟建项目的单元数量,即可估算拟建项目的投资额。其中,单元价格指标是指以适当计量单位表示的单位使用效益的投资额指标。例如:饭店和宾馆每套客房的投资指标,医院每个床位的投资指标等,即:

拟建项目投资额 = 单元价格指标 × 拟建项目的单元数量 × 价格浮动指数

(2)模拟概算法

当拟建项目的方案达到一定的深度时,可用有关的工程概算指标,按照编制工程项目概算的程序及思路进行拟建项目投资估算。其具体估算步骤与方法如下:

①将拟建项目划分为给排水、电气、采暖、通风、空调、消防等不同的单位工程。

②进行各单位工程投资估算。选用相应专业的估算指标,计算各单位工程所需的投资额。

③进行其他费用投资估算。计算与拟建项目设备安装工程相关的其他费用投资估算,如措施费和间接费等。

④汇总计算拟建项目的设备及安装工程所需总投资额。

2)工业生产项目静态投资估算常用方法

(1)生产规模指数估算法

根据已建成的类似建设项目或生产装置的投资额和生产规模,粗略估算拟建项目所需投资额,即:

$$C_2 = C_1(Q_2/Q_1)^n f \tag{2.1}$$

式中:C_1 为已建类似项目或装置的投资额;C_2 为拟建项目或装置的投资额;Q_1 为已建类似项目或装置的生产规模;Q_2 为拟建项目或装置的生产规模;f 为不同时期、不同地点的定额、单价、费用变更等的综合调整系数；n 为生产规模指数，$0 \leqslant n \leqslant 1$。

若已建类似项目或装置的生产能力和拟建项目或装置的生产能力相差不大，生产能力比值为0.5～2，则 $n \approx 1$；若已建类似项目或装置与拟建项目或装置的规模相差不大于50倍，且拟建项目规模的扩大仅靠增大设备规模来达到时，则 $n = 0.6 \sim 0.7$；若拟建项目规模的扩大是靠增加相同规格设备的数量来达到时，则 $n = 0.8 \sim 0.9$。

【例2.1】 某地已建成一座年产量为30万t的某生产装置，投资额为8 000万元，现拟在该地再建一座年产量为90万t的该类产品的生产装置，已知 $f = 1.2$，试用生产规模指数法进行拟建项目的投资估算。

【解】 设 $n = 0.6$，则：

$$C_2 = 8\,000\text{ 万元} \times (90/30)^{0.6} \times 1.2 \approx 18\,558.55\text{ 万元}$$

采用生产规模指数估算法进行拟建项目的投资估算，只需用生产规模就能进行投资估算，不需要详细的工程设计资料，计算简单，速度快，但要求选用的类似工程的资料必须合理、可靠，条件基本相同，否则就会增大投资估算的误差。

(2)比例估算法

通过已建同类项目投资额的有关比例，对拟建项目进行投资估算。具体分为以下几种：

①分项比例估算法：将项目的固定资产投资分为设备投资、建筑物与构筑物投资、其他投资三部分，先估算出设备的投资额，再按一定比例估算出建筑物与构筑物的投资及其他投资，汇总三部分的投资额即可估算拟建项目所需的投资总额。

设备投资估算是指设备投资需按设备原价加上设备的运输费、安装费等进行估算，即：

$$K_1 = \sum Q_i P_i (1 + L_i) \tag{2.2}$$

式中：K_1 为设备的投资估算值；Q_i 为第 i 种设备所需数量；P_i 为第 i 种设备的出厂价格；L_i 为同类项目同类设备的运输、安装费系数。

建筑物与构筑物投资估算（参考）：

$$K_2 = K_1 L_b \tag{2.3}$$

式中：K_2 为建筑物与构筑物的投资估算值；L_b 为同类项目中建筑物与构筑物投资占设备投资的比例，露天工程取为0.1。

其他投资估算（参考）：

$$K_3 = K_1 L_w \tag{2.4}$$

式中：K_3 为其他投资的估算值；L_w 为同类项目其他投资占设备投资的比例。

拟建项目固定资产投资总额的估算值 K 为：

$$K = (K_1 + K_2 + K_3)(1 + S) \tag{2.5}$$

式中：S 为考虑不可预见因素而设定的费用系数，一般为10%～15%。

②费用比例估算法：以拟建项目或装置的设备费为基数，根据已建成的同类项目或装置的建筑安装费和其他工程费用等各项费用占设备价值的百分比及相应的调整系数，估算出建筑安装费及其他工程费用等，再加上拟建项目的其他有关费用，汇总估算拟建项目或装置所需投资总额，即：

$$C = E(1 + f_1 P_1 + f_2 P_2 + f_3 P_3 + \cdots) + I \tag{2.6}$$

式中：C 为拟建项目或装置的投资总额；E 为根据拟建项目或装置的设备清单按当时当地价格

计算的设备费(包括运杂费)的总和;$P_1, P_2, P_3, \cdots$为已建项目中建筑、安装及其他工程费等项费用占设备费的百分比;$f_1, f_2, f_3, \cdots$为由于时间因素引起的定额、价格、费用标准等变化的综合调整系数;I为拟建项目或装置的其他费用。

③专业工程比例估算法:以拟建项目中最主要、投资比重较大并与生产规模直接相关的工艺设备的投资(包括运杂费及安装费)为基数,根据同类型的已建项目的有关统计资料,计算出拟建项目的各专业工程(土建、暖通、给排水、电气及电信、自控及其他工程费用等)占工艺设备投资的百分比,求出其投资额并汇总各部分,估算拟建项目所需投资总额。估算公式如下:

$$C = E'(1 + f_1P'_1 + f_2P'_2 + f_3P'_3 + \cdots) + I \tag{2.7}$$

式中:C为拟建项目或装置的投资总额;E'为拟建项目中最主要、投资比重较大并与生产规模直接相关的工艺设备的投资(包括运杂费及安装费);$P'_1, P'_2, P'_3, \cdots$为各专业工程费用占工艺设备费用的百分比。

(3)朗格系数估算法

此法也称因子估算法,是以设备费为基础,乘以适当的系数来推算拟建项目所需投资额的投资估算方法。估算公式如下:

$$C = E(1 + \sum K_i)K_c \tag{2.8}$$

式中:C为拟建项目的总投资;E为主要设备费;K_i为管线、仪表、建筑物等项费用的估算系数;K_c为管理费、设计费、合同费、预备费等项费用的总估算系数。

拟建项目总投资额与主要设备费用之比称为朗格系数K_L,即:

$$K_L = (1 + \sum K_i)K_c \tag{2.9}$$

朗格系数包含的内容见表2.1。

表2.1 朗格系数内容表

项目		固体流程	固流流程	流体流程
朗格系数 L		3.1	3.63	4.74
内容	(a)包括基础、设备、绝热、油漆及设备安装费	$E \times 1.43$		
	(b)包括上述各项费用在内的配管工程费	(a)×1.1	(a)×1.25	(a)×1.6
	(c)安装直接费	(b)×1.5		
	(d)包括上述内容和间接费,即总投资 C	(c)×1.31	(c)×1.35	(c)×1.38

应用朗格系数法做拟建项目投资估算的步骤:

第1步,估算设备到达现场的费用。此项费用包括设备的出厂价、运费、装卸费、关税、保险费、采购费等。

第2步,估算设备基础、绝热工程、油漆工程、设备安装工程等各项费用。用估算的设备费乘以1.43作为此项费用。

第3步,估算包括上述各项费用在内的配管工程费。以第2步估算值为基数,视不同的流程分别乘以1.1,1.25,1.6作为此项费用。

第4步,估算包括上述各项费用在内的此项装置(或项目)的直接费。以第3步估算值为基数,乘以 1.5 作为此项费用。

第 5 步,估算拟建项目的总投资。以第 4 步估算值为基数,视不同的流程分别乘以 1.31,1.35,1.38,可计算拟建项目的总投资。

由于装置规模大小发生变化、不同地区自然条件和经济条件的影响,以及主要设备材质发生变化,设备费用变化较大而安装费变化不大所产生的影响等,应用朗格系数法进行工程项目或装置估价的精度不是很高。

由于朗格系数法是以设备费为计算基础,对于设备费占比例较大的投资项目,以及设备费、安装费、配管工程费等具有一定规律的投资项目,只要掌握好朗格系数,估算值仍能达到一定的精度,其误差一般为 10% ~15%。

【例 2.2】 某市兴建一座净水厂,该厂建有投药间及药库、反应沉淀间、滤站、清水池、输水泵房、浓缩池、脱水机房、变电室等分部工程,已知其主要设备费分别为:3.5,22.0,65.0,1.0,11.0,8.6,60.0,48.0 万元,试使用朗格系数法为该净水厂进行投资估算。

【解】 使用朗格系数内容表中流体流程的有关数据,按照其步骤做投资估算:

①主要设备到达工地现场的费用合计为 219.10 万元。

②估算设备基础、绝热工程、油漆工程、设备安装工程等项费用:

$$a = 219.10 \text{ 万元} \times 1.43 = 313.313 \text{ 万元}$$

则其中设备基础、绝热工程、油漆工程、设备安装工程费用:

$$(313.313 - 219.10) \text{ 万元} = 94.213 \text{ 万元}$$

③估算包括上述各项费用在内的配管工程费:

$$b = 313.313 \text{ 万元} \times 1.6 = 501.3008 \text{ 万元}$$

则其中配管工程费用为:

$$(501.3008 - 313.313) \text{ 万元} = 187.9878 \text{ 万元}$$

④估算包括上述各项费用在内的此项装置的直接费:

$$c = 501.3008 \text{ 万元} \times 1.5 = 751.9512 \text{ 万元}$$

则其中建筑、电气、仪表等工程费用为:

$$(751.9512 - 501.3008) \text{ 万元} = 250.6504 \text{ 万元}$$

⑤计算拟建项目的总投资:

$$C = 751.9512 \text{ 万元} \times 1.38 = 1037.69 \text{ 万元}$$

则其间接费用为:

$$(1037.69 - 751.9512) \text{ 万元} = 285.74 \text{ 万元}$$

结论:使用朗格系数法估算的该净水厂所需总投资约为 1 037.69 万元。

3)项目动态投资估算方法

动态投资估算是在静态投资估算的基础上,考虑项目建设期各年价格变动率、贷款利息、涉外工程汇率变化等对工程造价带来的影响所作出的投资估算。因此,拟建项目投资额应等于静态投资估算值加上涨价预备费、建设期贷款利息。

(1)涨价预备费

涨价预备费是考虑物价上涨而需增加的投资额。其计算公式为:

$$P_F = \sum_{t=1}^{n} I_t[(1+f)^t - 1] \tag{2.10}$$

式中：P_F 为涨价预备费估算额；I_t 为建设期第 t 年的投资计划额（按基准年静态投资的资金计划为基础）；n 为建设期年份数；f 为年均价格预计上涨率（可根据工程价格指数分析确定）。

【例2.3】 某拟建项目的静态投资估算额为8 000万元，该项目建设进度计划为2年，预计投资使用比例为：第一年为60%，第二年为40%。建设期内年平均价格上涨率预测约为6%，试计算该项目建设期的涨价预备费。

【解】 第一年投资计划用款额为：

$$I_1 = 8\ 000\text{ 万元} \times 60\% = 4\ 800\text{ 万元}$$

第一年涨价预备费：

$$P_{F1} = 4\ 800\text{ 万元} \times [(1+6\%) - 1] = 288\text{ 万元}$$

第二年投资计划用款额为：

$$I_2 = 8\ 000\text{ 万元} \times 40\% = 3\ 200\text{ 万元}$$

第二年涨价预备费：

$$P_{F2} = 3\ 200\text{ 万元} \times [(1+6\%)^2 - 1] = 395.52\text{ 万元}$$

涨价预备费合计：

$$P_{F1} + P_{F2} = 683.52\text{ 万元}$$

结论：该拟建项目建设期涨价预备费为683.52万元。

(2)建设期贷款利息

建设期贷款利息指拟建项目的贷款在建设期内发生并应计入固定资产投资的，称为建设期贷款利息。对于贷款总额一次性贷出且利率固定的贷款的计算公式为：

$$F = P(1+i)^n \tag{2.11}$$

当总贷款额是分年均衡发放时，建设期贷款利息计算可按当年借款在年中支用考虑，即当年借款按半年计息，上年度借款按全年计息。计算公式为：

$$q_j = (p_{j-1} + A_j/2)i \tag{2.12}$$

式中：q_j 为建设期第 j 年应计利息；p_{j-1} 为建设期第 $(j-1)$ 年末贷款累计金额与利息累计金额之和；A_j 为建设期第 j 年贷款金额；i 为年利率。

【例2.4】 某新建项目，建设期为3年，在建设期第一年贷款400万元，第二年贷款600万元，第三年贷款200万元，贷款年利率为6%，各年贷款均在年内均匀发放。用复利法计算建设期贷款利息。

【解】 第一年利息：

$$q_1 = 1/2 \times 400\text{ 万元} \times 6\% = 12\text{ 万元}$$

第一年末本利之和：

$$p_1 = 412\text{ 万元}$$

第二年利息：

$$q_2 = (412 + 1/2 \times 600)\text{ 万元} \times 6\% = 42.72\text{ 万元}$$

第二年末本利之和：

$$p_2 = (412 + 600 + 42.72)\text{ 万元} = 1\ 054.72\text{ 万元}$$

第三年利息：

$$q_3=(1\ 054.72+1/2\times 200)\text{万元}\times 6\%=69.283\ 2\ \text{万元}$$

建设期贷款利息：

$$q=q_1+q_2+q_3=(12+42.72+69.283\ 2)\text{万元}=124.003\ 2\ \text{万元}$$

2.2 设计概算

2.2.1 设计概算的内容

设计概算是在投资估算的控制下，在初步设计或技术设计阶段，由设计单位根据初步设计（或技术设计）图纸及说明、概算定额、各项费用定额或取费标准（指标）、设备材料预算价格等资料，编制和确定的建设项目从筹建至竣工交付使用所需全部建设费用的文件。设计概算是初步设计文件的重要组成部分。

设计概算可分为单位工程概算、单项工程综合概算和建设项目总概算3级。各级概算之间的关系见图2.1。

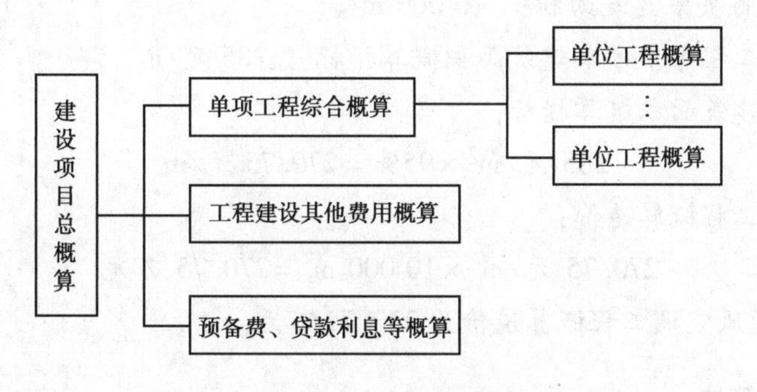

图2.1 设计概算分类

设计概算是确定建设项目投资，编制投资计划，进行贷款和拨款，选择设计方案，进行技术经济分析比较，签订总承包合同，考核和评价工程建设项目成本和投资效果的依据。

2.2.2 设计概算的编制方法

设计概算是从单位工程概算这一级开始编制，逐级汇总而成。设备安装单位工程概算的编制方法主要有概算指标法、类似工程概算法等。

1）概算指标法

当初步设计深度不够，不能准确地计算工程量，但工程采用的技术比较成熟而又有类似概算指标可以利用时，可采用概算指标法来编制概算。设备安装工程通常可采用的概算指标为每平方米建筑面积概算指标，直接套用相应单位工程的“每平方米建筑面积的概算指标”，即可计算出单位工程概算价格。

在应用概算指标编制概算时，应选用与编制对象在结构、特征、规模等方面均大体符合的

概算指标,以正确计算编制对象的概算价格。其计算方法为:

设备安装工程概算造价=设备安装工程建筑面积×每平方米建筑面积概算指标

当拟建项目在结构特征、规模、施工要求等方面与概算指标中规定的情况有局部不同时,必须对概算指标进行调整后方可套用。具体调整方法如下:

①在选用的概算指标项目中,取出相应单位工程的"每平方米建筑面积的概算指标"与工程所在地有关单位设置的调整系数相乘进行计算,即:

每平方米建筑面积调整概算指标=每平方米建筑面积的概算指标×调整系数

②调整概算指标中的每平方米造价。该调整方法是将原概算指标中与拟建工程结构不同部分的造价扣除,增加相应部分的造价,即:

$$修正概算指标 = J + Q_1P_1 - Q_2P_2 \tag{2.13}$$

式中:J 为原概算指标;Q_1 为概算指标中换入结构的工程量;P_1 为换入结构的概算单价;Q_2 为概算指标中换出结构的工程量;P_2 为换出结构的概算单价。

【例 2.5】 某省 C 市新建一座办公大楼,其中通风空调工程安装面积 10 000 m^2。已知该省省会城市 A 市颁布有概算指标,C 市无正式概算指标,只有建设主管单位设置的调整系数为 95%。试用调整经济指标法编制该项目通风空调工程概算造价。

【解】 确定设备安装建筑面积: 10 000 m^2

查找相应单位工程每平方米建筑面积概算指标: 285 元/m^2

调整每平方米建筑面积概算指标:

$$285\ 元/m^2 \times 95\% = 270.75\ 元/m^2$$

计算通风空调工程概算造价:

$$270.75\ 元/m^2 \times 10\,000\ m^2 = 270.75\ 万元$$

结论:该项目通风空调工程概算造价为 270.75 万元。

2)类似工程预算法

此法是采用建筑面积、工程性质、结构特征类似的已建工程预算数值,经适当调整后按照编制工程预算的程序及思路,进行拟建项目工程概算编制的方法。

由于类似工程的人工费、材料费、机械费、间接费、利润、税金等费用标准受各种因素的影响会发生变化,因此在编制概算时,应将类似工程取费标准与现行标准进行比较分析,测定价格和费用的变动幅度,再加以调整。其调整公式如下:

$$G = AG_1 + BG_2 + CG_3 + DG_4 + EG_5 + FG_6 \tag{2.14}$$

式中:G 为价格综合变动幅度系数;G_1 为现时人工费标准与类似工程预算人工费标准的比值;G_2 为现时材料预算价格与类似工程材料预算价格的比值;G_3 为现时机械费标准与类似工程预算机械费标准的比值;G_4 为现时间接费标准与类似工程预算间接费标准的比值;G_5 为现时利润水平与类似工程预算利润水平的比值;G_6 为现时税金标准与类似工程预算税金标准的比值;A,B,C,D,E,F 分别为类似工程预算的人工费、材料费、机械费、间接费、利润、税金占预算造价的比例,则:

$$拟建工程单位面积概算造价 = 类似工程单位面积预算造价 \times G \tag{2.15}$$

3)百分比指标法

设备及其安装工程概算由设备购置费、安装工程概算价格两大部分构成。

(1)设备购置费

设备购置费包括购置一切需要安装的设备和安装设备所需的费用,即设备原价及设备运杂费2项内容。

①设备原价的确定:

a.国产标准设备原价:国产主要标准设备的原价通常是根据设备的型号、规格、性能、材质、数量及附带的配件向制造厂家询价,或按有关规定逐项计算确定;国产非主要标准设备和工器具、生产家具的原价可按主要设备原价的百分比计算(百分比指标一般应按主管部门或地区有关规定执行)。以上这两部分设备的原价之和即为国产标准设备原价。

b.国产非标准设备原价:国产非标准设备原价的确定方法有两种,即非标准设备台(件)估价指标法和非标准设备吨质量估价指标法。非标准设备台(件)估价指标法是根据非标准设备的类别、质量、性能、材质等情况,以有关单位规定的每台(件)设备的估价指标计算非标准设备的原价。非标准设备吨重量估价指标法是根据非标准设备的类别、性能、质量、材质等情况,以有关单位规定的某类设备单位质量(吨)的估价指标计算非标准设备的原价。2种方法计算公式如下:

某一非标准设备原价=该设备每台(件)的估价指标×相应设备的台(件)数

某一非标准设备原价=该设备单位质量的估价指标×设备总质量

c.进口设备原价:编制设备及其安装工程概算时,对于进口设备原价,仍需按照有关部门规定的计算方法、程序及合同条款的约定进行计算。进口设备采用装运港船上交货价时,则:

进口设备抵岸价=货价+国际运费+运输保险费+外贸手续费+
关税+增值税+海关手续费

②设备运杂费的确定:设备运杂费是对需要运输的设备进行运输所需的各项费用。其计算公式为:

设备运杂费=需要运输的设备原价×设备运杂费率

(2)安装工程概算价格

安装工程概算价格是设备进行安装施工所必需的全部工程费用。其编制方法通常采用百分比指标法。

百分比指标法又称“安装费率法”,是根据有关部门规定的安装费占需要安装设备原价的百分率指标计算安装工程概算价格的方法。其计算公式为:

安装工程概算价格=需要安装设备的原价×安装费率

当编制对象属于价格波动不大的定型产品和通用设备产品,且初步设计深度不够,只有设备原价而无其他有关资料时,可用此法计算安装工程概算价格。

设备及其安装工程概算即为设备购置费与安装工程概算价格之和。

2.3 施工图预算

2.3.1 施工图预算的基本概念

1)施工图预算的概念

当施工图设计完成后,以施工图纸为依据,根据国家颁发的预算定额(或地区计价表)、费用定额、材料预算价格、计价文件及其他的有关规定而编制的工程造价文件,叫做施工图预算。

施工图预算反映的是建筑安装产品的计划价格,它受建筑安装产品单件性、复杂性等特点的影响而呈现多样性。因此,必须根据不同的工程采用特殊的计价程序,逐项、逐个地编制施工图预算。

施工图预算的内容要既能反映实际,又能适应施工管理工作的需要,同时必须符合国家工程建设的各项方针、政策和法令。施工图预算编制人员要不断研究和改进编制方法,提高效率,准确、及时地编制出高质量的预算,以满足工程建设的需要。

2)编制施工图预算的意义

施工图预算是确定和控制工程造价的文件,它直接影响着建设单位的工程投资支出数量和投资效果,以及施工企业的额定收入。因此,施工图预算的编制意义重大,它是确定工程施工造价的依据,也是控制工程建设投资、签订承建合同、办理拨款、结算款、编制标底、投标报价、实施经济核算、考核工程成本、施工企业编制施工计划、进行施工准备等工作的依据。

3)编制施工图预算的主要依据

①施工图纸及其说明:它是编制施工图预算的主要依据,必须经建设、设计、施工单位共同会审确定后,才能作为编制的依据。

②现行预算定额或计价表:施工图预算项目的划分、工程量计算等都必须以预算定额为依据。

③工程量计算规则:与《全国统一安装工程预算定额》配套执行的"工程量计算规则"是计算工程量、套用定额单价的必备依据。

④批准的初步设计及设计概算等有关文件:我国基本建设预算制度决定了经批准的初步设计、设计概算是编制施工图预算的依据。

⑤费用定额及取费标准:它是计取各项应取费用的标准。目前,各省、市、自治区都制订了费用定额及取费标准,编制施工图预算时,应按工程所在地的规定执行。

⑥地区人工工资、材料及机械台班预算价格:预算定额的工资标准仅限定额编制时的工资水平,在实际编制预算时应结合当时、当地的相应工资单价调整。同样,在一段时间内,材料价格和机械费都可能变动很大,必须按照当地规定调整价差。

⑦施工组织设计或施工方案:它是确定工程进度计划、施工方法或主要技术组织措施以及

施工现场平面布置和其他有关准备工作的文件。经过批准的施工组织设计或施工方案是编制施工图预算的依据。

⑧建设单位、施工单位共同拟定的施工合同、协议,如建设单位、施工单位在材料加工订货方面的分工,以及材料供应方式等的协议。

2.3.2 编制施工图预算的步骤和要求

1)施工图预算的编制步骤

建筑设备工程施工图预算编制有一些特殊的要求,即涉及不同专业的安装,应分别编制预算;不同专业预算套用定额不同,且计算规则不同;同时,主材费与安装材料(辅材)费应分别计算。

在编制条件已具备的情况下,可按下列步骤和要求进行施工图预算的编制:

①熟悉施工图和预算定额:由于建筑设备工程的专业性较强,涉及的安装专业也较多,施工图所用的标准、图例、代号等各不相同,因此识读设备工程施工图必须具备一定的专业知识。通过阅读施工图,了解设计意图后才能正确地计算工程量及工程造价。

预算定额是编制施工图预算的计价标准,对其适用范围、工程量计算规则及定额系数等要进行充分了解。

②了解现场情况和施工组织设计资料:建筑设备工程涉及机械设备、电气设备、热力设备、工业管道、给排水、采暖、通风空调等工程安装,其施工及验收规范、技术操作规程不尽相同,为预算的编制带来了难度。通过了解现场情况和施工组织设计资料,预算人员才能够确切掌握工程施工条件、该工程可能采用的施工方法等,为正确地分层、分段计算工程量和正确选用定额提供必备的基础资料。

③划分工程项目和计算工程量:工程项目划分必须和定额规定的项目一致,这样才能正确地套用定额。

计算工程量是编制施工图预算过程中的重要步骤,工程量计算的正确与否,直接影响施工图预算的编制质量。因此,计算工程量时所列分项工程内容应与定额中项目内容一致,计算单位应与预算定额相一致,计算方法应与定额规定相一致。

在计算工程量的过程中,为了计算时不遗漏项目,又不产生重复计算,应按照一定的顺序进行。如按施工顺序计算,或者按定额顺序计算,或者按图纸分项编号顺序计算。一般建筑设备安装工程量计算方法有:

a.顺序计算法:从管(线)路某一位置开始,沿介质流动方向到某设备(器具),按顺序计算。

b.树干式计算法:干支管(线)分别计算,先算总干管(线),再算立管、支管入户(室)管(线)。

c.分部位计算法:按平面图计算各水平部分的管(线),再按系统图计算垂直部分管(线)。

d.编号计算法:按图纸上的编号顺序分类计算。

以上各种计算方法可视具体情况融合在一起灵活使用。在工程量计算工作中,要善于总结经验,找出简化计算的途径,达到减少重复劳动之目的。

④计算直接工程费:直接工程费是指施工过程中耗费的构成工程实体的各项费用,包括人工费、材料费、施工机械使用费。将各分项工程量套用相应的预算定额单价,计算合价和小计,即可得出单位工程的定额直接工程费。

⑤计算主材费:主材费是指设备安装工程中某项目的主体设备和材料的费用。主材费与安装材料(辅材)费应分别计算,这正是设备安装预算与其他专业预算的区别。

⑥计算措施项目费:措施项目费通常应计算根据有关建设工程施工及验收规范、规程要求必须配套完成的工程内容所需的措施项目费。

⑦计算各种应取费用和累计总价:根据各地区颁发的现行的费用定额、计价文件,计算间接费、利润、税金和其他费用等,并累计得出单位工程含税总造价。

⑧计算单位工程经济指标:单位工程经济指标主要指每平方米造价,主要材料消耗指标,劳动量消耗指标等。

⑨编写预算编制说明:简明扼要地介绍编制依据(定额、价格标准、费用标准、调价系数等)、编制范围等。

⑩其他:预算书的自校、校核、审核、复制、备案等。

2)施工图预算的编制方法

建筑设备安装工程施工图预算的编制方法通常有工料单价法和综合单价法两种。

(1)工料单价法

目前施工图预算普遍采用工料单价法。在编制时,首先应根据单位工程施工图计算出各分部分项工程的工程量,然后从预算定额或计价表中查出各分项工程的预算定额单价,并将各分项工程量与其相应的定额单价相乘,累计后的各分项工程的价值即为该单位工程的定额直接费;再计算根据有关施工及验收规范、规程要求必须配套完成的工程内容所需的措施项目费;再根据地区费用定额和各项取费标准,计算出间接费、利润、税金和其他费用等;最后汇总各项费用,即得到单位工程施工图预算的造价。

工料单价法编制施工图预算能够简化编制工作,便于技术经济分析。但在市场价格波动较大的情况下,用该法计算的造价可能会偏离实际水平,造成误差,通常采用系数或价差调整的方法来弥补。

(2)综合单价法

综合单价即分项工程全费用单价,也是工程量清单的单价。用综合单价法编制施工图预算时,首先应计算出各分部分项工程的工程量,将各分部分项工程综合单价乘以工程量得到该分项工程的合价,汇总所有分项工程合价形成分部分项工程费,该分部分项工程费包含了人工费、材料费、机械费、主材费、管理费和利润,计算相应的措施项目费及其他项目费,并计算按规定计取的规费;再根据地区标准,计算出税金等;最后汇总各项费用,即得到单位工程施工图预算的造价。

总之,综合单价法是将单位工程的间接费、利润和税金等费用,用应计费用分摊率分摊到各分项工程单价中,从而形成分项工程的完全单价。其计算更直观、更简便,便于造价管理和工程价款结算。

2.4 工程价款结算与竣工决算

2.4.1 工程价款结算与竣工决算的含义

建设项目的竣工验收是项目建设过程的最后一个程序,是建设成果转入生产使用的标志。在竣工验收阶段,应严格按照国家有关规定,对项目的总体进行检验和认证,进行综合评价和鉴定。该阶段涉及的工程造价管理的最主要工作是竣工结算的编制与审查及竣工决算的编制。

1)工程价款结算

《工程价款结算办法》规定:建设工程价款结算是指对建设工程的承发包方依据合同约定,进行工程预付款、工程进度款、工程竣工价款结算的活动。

由于建设工程施工周期长,一般在工程承包合同签订后和开工前业主要预付工程备料款,工程施工过程中要拨付工程进度款,工程全部完工后办理竣工结算。

通过工程价款结算,可确定承包人完成生产计划的数量及获得的货币收入,统计建设单位完成建设投资任务的数值,为建设单位编制竣工决算提供依据。

2)竣工决算

竣工决算是指在竣工验收交付使用阶段,建设单位按照国家有关规定对新建、改建和扩建工程建设项目,编制的从筹建到竣工验收、交付使用全过程实际支付的建设费用的经济文件。

竣工决算是以实物数量和货币指标为计量单位,综合反映竣工项目从筹建开始到项目竣工交付使用为止的全部建设费用,是核定新增固定资产价值,考核投资效果,反映建设项目实际造价,建立经济责任制的依据。

竣工决算与工程价款结算的主要区别:

①针对范围不同:竣工决算针对整个建设项目,是在项目全部竣工后编制的经济文件;而价款结算是指承包商完成部分工程后,向业主结算工程价款,用以补偿施工过程中的物资和资金的消耗。

②作用不同:竣工决算是考核项目基建投资效果,办理移交新增资产价值的依据;工程价款结算是发包与承包双方结算工程价款,以及施工单位核算生产成果和考核工程成本的依据。

2.4.2 价款结算的方法

价款结算涉及工程预付款、工程进度款、质量保证金、工程竣工价款的结算活动,是加速资金周转,提高资金使用有效性的重要环节。

1)工程预付款及其计算方法

工程预付款又称为预付备料款,是施工企业进行施工准备和购置主要材料、结构件等所需流动资金的主要来源。通常在工程承包合同条款中,明确规定发包人在正式开工前预先支付给承包人工程款的数量和支付工程款的时间。

《建设工程施工合同(示范文本)》规定:"实行工程预付款的,双方应当在专用条款内约定发包人向承包人预付工程款的时间和数额,开工后按约定的时间和比例逐次扣回。预付时间应不迟于约定的开工日期前7天。发包人不按约定预付,承包人在约定预付时间7天后向发包人发出要求预付的通知,发包人收到通知后仍不能按要求预付,承包人可在发出通知后7天停止施工,发包人应从约定应付之日起向承包人支付应付款的贷款利息,并承担违约责任。"

各地区、各部门对工程预付款的额度的规定不完全相同,但预付款的用途是相同的,主要是保证施工所需材料和构件的正常储备。一般根据建安工作量、主要材料和构件费用占总费用的比例、施工工期、材料储备周期等因素来综合确定。《工程价款结算办法》规定:"包工包料工程的预付款按合同约定拨付,原则上预付比例不低于合同金额的10%,不高于合同金额的30%,对重大工程项目,按年度工程计划逐年预付。计价执行《建设工程工程量清单计价规范》的工程,实体性消耗和非实体性消耗部分应在合同中分别约定预付款比例。"

在实际工作中,工程预付款的数额应根据各工程类型、合同工期、承包方式和供应体制等不同条件而定。对于包工不包料的工程项目,则可以不预付备料款。

(1)工程预付款额度计算

工程预付款额度取决于主要材料和构件占工程造价的比例、材料储备周期、施工工期等因素。

常年施工企业的预付款额度计算公式为:

$$A = \frac{BK}{T}t \tag{2.16}$$

式中:A 为工程预付款额度;B 为年度承包工程总值;K 为主要材料和构件费占年度工程造价的比例;T 为年度施工日历天数;t 为材料储备天数,可根据材料储备定额或当地材料供应情况确定。

其中,$K=C/B$,C 为主要材料和构件费用,可根据施工图预算中的主要材料和构件费用确定。

(2)工程预付款的扣回

工程预付款属于预支工程款,随着工程的实施、材料和构配件的储备量逐渐减少,当施工进行到一定程度之后,预付款应以抵充工程价款的方式陆续扣回。

①可以从未施工工程尚需要的主要材料及构件的价值相当于工程预付款数额时起扣,从工程每次结算工程款中按主要材料比例抵扣工程价款,竣工前全部扣清,即:

$$W = B - \frac{A}{K} \tag{2.17}$$

式中:W 为起扣点,即工程预付款开始扣回时累计完成工作量金额;其余符号含义同上式。

②《招标文件范本》规定:"在承包人完成金额累计达到合同总价的10%后,由承包人开始向发包人还款。发包人从每次应付给承包人的工程款中扣回工程预付款,并至少在合同规定的完工期前3个月将工程预付款全部扣回。"

工程预付款额度与工程预付款抵扣方式最终由发包人和承包人通过合同的形式予以确定。例如，有些工程工期较短、造价较低，就无需分期扣还；有些工期较长，如跨年度工程，预计次年承包工程价值大于或相当于当年承包工程价值时，可以不扣回当年的预付备料款；如小于当年承包工程价值时，应按实际承包工程价值进行调整，在当年扣回部分预付备料款，并将未扣回部分转入次年，直到竣工年度，再按上述办法扣回。

2）工程进度款的结算

根据《建设工程施工合同（示范文本）》规定，承包人应按合同约定的时间向工程师提交本阶段（月）已完工程量的报告，说明本期完成的各项工作内容和工程量。工程师接到承包人的报告后7天内（《工程价款结算办法》中规定为14天），按设计图纸核实已完工程量。

按工程结算的时间和对象，进度款的结算可分为按月结算、分段结算和竣工后一次结算。

①按月结算与支付：即实行按月支付进度款，竣工后清算的办法。若合同工期在两个年度以上的工程，在年终进行工程盘点，办理年度结算。目前，我国建筑安装工程项目中，大部分采用按月结算法。

②分段结算与支付：即当年开工、当年不能竣工的工程按照工程形象进度，划分不同阶段支付工程进度款，具体划分在合同中明确。

③竣工后一次结算：当建设项目或单项工程全部建筑安装工程建设期在12个月以内，或者工程承包合同价值在100万元以下的，可实行工程价款每月月中预支，竣工后一次结算。

《建设工程施工合同（示范文本）》和《工程价款结算办法》中对工程进度款支付规定如下：

①在双方确认计量结果后14天内，发包人应按不低于工程价款的60%和不高于工程价款的90%向承包人支付工程进度款。按约定时间发包方应扣回的预付款与工程款（进度款）同期结算。

②符合规定范围的合同价款的调整，工程变更调整的合同价款及其他条款中约定的追加合同价款，应与工程款同期调整支付。

③发包方超过约定的支付时间不支付工程款，承包方可向发包方发出要求付款通知。发包方收到承包方通知后仍不能按要求付款，可与承包方协商签订延期付款协议，经承包方同意后方可延期支付。协议须明确延期支付时间和从发包方计量结果确认后第15天起计算应付款的贷款利息。

④发包方不按合同约定支付工程款，双方又未达成延期付款协议，导致施工无法进行，承包方可停止施工，由发包方承担违约责任。

工程进度款的结算步骤，见图2.2。

图2.2　工程进度款结算步骤

3)工程质量保证金的预留

按照有关规定,工程项目总造价中应预留一定比例的尾款作为质量保修费用,待工程项目保修期结束后再行支付。工程质量保证金的预留办法如下:

①按照《工程价款结算办法》的规定,发包人根据确认的竣工结算报告向承包人支付工程竣工结算价款,保留5%左右的质量保证金,待工程交付使用质保期到期后清算(合同另有约定的,从其约定)。质保期内如有返修,发生费用应从质量保证金内扣除。

②按照《招标文件范本》中的规定,可以从发包人向承包人第一次支付的工程进度款开始,在每次承包人应得的工程款中扣留投标书附录中规定金额作为质量保证金,直至保留金总额达到投标书附录中规定的限额为止。

4)工程竣工结算

竣工结算是在工程竣工并经验收合格后,在原合同造价的基础上,将有增减变化的内容,按照合同约定,对原合同造价进行相应的调整,编制确定工程实际造价并作为最终结算工程价款的经济文件。

在实际工作中,当年开工、竣工的工程,只需办理一次性结算。跨年度的工程,在年终办理一次年终结算,将未完工程转到次年度,此时竣工结算等于各年度结算的综合。

在调整合同造价中,应把施工中发生的设计变更、现场签证、费用索赔等内容加以计算。办理工程竣工结算的一般计算公式为:

竣工结算工程价款 = 预算或合同价款 + 施工过程中预算或合同价款调整数额 - 预付及已结算工程价款 - 工程质量保证金　(2.18)

【例2.6】 某工程项目,安装工程承包合同总额为700万元,合同约定预付备料款额度为25%,主要材料和设备金额占总合同额的70%,工程质量保证金为合同总额的5%。预付款开始扣回的时间是当未施工工程需要的主要材料和设备的价值相当于预付款数额时,从每次中间结算工程价款中,按材料及设备的比例抵扣工程价款。实际施工中每月完成的产值见下表,试计算预付备料款、月结算工程款和竣工结算价款。

各月完成的实际产值　单位:万元

月　份	3月	4月	5月	6月	7月
完成产值	80	100	180	200	140

【解】

①预付备料款: 700万元×25% =175万元

②计算预付备料款起扣点,算出何时开始扣回备料款,才能正确计算出每月应支付的工程进度款:

开始扣回预付备料款的合同价值 = (700 - 175 ÷ 70%)万元 = (700 - 250)万元 = 450万元

当累计完成合同价值450万元后,开始扣回预付备料款。

③3月份结算款:完成产值80万元,结算工程款80万元。

④4月份结算款:完成产值100万元,结算工程款100万元,累计结算工程款180万元。

⑤5 月份结算款:完成产值 180 万元,本月结算工程款 180 万元,累计结算工程款(180 + 180)万元 = 360 万元。

⑥6 月份结算款:完成产值 200 万元,累计(360 + 200)万元 = 560 万元,已超过扣回备料款的起扣点为 450 万元,超过 110 万元,应扣除其 70% 的材料款。本月结算工程款为(200 - 110 × 70%)万元 = 123 万元,累计结算为 483 万元,已扣材料预付款 77 万元。

⑦7 月份结算款:完成产值 140 万元,应扣回预付备料款 = 140 万元 × 70% = 98 万元,同时由于 7 月是竣工月,最后一月支付进度款时,要扣出工程质量保证金。质量保证金 = 700 万元 × 5% = 35 万元。则本月结算工程款为 7 万元。

⑧竣工结算价款:累计结算工程款为 490 万元,加上预付备料款 175 万元,共应结算工程款 665 万元,预留合同总额的 5%(35 万元)作为质量保证金。

2.4.3 竣工决算的编制

1)竣工决算的内容

按有关文件规定,竣工决算书由竣工财务决算说明书、竣工财务决算报表、工程竣工图和工程竣工造价对比分析 4 部分组成。其中,前 2 部分又称建设项目竣工财务决算,是竣工决算的核心内容。

(1)竣工财务决算说明书

竣工财务决算说明书主要包括:工程建设进度、质量、安全和造价方面的分析;资金来源及运用等财务分析,包括工程价款结算、会计财务处理、财产物资情况及债权债务清偿情况等;各项经济技术指标的分析;工程建设的经验及项目管理和财务管理工作及竣工财务决算中有待解决的问题;需要说明的其他事项。它概括了竣工工程建设成果和经验,是全面考核分析工程投资与造价的书面总结,是竣工决算报告的重要组成部分。

(2)竣工财务决算报表

竣工财务决算报表反映项目从开工到竣工为止全部资金来源和资金运用的情况,以及项目建成后新增固定资产、流动资产、无形资产和递延资产的情况和价值,是考核和分析投资效果、检查投资计划完成情况、财产交接的依据。

建设项目竣工财务决算报表是根据大、中型建设项目和小型建设项目分别制订的。大、中型建设项目竣工财务决算报表主要包括:建设项目竣工财务决算审批表,大、中型建设项目概况表,大、中型建设项目竣工财务决算表,大、中型建设项目交付使用资产总表。小型建设项目竣工财务决算报表主要包括:建设项目竣工财务决算审批表,竣工财务决算总表,建设项目交付使用资产明细表。

(3)工程竣工图

工程竣工图是真实地记录各种地上(下)建筑物、构筑物等情况的技术文件。通常由施工单位负责在原施工蓝图的基础上注明修改的部分,并附以设计变更通知单和施工说明,加盖"竣工图"标志后作为竣工图。若项目有重大变更,属于设计原因造成的,由设计单位负责重新绘制竣工图;属于施工原因造成的,由施工单位负责重新绘制竣工图。

(4)工程造价对比分析

工程造价对比分析以批准的概算作为考核建设工程造价的依据,将建筑安装工程费、设备工器具购置费和其他工程费用逐一与竣工决算中的实际数据进行对比分析,其目的是判断项目总造价是节约或是超支,分析其原因,提出改进措施。

在实际工作中,应主要分析:主要实物工程量,主要材料消耗量,工程建设的管理费、措施费和间接费等。

2)竣工决算的编制步骤

①收集、整理、分析原始资料,主要包括设计文件、施工记录、概预算文件、工程结算资料、财务处理账目等。

②清理各项财务、债务和结余物资。

③对照、核实工程变动情况。

④编制建设工程竣工决算说明。

⑤填写竣工决算报表。

⑥做好工程造价对比分析。

⑦清理、装订好工程竣工图。

⑧上报主管部门审查。

思考题

2.1 投资估算的含义及内容是什么?

2.2 简述静态投资估算常用编制方法的特点、计算方法和适用条件。

2.3 涨价预备费与哪些因素有关?

2.4 对于贷款总额一次性贷出和总贷款额分年均衡发放的建设期贷款利息的计算有何不同?

2.5 设计概算包括哪些内容?简述设计概算各编制方法的特点和编制程序。

2.6 施工图预算的含义是什么?编制施工图预算的主要依据有哪些?

2.7 简述编制施工图预算的步骤。

2.8 建筑设备工程施工图预算有哪些特点?

2.9 工程价款结算的含义是什么?简述价款结算的方法。

2.10 工程竣工结算与竣工决算有什么区别?

2.11 工程预付款的抵扣通常采用何种方式?具体的抵扣方法是什么?

2.12 工程进度款的结算有哪些方法?简述其结算步骤。

2.13 竣工决算包括哪些内容?

3 建筑设备工程定额

3.1 定额概述

3.1.1 定额的概念及作用

1) 定额的概念

在工程施工过程中,完成某一工程项目或结构构件所需人力、物力和财力等资源的消耗量是随着施工对象、施工方式和施工条件的变化而变化的。定额是指在正常的施工条件下,采用科学的方法制订的完成一定计量单位的质量合格产品所必须消耗的人工、材料、机械设备台班数量的标准。它除了规定各种资源和资金的消耗量外,还规定了应完成的工作内容、达到的质量标准和安全要求。

正常的施工条件是指生产过程按生产工艺和施工验收规范操作,施工条件完善,劳动组织合理,机械运转正常,材料储备合理。

我国的建筑安装工程预算定额是建国以后逐渐建立和日趋完善起来的。随着定额理论的发展和完善,定额已成为实现科学管理的必备条件。在企业管理中,定额是科学管理的基础,也是管理科学中的重要学科。

2) 定额的作用

在编制设计概算、施工图预算、竣工决算时,无论是划分项目、计算工程量,还是计算人工、材料、施工机械台班的消耗量,都应以定额作为标准依据。所以,定额既是各项工作取得最佳经济效益的有效工具和杠杆,又是考核和评价上述各阶段工作的经济尺度。

根据定额提供的人工、材料、施工机械台班消耗量标准,可以编制施工进度计划、编制施工作业计划、下达施工任务、合理组织调配资源、进行成本核算等。建筑企业中推行的经济责任制、招标承包制、计件工资制等也均以定额为依据。所以定额是建筑施工企业实行科学管理的基础。

定额是具有法令性的标准,任何单位、任何个人在工程中必须严格执行。为了适应各地区的经济发展水平,全国各省市在全国统一定额的基础上都编制了自己独立执行的概预算定额,作为编制设计概算、施工图预算,编制建设工程招标标底、投标报价以及签订工程承包合同等的依据。定额计价体系是计划经济时代的产物,其规定的人工、材料、机械台班消耗量和有关施工措施费用是按社会平均水平编制的,依此形成的工程造价基本上也属于社会平均价格。这种平均价格可作为市场竞争的参考价格,但不能反映参与竞争企业的实际消耗和技术管理水平。20 世纪 90 年代,为了解决这一矛盾,国家提出了"控制量、指导价、竞争费"的改革措施,即实行定额中的量和相应的价相分离,人工、材料、机械台班的消耗量以定额为标准,而相应的价格以市场为依据,使价格逐步走向市场化。

近几年,建设工程投资多元化已基本形成。企业作为市场的主体,也应是价格决策的主体,应根据其自身的生产经营状况和市场供求关系决定其产品价格。由于国家定额是社会平均消耗量,不能反映企业的实际消耗量和全面体现企业的技术装备水平、管理水平和劳动生产率,因此,企业应加快建立企业内部定额,作为其成本控制和自主报价的依据,以增强市场竞争能力。

3.1.2 定额的分类

工程建设产品具有构造复杂、规模宏大、种类繁多、生产周期长等技术经济特点,因而工程建设定额种类多、层次多。工程建设定额是工程建设中各类定额的总称,可以按照不同的原则和方法对其进行科学分类,见图 3.1。

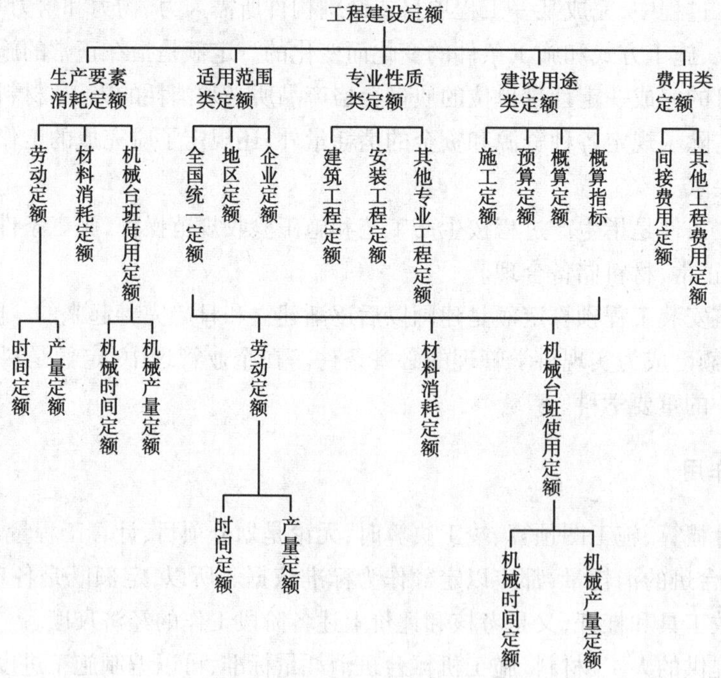

图 3.1 建设工程定额分类图

工程建设产品的生产必须具备的3要素为:劳动者、劳动对象和劳动手段。劳动者是生产工人,劳动对象是建筑材料、构配件和建筑设备。劳动手段是生产工具和施工设备。因此,根据生产活动的需要,定额可分为劳动定额、材料消耗定额和施工机械台班使用定额。

1)劳动定额

劳动定额从表达形式上可分为时间定额和产量定额2种。

(1)时间定额

时间定额是在正常的施工技术和合理的劳动组织条件下,以一定技术等级的工人小组或个人完成单位质量合格的产品所必须消耗的工时标准,包括准备与结束时间、基本工作时间、辅助工作时间、不可避免的中断时间及工人必需的休息时间。

时间定额以工日为单位,每一工日按8 h计算。即:

$$\text{单位产品时间定额(工日)}=\frac{1}{\text{每工产量}} \tag{3.1}$$

或

$$\text{单位产品时间定额(工日)}=\frac{\text{小组成员工日数总和}}{\text{小组班产量}} \tag{3.2}$$

(2)产量定额

产量定额是指在正常条件下,规定某一等级工人(或班组)在单位时间(1个工日)内,完成质量合格产品的数量。产量定额以产品为计量单位,如m,m^2,m^3,t,块,个等。即:

$$\text{每工产量定额}=\frac{1}{\text{单位产品时间定额(工日)}} \tag{3.3}$$

$$\text{每班产量定额}=\frac{\text{小组成员工日数总和}}{\text{单位产品时间定额(工日)}} \tag{3.4}$$

产量定额与时间定额互为倒数,它们是劳动定额的两种不同表现形式,但时间定额便于综合,用于计算劳动量,而产量定额具有形象化的特点,便于分配任务。

2)材料消耗定额

材料消耗定额是在合理和节约使用材料的条件下,生产单位合格产品所必须消耗的一定品种规格的材料、半成品、构配件等的数量标准。它是企业确定材料需用量和储备量,以及编制材料需用量计划和材料供应计划不可缺少的条件;是施工队向工人班组签发限额领料单,实行材料核算的依据;也是实行经济责任制,进行经济活动分析,促进材料合理使用的重要依据。

材料消耗定额包括直接用于建筑物上的材料用量和不可避免的施工中材料损耗量,以及不可避免的场内运输和堆放中材料损耗量,即:

$$\text{材料消耗量}=\text{材料净用量}+\text{材料损耗量} \tag{3.5}$$

材料净用量可由计算、测定、试验得出,材料损耗量可按下式计算,即:

$$\text{材料损耗量}=\text{材料净用量}\times\text{材料损耗率} \tag{3.6}$$

整理得:

$$\text{材料消耗量}=\text{材料净用量}\times(1+\text{材料损耗率}) \tag{3.7}$$

材料损耗率由国家有关部门综合取定。有时,同种材料用途不同,其损耗率也不相同。

3)机械台班使用定额

机械台班使用定额又称机械台班定额,是施工机械在正常施工条件和合理的劳动组织条件下,完成单位合格产品所必须消耗的机械台班数量标准。它是企业编制机械需要量计划,以及考核机械生产率的依据,也是推行经济责任制、实行计件工资、签发施工任务书的依据。

按其表示形式不同,可分为机械时间定额和机械产量定额两种。

机械时间定额是指在正常的施工条件下,规定某种机械完成质量合格产品所必须消耗的时间。它用"台班"(一台机械作业一个工作班(8 h)为一个台班)为单位,即:

$$机械时间定额(台班) = 1/机械每台班的产量 \tag{3.8}$$

机械产量定额是指在正常的施工条件下,规定某种机械在单位时间(台班)内完成质量合格产品的数量。它以产品的计量单位为单位,即:

$$机械产量定额 = 1/机械时间定额 \tag{3.9}$$

机械时间定额与机械产量定额互为倒数。

3.2 企业定额与预算定额

3.2.1 企业定额

1)企业定额的概念

在不同的历史时期,企业定额有着不同的概念。在计划经济时期,企业定额也称为临时定额,作为国家统一定额与地方定额的补充;在市场经济条件下,它是企业参与市场竞争,自主报价的依据。

企业定额是指建筑安装企业根据本企业的技术水平和管理水平制定的完成单位合格产品所必需的人工、材料和施工机械台班的消耗量,以及其他生产经营要素消耗数量标准。它反映企业的施工生产与生产消费之间的数量关系,是施工企业生产力水平的体现。企业的技术和管理水平不同,其定额水平也不同。

2)企业定额的编制原则

①执行国家、行业的有关规定的原则:各类相关法律、法规、标准等是制定企业内部定额的前提和必备条件;同时,企业定额的建立必须与《建设工程工程量清单计价规范》具体要求相统一,以保证工程价格确定的准确性和可操作性。

②平均先进性原则:平均先进水平是指在施工任务饱满、劳动组织合理、企业管理健全等正常施工条件下,经过努力,大多数工人可以达到或超过,少数工人可以接近的水平,保持企业定额的先进性,才能更好地调动工人的生产积极性,促进企业的不断发展。

③动态性原则:首先,动态性体现在企业定额的人工单价、材料价格、机械台班单价都是动态的,具有市场性;其次,体现在企业定额是一定时期内技术发展和管理水平的反映,在一段时

期内是稳定的,但随着技术管理水平的变化及市场竞争的需要,企业定额要重新编制和修订。

④简明适用性原则:就企业定额的内容和形式而言,要方便定额的贯彻和执行,便于企业内部管理和实际操作。

首先,应做到项目划分合理。施工中常用项目要编入定额,并且已经成熟和普遍推广的工艺、技术、材料也要编入定额。该原则还要求定额步距大小适当,即同类性质的一组定额要有适当的间距。步距过大,则项目少,精确度低,影响按劳分配;反之,则项目增加,精确度虽高,但计算和管理复杂,使用不便。

其次,要结合企业生产力水平编制企业定额,自主确定定额水平并划分定额项目,能与本企业的施工组织方案相衔接,做到简明而实用。

3)企业定额的编制方法

与其他类型定额编制方法基本一致,编制企业定额的方法主要有定额修正法、经验统计法、现场观察测定法和理论计算法等。

①定额修正法:定额修正法是以已有的全国(地区)定额、行业定额等为蓝本,结合企业实际情况和工程量清单计价规范等的要求,调整定额结构、项目范围等,在自行测算的基础上形成企业定额。该方法继承了全国(地区)定额、行业定额的精华,使企业定额有模板可依,有改进的基础。

②经验统计法:经验统计法是指企业对在建和完工项目的资料数据,运用抽样统计的方法,对有关项目的消耗进行统计测算,最终形成自己的定额消耗数据。该方法充分利用了企业的实际数据,对于常见的项目有较高的准确性,因而国外许多建筑企业都采用这种方法。

③现场观察测定法:此法是我国多年来专业测定定额的常用方法。该方法能够把现场工时消耗情况和施工组织技术条件联系起来加以观察、测时、计量和分析,以获得该施工过程的技术组织条件下工时消耗的基础资料,适用于工程造价大的项目,以及新技术、新工艺、新施工方法的劳动消耗和机械台班水平的测定,但该方法费时费工。

④理论计算法:根据施工图纸、施工规范和材料规格,用理论计算方法求出定额中的理论消耗量,再将理论消耗量加上合理的损耗得出定额实际消耗水平。实际的消耗量需要现场实际统计测算才能得出,所以该方法不能独立使用,具有一定的局限性。

以上方法各有优缺点,它们不是绝对独立的,在实际工作过程中可以结合起来使用。企业应根据实际需要,确定适合的方法以制定本企业定额。

3.2.2 预算定额

1)预算定额的概念

预算定额以各分项工程为对象,在合理的施工组织设计和正常施工条件下,以生产一个规定计量单位合格产品所需的人工、材料、机械台班的社会平均消耗量为标准,结合人工、材料、机械台班预算单价,得出各分项工程的预算价格,即定额基本价格(基价)。由此可知,预算定额由数量部分和价格部分所组成。预算定额一般是由政府主管部门编制的。

预算定额的各项指标反映了在完成规定计量单位的符合设计标准和施工验收规范要求的分项工程消耗的活劳动和物化劳动的数量限度,决定着单位工程和单项工程的成本和造价。

预算定额在各地区的具体价格表现为地区计价表和综合预算定额,是计算建筑产品预算价格的基础,也是计算建筑产品市场价格的依据。

2) 预算定额的作用

①项目各参与单位建立经济关系的基础:建设单位根据预算定额为拟建工程提供必要的资金计划、材料供应计划;施工企业根据预算定额编制预算,确定施工阶段的工程造价,并在预算定额范围内,通过建筑施工活动,按质、按量、按期地完成工程任务;预算定额是各工程管理部门、银行部门审查、管理、监督工程项目的依据。

②编制施工图预算、确定建筑安装工程造价的依据:根据预算定额编制施工图预算。施工图设计一经确定,工程造价就取决于预算定额水平和人工、材料和机械台班的价格。

③编制施工组织设计的依据:施工组织设计是对项目施工组织和相关各项施工活动做出的全面安排和部署,是施工准备工作和施工全过程的技术经济文件。施工单位在无企业定额的前提下,可根据预算定额计算出施工中各项资源的需要量,为有计划地组织材料采购和预制件加工和施工机械的调配提供可靠的计算依据。

④编制概算定额和概算指标的基础:概算定额以预算定额为基础,按扩大分项工程或扩大结构构件为单位编制。概算指标是较概算定额综合性更大的定额,其内容的设定和初步设计的深度相适应,一般是在概算定额和预算定额的基础上编制的。

⑤工程结算的依据:工程结算需要根据预算定额将已完的分项工程造价算出,以实现建设单位向施工单位按进度支付工程款。

表3.1为预算定额表示例:

表3.1 预算定额表示例

室内镀锌钢管(螺纹连接)安装

工作内容:打堵洞眼、切管、套丝、上零件、调直、栽钩卡及管件安装、水压试验　　计量单位:10 m

定额编号				8-87	8-88	8-89	8-90	8-91	8-92
项　目				公称直径(mm以内)					
				15	20	25	32	40	50
名　称		单位	单价/元	数　量					
人工	综合工日	工日	23.22	1.830	1.830	2.200	2.200	2.620	2.680
材料	镀锌钢管 DN15	m	—	(10.200)	—	—	—	—	—
	镀锌钢管 DN20	m	—	—	(10.200)	—	—	—	—
	镀锌钢管 DN25	m	—	—	—	(10.200)	—	—	—
	镀锌钢管 DN32	m	—	—	—	—	(10.200)	—	—
	镀锌钢管 DN40	m	—	—	—	—	—	(10.200)	—
	镀锌钢管 DN50	m	—	—	—	—	—	—	(10.200)
	室内镀锌钢管接头零件 DN15	个	0.800	16.370	—	—	—	—	—
	室内镀锌钢管接头零件 DN20	个	1.140	—	11.520	—	—	—	—
	室内镀锌钢管接头零件 DN25	个	1.850	—	—	9.780	—	—	—
	室内镀锌钢管接头零件 DN32	个	2.740	—	—	—	8.030	—	—
	室内镀锌钢管接头零件 DN40	个	3.530	—	—	—	—	7.160	—
	室内镀锌钢管接头零件 DN50	个	5.870	—	—	—	—	—	6.510
	钢锯条	根	0.620	3.790	3.410	2.550	2.410	2.670	1.330

续表

定额编号				8-87	8-88	8-89	8-90	8-91	8-92
项目				公称直径(mm 以内)					
				15	20	25	32	40	50
名称		单位	单价/元	数量					
人工	综合工日	工日	23.22	1.830	1.830	2.200	2.200	2.620	2.680
材料	尼龙砂轮片 ϕ400	片	11.800	—	—	0.050	0.050	0.050	0.150
	机油	kg	3.550	0.230	0.170	0.170	0.160	0.170	0.200
	铅油	kg	8.770	0.140	0.120	0.130	0.120	0.140	0.140
	线麻	kg	10.400	0.014	0.012	0.013	0.012	0.014	0.014
	管子托钩 DN15	个	0.480	1.460	—	—	—	—	—
	管子托钩 DN20	个	0.480	—	1.440	—	—	—	—
	管子托钩 DN25	个	0.530	—	—	1.160	1.10	—	—
	管卡子(单立管)DN25	个	1.340	1.640	1.290	2.060	—	—	—
	管卡子(单立管)DN50	个	1.640	—	—	—	2.060	—	—
	普通硅酸盐水泥 425#	kg	0.340	1.340	3.710	4.200	4.500	0.690	0.390
	砂子	m^3	44.230	0.010	0.010	0.010	0.010	0.002	0.001
	镀锌铁丝 8# ~12#	kg	6.140	0.140	0.390	0.440	0.150	0.010	0.040
	破布	kg	5.830	0.100	0.100	0.100	0.100	0.220	0.250
	水	t	1.650	0.050	0.060	0.080	0.090	0.130	0.160
机械	管子切断机 $\phi60 \sim \phi150$	台班	18.290	—	—	0.020	0.020	0.020	0.060
	管子切断套丝机 ϕ159	台班	22.030	—	—	0.030	0.030	0.030	0.080
基价/元				65.45	66.72	82.91	85.56	93.25	110.13
其中	人工费/元			42.49	42.49	51.08	51.08	60.84	62.23
	材料费/元			22.96	24.23	30.80	33.45	31.38	45.04
	机械费/元			—	—	1.03	1.03	1.03	2.86

注:选自《全国统一安装工程预算定额》(2001)第 8 册第 1 章中的子目。

3.3 概算定额与概算指标

3.3.1 概算定额

1)概算定额的概念

概算定额是生产一定计量单位的经扩大的建筑工程结构构件或分部分项工程所需要的人工、材料和机械台班的消耗数量及费用的标准。它以预算定额为基础,按扩大分项工程或扩大结构构件为单位编制,也称为扩大结构定额。

2)概算定额的作用

概算定额是初步设计阶段编制概算和技术设计阶段编制修正概算的依据,是选择设计方案、进行技术经济分析比较的依据,也是编制概算指标及编制建设工程主要材料计划的依据。

3）概算定额与预算定额的关系

概算定额与预算定额都是以建筑物各个结构部分和分部分项工程为单位编制的，内容也包括人工、材料和机械台班使用量三个基本部分，并列有基准价；但它们在项目划分、综合扩大程度及作用上不同，概算定额主要用于设计概算的编制，预算定额主要用于施工图预算的编制。具体可参见表3.2。

表3.2 概算定额与预算定额的区别与联系

	预算定额	概算定额
联系	定额中都包含了人工费、材料费和机械使用费，且概算定额的基价是由预算定额项目的含量乘以相应的预算单价得出的； 概算定额各子目中所列的项目一般均来自于预算定额	
区别	按照施工工种工程、工程的材料构成来划分分部工程； 章节划分较细，工程量计算规则较细； 编制施工图预算较烦项	按照工程的主体构成，构造的主体部位来划分分部工程； 章节划分进行了归并，工程量计算规则简化； 简化计算，提高预算编制速度

3.3.2 概算指标

1）概算指标的概念及作用

概算指标是比概算定额更加综合与扩大的定额，其内容的设定和初步设计的深度相适应，一般是在概算定额和预算定额的基础上编制的。

概算指标是编制初步设计或扩初设计概算书，确定工程概算造价的依据，是编制基本建设计划的依据之一，也是进行设计技术经济分析、衡量设计水平、考核基本建设投资效果、编制工程标底和投标报价、编制施工组织总设计、确定主要施工方案和进行经济评价的依据。

2）概算指标的形式

土建工程概算指标通常有单项工程指标和万元消耗工料指标2种形式。单项工程指标以建筑物或构筑物为对象，以"m^2"或"座"为单位。它包括工业建筑、工业辅助建筑、民用建筑、构筑物工程等指标，按各种工程项目类型和结构特征，分别列出每平方米的人工、材料消耗指标以及单位造价。凡明确工程项目和构造内容者均可套用。

万元消耗工料指标是一种概括性较大的定额指标，反映每万元建筑安装工作量中人工、材料和机械台班消耗的数量标准，以实物指标表示。万元指标是一种计划定额，主要作为国家综合部门、主管部门和地方编制长期计划和年度计划的依据，主要分为工业和民用两类建筑指标。工业建筑按结构类型不同，分别列有装配式重型结构、装配式轻型结构、单层混合结构、多层结构等建筑指标；民用建筑按其用途不同分别列出办公楼、教学楼类，汽车站及公用建筑类，住宅宿舍类，农村建筑类等建筑指标。

安装工程概算指标的表现形式有:

①按各建筑工程的建筑功能分类,按每平方米建筑面积考虑。

②按安装工程专业分类,按每平方米建筑面积考虑。

③按各专业工程中的子系统分类,按每平方米建筑面积考虑,其中:

给排水工程的子系统有:水卫系统,消火栓消防系统,自动喷淋系统;电气工程的子系统有:照明系统,动力配电系统,火灾报警系统,电视电话系统;通风空调工程的子系统有:中央空调系统,分散式中央空调系统,采暖系统,防排烟、通风系统。

安装工程概算指标的内容包括完成各专业安装工程系统所需的费用,具体为安装工程主材费、安装费、管理费用、利润和税金,但不包括主要设备费用。

表3.3—表3.5为安装工程概算指标示例。

表3.3 给排水工程概算指标

指标编号	项目		指标值/(元·m^{-2})		备注
			水卫(-1)	消火栓消防(-2)	
2-1	居住建筑	多 层	24.00	8.00	
2-2		高 层	32.00	15.00	
2-3	办公建筑	多 层	22.00	8.00	
2-4		高 层	25.00	15.00	
2-5	教科建筑	教学楼	20.00	8.00	综合楼为高层,其他均为多层
2-6		综合楼	25.00	15.00	
2-7		幼儿园	20.00	8.00	
2-8		科 研	22.00	10.00	
2-9	医疗建筑	门 诊	26.00	10.00	
2-10		多层病房楼	45.00	10.00	公共卫生间
2-11		高层病房楼	80.00	10.00	标准间病房,冷热水系统
2-12		医 技	75.00	10.00	多层,冷热水系统
2-13	宾馆建筑	多 层	50.00	10.00	标准间客房,冷热水系统
2-14		高 层	80.00	15.00	
2-15	自动喷淋		45.00~55.00		按自动喷淋设置部位的建筑面积

表3.4 电气工程概算指标

指标编号	项目		指标值/(元·m^{-2})	备注
3-1	居住建筑	多 层	38.00	多层为照明系统,小高层及高层包括照明、动力配电系统;灯具为座头灯,小高层及高层包括应急灯
3-2		高 层	60.00	
3-3	办公建筑	多 层	65.00	照明、动力配电系统;灯具:荧光灯、吸顶灯、筒灯;高层中另含诱导灯、应急灯
3-4		高 层	85.00	

续表

指标编号	项目		指标值/(元·m^{-2})	备注
3-5	教学建筑	教学楼	65.00	其中:综合楼指标为高层指标,其他为多层指标。高层教学楼,科研楼按综合楼指标考虑照明、动力配电系统; 灯具:荧光灯、吸顶灯
3-6		综合楼	90.00	
3-7		幼儿园	50.00	
3-8		科研	95.00	
3-9	医疗建筑	多层门诊楼	65.00	照明、动力配电系统; 灯具:荧光灯、吸顶灯、医疗专用灯、应急灯、诱导灯等
3-10		多层病房楼	70.00	
3-11		高层病房楼	90.00	
3-12		多层医技楼	97.00	
3-13	宾馆建筑	多层	75.00	照明、动力配电系统; 灯具:荧光灯、吸顶灯、诱导灯、应急灯等
3-14		高层	96.00	
3-15	火灾报警		30.00~35.00	按火灾报警设置部位的建筑面积
3-16	电视电话		15.00~25.00	
3-17	空调动力配电系统		30.00~35.00	

表3.5 通风空调工程概算指标

指标编号	指标/(元·m^{-2}) 项目	中央空调		分散式中央空调		采暖	防排烟、
		高级(-1)	一般(-2)	高级(-3)	一般(-4)	(-5)	通风(-6)
4-1	居住建筑			480.00	320.00	20.00	8.00
4-2	办公、一般实验、科研、门诊、医技等建筑	285.00	225.00	400.00	330.00	23.00	17.00
4-3	教学、阅览、会议、商场、娱乐休闲、餐厅等建筑	355.00	280.00	420.00	350.00	26.00	18.00
4-4	宾馆、病房等建筑	320.00	250.00	400.00	330.00	24.00	18.00
4-5	影剧院、音乐厅、候机(车)厅、大会堂、体育馆等场馆建筑	590.00	480.00			50.00	23.00
4-6	地下室						65.00

3.4 地区计价表

1)计价表的概念及编制依据

地区计价表是根据《建设工程工程量清单计价规范》(GB 50500—2013)和全国统一预算定额编制的,是工程量清单计价的依据,是预算定额在各地区的价格表现的具体形式。

尽管预算定额所规定的各种生产要素消耗数值(定额指标)可以在全国范围内统一使用,但人工工日单价、材料预算价格、机械台班单价会受地区、时间的影响而存在差异,因此难以执行统一的预算定额单价。为了适应市场需求,各地采用两种方法来统一本地区的定额基价:第一,编制本地区的计价表;第二,采用原预算定额单价(全国统一定额单价)乘以调整系数的方法。由于地区生产要素的价格受市场影响会经常出现波动,所以,有的地区除了使用地区计价表外,还再用调整系数进行二次调整。

计价表的编制依据主要有:

①现行《全国统一安装工程预算定额》及有关编制资料,以及(GB 50500—2013)。

②地区现行的人工工资标准。

③地区各种材料的预算价格。

④地区现行的施工机械台班费用定额。

⑤现行的设计、施工验收规范、安全操作规程、质量评定标准等。其中,有地区标准的,应优先以地区标准为依据,无地区标准的,可参照国家标准、行业标准或部门相应标准规范。

⑥现行的标准图集和具有代表性的工程设计图纸等资料。

⑦经工程实践检验确已成熟,已推广应用的新工艺、新材料、新技术。

⑧各省市、各部门的补充定额以及有关编制资料等。

计价表是省、地区范围内编制工程量清单、施工图预算、招标工程标底,以及投标报价、安装工程造价计价、工程结算、造价审核、制订企业定额的依据。

2)计价表的组成

计价表是以预算定额为基础编制的,其分项子目内容、定额编号、计量单位、各种耗量指标等均与预算定额相同。它们的区别在于人工工日单价、材料预算价格、机械台班预算价格采用的是地区标准,相应的人工费、材料费、机械费及预算定额单价也反映的是地区水平。除此以外,各地区还可结合当地施工情况,编入预算定额既定项目之外的本地区“补充项目”。

《建设工程工程量清单计价规范》(GB 50500—2013)于2013年4月1号正式施行。之前的《建设工程工程量清单计价规范》(GB 50500—2003)于2003年在全国发布,各地区根据工程量清单计价规范陆续制定了地区计价表。例如,江苏省2004年编制完成了《江苏省安装工程计价表》(共11册),并与《江苏省安装工程费用计算规则》配套执行。计价表示例见表3.6和表3.7。

表3.6 安装工程计价表示例

室内镀锌钢管(螺纹连接)

工作内容:打堵洞眼、切管、套丝、上零件、调直、载钩卡及管件安装、水压试验　　计量单位:10 m

定额编号			8-87		8-88		8-89		8-90	
项　目	单位	单价	公称直径(mm 以内)							
			15		20		25		32	
			数量	合价	数量	合价	数量	合价	数量	合价
综合单价/元			97.39		97.92		118.71		121.35	

续表

定额编号					8-87		8-88		8-89		8-90	
项　目			单位	单价	公称直径(mm以内)							
					15		20		25		32	
					数量	合价	数量	合价	数量	合价	数量	合价
其中	人工费/元				47.58		47.58		57.20		57.20	
	材料费/元				20.79		21.32		25.75		28.39	
	机械费/元								0.87		0.87	
	管理费/元				22.36		22.36		26.88		26.88	
	利润/元				6.66-		6.66-		8.01		8.01	
二类工			工日	26.00	1.830	47.58	1.830	47.58	2.200	57.20	2.200	57.20
材料	903052	镀锌钢管 DN15	m	—	(10.20)		—		—		—	
	903053	镀锌钢管 DN20	m	—	—		(10.20)		—		—	
	903054	镀锌钢管 DN25	m	—	—		—		(10.20)		—	
	903055	镀锌钢管 DN32	m	—	—		—		—		(10.20)	
	505490	室内镀锌钢管接头零件 DN15	个	0.71	16.370	11.62	—		—		—	
材料	505491	室内镀锌钢管接头零件 DN20	个	0.99	—		11.520	11.40	—		—	
	505492	室内镀锌钢管接头零件 DN25	个	1.52	—		—		9.780	14.87	—	
	505493	室内镀锌钢管接头零件 DN32	个	2.16	—		—		—		8.030	17.34
	510141	钢锯条	根	0.67	3.790	2.54	3.410	2.28	2.550	1.71	2.410	1.61
	208010	尼龙砂轮片 $\phi400$	片	11.00	—		—		0.050	0.55	0.050	0.55
	603014	机油	kg	3.94	0.230	0.91	0.170	0.67	0.170	0.67	0.160	0.63
	601059	厚漆	kg	8.66	0.140	1.21	0.120	1.04	0.130	1.13	0.120	1.04
	608163	线麻	kg	7.91	0.014	0.11	0.012	0.09	0.013	0.10	0.012	0.09
	513121	管子托钩 DN15	个	0.68	1.460	0.99	—		—		—	
	513122	管子托钩 DN20	个	0.77	—		1.440	1.11	—		—	
	513123	管子托钩 DN25	个	0.86	—		—		1.160	1.00	1.160	1.00
	505276	管卡子(单立管)DN25	个	0.79	1.640	1.30	1.290	1.02	2.060	1.63	—	
	505277	管卡子(单立管)DN50	个	1.45	—		—		—		2.060	2.99
	301012	水泥 32.5#	kg	0.28	1.340	0.38	3.710	1.04	4.200	1.18	4.500	1.26
	101011	砂子	m^3	55.50	0.010	0.56	0.010	0.56	0.010	0.56	0.010	0.56
	510123	镀锌铁丝 13#~17#	kg	3.65	0.140	0.51	0.390	1.42	0.440	1.61	0.150	0.55
	608132	破布	kg	5.23	0.100	0.52	0.100	0.52	0.100	0.52	0.100	0.52
	613206	水	m^3	2.80	0.050	0.14	0.060	0.17	0.080	0.22	0.090	0.25
机械	07071	管子切断机 $\phi60\sim\phi150$	台班	15.72	—		—		0.020	0.31	0.020	0.31
	07076	管子套丝机 $\phi159$	台班	18.82	—		—		0.030	0.56	0.030	0.56

注:选自《江苏省安装工程计价表》(2004)第8册第1章中的子目。

表 3.7 安装工程计价表示例

通风空调设备安装

工作内容:开箱检查设备、附件、底座螺栓,吊装、找平、垫垫、灌浆、螺栓固定、装梯子　　计量单位:台

定额编号					9-245		9-246		9-247	
项　目			单位	单价	风机盘管安装				分段组装式空调器安装	
					吊顶式		落地式		100 kg	
					数量	合价	数量	合价	数量	合价
综合单价/元					117.45		40.67		73.10	
其中	人工费/元				29.02		23.63		45.40	
	材料费/元				62.13		2.62			
	机械费/元				8.60					
	管理费/元				13.64		11.11		21.34	
	利润/元				4.06-		3.31		6.36	
二类工			工日	26.00	1.116	29.02	0.909	23.63	1.746	45.40
材料	902118	风机盘管	台	—	(1.00)		—		—	
	503217	普通钢板 0# ~ 3#　δ1.0 ~ δ1.5	kg	3.00	0.790	2.37	(1.00)		—	
	501086	角钢∠60	kg	3.00	17.720	53.16	—			
	502111	圆钢 ϕ10 ~ ϕ14	kg	2.80	1.240	3.47	—			
	605130	聚酯乙烯泡沫塑料	kg	24.70	0.100	2.47	—	0.100		
	605118	聚氯乙烯薄膜	kg	14.74	0.010	0.15	11.520	0.010		
	511344	精致六角螺母 M6 ~ M10	10 个	0.42	0.400	0.17	—			
	511109	垫圈 10 ~ 20	10 个	0.86	0.400	0.34	—			
机械	09001	交流电焊机 21 kVA	台班	89.07	0.085	7.57	—			
	07043	台式钻床 ϕ16 × 12.7	台班	39.48	0.026	1.03	—			

注:选自《江苏省安装工程计价表》(2004)第 9 册第 8 章中的子目。

3.5 设备工程预算定额

设备工程预算定额是确定设备安装工程中每一计量单位分项工程所消耗的人工、材料和机械台班的数量标准。它不但确定了实物耗量指标,也确定了相应的价值指标。

现行设备工程预算定额共分 11 册:第 1 册,机械设备安装工程;第 2 册,电气设备安装工程;第 3 册,热力设备安装工程;第 4 册,炉窑砌筑工程;第 5 册,静置设备与工艺金属结构制作安装工程;第 6 册,工业管道工程;第 7 册,消防及安全防范设备安装工程;第 8 册,给排水、采暖、燃气工程;第 9 册,通风、空调工程;第 10 册,自动化控制仪表安装工程;第 11 册,刷油、防腐蚀、绝热工程。

1)预算定额编制依据

①国家基本建设方针和政策,现行的设计、施工规范,验收技术标准,技术操作规程,质量评定标准和安全操作规程。

②部分行业、地方标准,以及有代表性的工程设计、施工资料和其他资料。

③国内大多数施工企业的施工方法、施工组织管理水平、技术工艺水平、劳动生产率水平、装备水平、机械化程度等。

④《全国统一安装工程预算定额》。

⑤现行的《全国建筑安装工程劳动定额》及其有关编制资料。

⑥《全国统一施工机械台班费用定额》《全国统一仪器仪表台班费用定额》及其有关编制资料。

⑦自1986年《全国统一安装工程预算定额》颁发以后出现的已经成熟的新技术、新工艺、新材料。

⑧现行的标准图、通用图。

2)预算定额的作用和适用范围

①安装工程预算定额是完成规定计量单位分项工程计价所需的人工、材料、施工机械台班的消耗量标准,其作用是统一全国安装工程预算工程量计算规则、项目划分、计量单位,并作为编制安装工程施工图预算的依据,同时也是编制概算定额、投资估算指标的基础。对于招标承包工程,则是编制标底的基础;对于投标单位,也是确定报价的基础。

②安装工程预算定额适用于各类工业、民用新建、扩建项目的安装工程。

3.5.1 预算定额的组成和内容

安装工程预算定额每册均由总说明、册说明、目录、章说明、定额项目表、附注和附录组成。

①总说明:主要说明定额的内容、适用范围、编制依据、定额的作用、定额中人工、材料、机械台班消耗量的确定及其有关规定。

②册说明(主要说明下列问题):

a.该册定额的适用范围、作用。

b.该册定额的编制依据。

c.该册定额包括的工作内容和不包括的工作内容。

d.有关费用(如脚手架搭拆费、高层建筑增加费、超高费等)的计取方法和定额系数的规定。

e.定额的使用方法,使用中应注意的事项和有关问题的说明。

③目录:开列定额组成项目名称和页次,以便查找。

④章说明(主要说明下列问题):

a.分部工程包括的主要工作内容和不包括的工作内容。

b.使用定额的一些基本规定和有关问题的说明,如界限划分、适用范围等。

c.分部工程的工程量计算规则及有关规定。

⑤定额项目表(主要包括下列内容):

a. 分项工程的工作内容。一般列入项目表的表头。

b. 一定计量单位的分项工程人工消耗量、材料和机械台班消耗的种类和数量标准(实物量)。

c. 预算定额基价及人工费、材料费、机械台班使用费(货币指标)。

d. 工日、材料、机械台班单价(预算价格)。

e. 附注:在项目表的下方,解释一些定额说明中未尽的问题。

⑥附录:主要包括一些相关资料。例如,施工机械台班单价表、主要材料损耗率、允许调整材料价格的材料取费价、不允许调整价格的材料取费价格等。

3.5.2 预算定额项目的排列及定额编号

1)《安装工程预算定额》项目的排列

预算定额项目主要根据安装工程系统组成及施工工序等,按章、节、项目、子项目等顺序排列。

分部工程为"章",是将单位工程按其结构部位不同、工种不同和使用材料不同等因素,划分成若干分部工程(章)。如给排水、采暖、燃气工程预算定额分为 7 个分部工程:管道安装,阀门、水位标尺安装,低压器具、水表组成与安装,卫生器具制作安装,供暖器具安装,小型容器制作安装,燃气管道、附件、器具安装,即该册定额由 7 章组成。

分部工程以下,又按工程性质、工程内容、施工方法、使用材料类别等,分成许多分项工程。分项工程在预算定额各册中称为"节"。如第 8 册定额中第 1 章管道安装工程,又分为室外管道、室内管道、法兰安装、伸缩器制作安装 4 个分项工程,即该章有 4 节。

分项工程(节)以下,再按工程性质、规格、材料类别等,分成若干项目,如室内管道安装中又分为镀锌钢管安装、焊接钢管安装、钢管安装、承插铸铁给水管安装等 14 个项目,在项目中又分为公称直径不相同的若干个子项目。

2)定额编号

为提高施工图预算编制质量,便于查阅、审查套用的定额项目是否正确,在编制施工图预算时必须注明套用的定额编号。安装工程预算定额手册的编号通常采用"两符号"的编号方法。

"两符号"编号法的第一个符号表示定额册的序号,如安装工程预算定额共分为 11 册,第一个符号就是各册的代号,第二个符号表示分项工程项目的子项目序号。其表达形式如下:

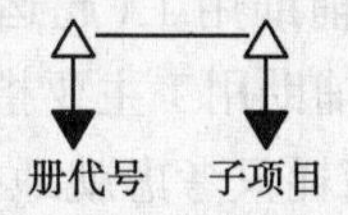

例如:8-87,表示是《安装工程预算定额》第 8 册的第 87 个子项目。

对于建筑工程预算定额,"两符号"编号法的第一个符号表示定额章(分部工程)的序号,第二个符号表示分项工程子项目的序号。其表达式如下:

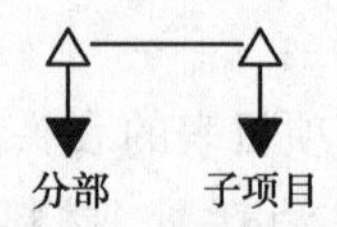

例如:3-7,表示建筑工程预算定额第3章(砌筑工程)中砌1砖外墙(标准砖)子项目的定额编号。

3.5.3 预算定额的应用

1)预算定额的计量单位

预算定额的计量单位主要根据分部分项工程和结构构件的形体特征及其变化确定。凡结构构件的断面有一定形状和大小,但长度不定时,可按长度以 m 为单位,如管道安装等;凡结构构件的厚度有一定规格,但长度和宽度不定时,可按面积以"m^2"为单位,如钢板风管安装等;凡结构构件质量和价格差异大,形状又不固定时,质量以"kg"或"t"为单位,如支架制作安装等;设备的安装、器具的安装等,可按"台""座""组""个"为单位。

定额单位确定后,由于有些项目中的人工、材料或机械台班的消耗量很小,为了减少小数位数,提高预算定额的准确性,可采取扩大定额单位的办法,把1 m,1 kg,1 m^2 等扩大10,100,1 000倍。这样,相应的消耗量也加大了倍数,应取保留一定小数位数,四舍五入后可提高其准确性。

2)预算定额的项目划分

预算定额的项目划分是根据各个工程项目的工、料、机消耗水平的不同,和工种、材料品种及使用的机械类型不同而划分的。一般有以下几种划分方法:按照材料尺寸或质量的大小划分,如镀锌钢管 DN15、DN20、DN25 的安装等;按施工方法的不同划分,如焊接钢管安装、铸铁管安装、塑料管安装,以及空调器吊顶式安装、落地式安装等。

3)预算定额的人工消耗指标

预算定额中人工消耗指标是以劳动定额为基础确定的,完成单位子项目工程所必须消耗的劳动量标准。在定额中以"时间定额"的形式表示,单位为"工日"。

人工消耗量的指标是以综合理论计算与现场观察测定资料为基础,通常采用下式计算:

$$\text{人工消耗量} = \text{基本用工} + \text{其他用工} + \text{人工幅度差}$$
$$= (\text{基本用工} + \text{其他用工}) \times (1 + \text{人工幅度差率}) \quad (3.10)$$

式中 基本用工——完成该分项工程的主要用工,包括材料加工、安装等用工;

其他用工——包括超运距用工、辅助用工(超运距用工指在劳动定额规定的运输距离以外增加的用工,辅助用工主要指一些配合用工)。

人工幅度差是因为劳动定额人工消耗只考虑就地操作,不考虑工作场地转移、工序交叉、机械转移、零散工程等用工,而预算定额考虑了这些用工,故产生人工幅度差。目前,国家规定预算的人工幅度差率为10%。

4)预算定额的材料消耗指标

安装工程在施工过程中不但安置设备,还要消耗材料,有的安装工程是由施工加工的材料组装而成的。构成安装工程主体的材料称为主要材料(主材),其次要材料称为辅助材料。材料消耗指标的确定采用计算典型设计图纸、施工现场观察测算等方法。材料消耗量按下式计算:

材料消耗量 = 材料净用量 + 材料损耗量 = 材料净用量 ×(1 + 损耗率)　　(3.11)

其中,材料净用量是构成工程子目实体必须占有的材料量,材料损耗量包括施工操作、场内运输、场内堆放等材料损耗。

5)预算定额的机械消耗指标

机械消耗指标以"台班"为计量单位。按现行规定,每台机械工作 8 h 为 1 个台班。机械台班消耗量是按正常合理的机械配备和大多数施工企业的机械化装备程度综合取定的。预算定额中的机械台班消耗指标是按全国统一机械台班定额编制的,它表示在正常施工条件下,完成单位分项工程或构件所额定消耗的机械工作时间。计算式如下:

机械台班消耗量 = 实际消耗量 + 影响消耗量 = 实际消耗量 ×(1 + 幅度差额系数)

其中,实际消耗量是根据施工定额中机械产量定额的指标换算求出的;影响消耗量是考虑机械场内转移、质量检测、正常停歇等合理因素的影响所增加的台班耗量,一般采用机械幅度差额系数计算。对于不同的施工机械,幅度差额系数不相同,如土方机械为 25%,吊装机械为 30%,打桩机械为 33% 等。

6)预算定额人工工日单价的确定

人工工日单价是指在预算中应计入的一个建筑安装工人一个工作日的全部人工费用。目前,我国的人工单价均采用综合人工单价的形式,即根据综合取定的不同工种、不同技术等级的工人的人工单价及相应的比例进行加权平均而得的人工单价,具体包括工人的基本工资、工资性补贴、辅助工资、职工福利费、劳动保护费。

各地区、各部门的人工工日单价标准不完全相同,其数值是根据地方法规、地区和部门特点综合测算而得出的。例如,《全国统一安装工程预算定额》中人工工日单价是 23.22 元;江苏省现行建筑安装工程人工工日单价为 26.00 元。

7)预算定额材料预算价格的确定

材料预算价格是指材料从发货地到达施工现场的仓库后出库的综合平均价格。具体包括以下内容:

(1)材料原价(或供应价格)

材料原价应指材料的出厂价或销售部门的批发价,或市场采购价。同一种材料,若因来源地、供货单位等不同而有几种原价时,应根据各种价格材料的数量比例,采取加权平均的方法确定其综合原价。计算式如下:

$$综合原价 = \frac{K_1 C_1 + K_2 C_2 + \cdots + K_n C_n}{K_1 + K_2 + \cdots + K_n} \tag{3.12}$$

式中:$K_1, K_2, \cdots, K$ 为各不同供应地点的供应量或各不同使用地点的需求量;$C_1, C_2, \cdots, C_n$ 为各不同供应地点的材料原价。

(2)材料运杂费

材料运杂费是指材料由采购地点或发货地点运至施工现场的仓库或工地存放点过程中所发生的全部费用,一般有直接计算法和间接计算法。

①直接计算法主要用于"三材""主材"的运杂费计算,具体按运输部门规定的运价计算。

②间接计算法一般是根据测定的运杂费系数来计算运杂费。

当材料有几个货源点时,按各货源点供应材料的比例及运距来计算材料的运杂费,即:

$$加权平均运杂费 = \frac{T_1\varphi_1 + T_2\varphi_2 + \cdots + T_n\varphi_n}{\varphi_1 + \varphi_2 + \cdots + \varphi_n} \tag{3.13}$$

式中:$T_1, T_2, \cdots, T_n$ 为各不同运距的运费;$\varphi_1, \varphi_2, \cdots, \varphi_n$ 为各货源点供应材料的数量。

(3)运输损耗费

运输损耗费是指材料在运输装卸过程中不可避免的损耗。其计算公式如下:

$$运输损耗费 = (材料原价 + 运杂费) \times 运输损耗率 \tag{3.14}$$

(4)采购及保管费

采购及保管费是指为组织采购、供应和保管材料过程中所需要的各项费用。此费含具体采购费、仓储费、工地保管费和仓储损耗。

采购及保管费一般按材料到库价格乘以一定的费率取定。计算公式如下:

$$采购及保管费 = (材料原价 + 运杂费) \times 采购及保管费率 \tag{3.15}$$

国家经济委员会规定:采购保管费率为2.5%,其中,采购费率1%,保管费率1.5%。各地区根据地区特点,所取费率稍有变化。例如,某省规定:采购及保管费率一般为2%,其中采购、保管费率各为1%。

由建设单位供应的材料,施工单位只收取保管费。

综上所述,材料预算价格的一般计算公式如下:

$$材料预算价格 = (材料原价 + 运杂费) \times (1 + 运输损耗率)(1 + 采购及保管费率) \tag{3.16}$$

8)施工机械台班单价的确定

施工机械台班单价是施工机械每个台班所必须消耗的人工、材料、燃料动力和应分摊的费用。

施工机械台班单价由7项费用组成:折旧费、大修费、经常修理费、安拆费及场外运费、人工费、燃料动力费、养路费及车船使用税。

其中,安拆费是指机械在施工现场进行安装、拆卸所需人工、材料、机械和试运转费用,以及安装所需的辅助设施的折旧、搭设、拆除等费用。场外运费是指机械整体或分体自停置地点运至施工现场或从一施工地点运至另一施工地点的运输、装卸、辅助材料等费用。燃料动力费是指机械设备在施工运转作业中所耗用的燃料、电力、水等费用。燃料动力消耗量以实测的消耗量为主,燃料动力单价按各省、市自治区的规定执行。其计算公式如下:

施工机械台班单价 = 台班折旧费 + 台班大修费 + 台班经常修理费 + 台班安拆费及场外运费 + 台班人工费 + 台班燃料动力费 + 台班养路费及车船使用税　　(3.17)

9)预算定额单价(预算定额基价)的确定

预算定额单价是指完成单位分项工程(或构件)所必须投入的货币量的标准数值,由人工费、材料费、机械费3部分构成。

3.5.4　工料单价和综合单价

1)工料单价

工料单价也称为直接工程费单价,是完成单位分项工程(或构件)所必须投入的货币量的标准,由人工费、材料费、机械费3部分构成。目前,我国的预算定额单价(定额基价)是按照现行预算定额的工、料、机消耗指标及预算价格确定的工料单价。这种单价是确定分部分项工程直接工程费的主要依据,因而广泛应用于施工图预算的编制。其计算公式为:

$$\text{分项工程工料单价} = \text{人工费} + \text{材料费} + \text{机械费} \tag{3.18}$$

其中:

$$\text{人工费} = \text{定额人工消耗量指标} \times \text{人工工日单价}$$

$$\text{材料费} = \sum \text{定额材料消耗量指标} \times \text{材料预算价格}$$

$$\text{机械费} = \sum \text{定额机械台班消耗量指标} \times \text{机械台班单价}$$

2)综合单价

综合单价也称为部分费用单价,是综合了直接工程费、管理费和利润后的单价。综合单价不但适用于分部分项工程量清单计价,也适用于措施项目清单、其他项目清单等的计价。

分部分项工程综合单价计算公式为:

$$\text{分项工程综合单价} = \text{人工费} + \text{材料费} + \text{机械费} + \text{管理费} + \text{利润} \tag{3.19}$$

其中:

$$\text{人工费} = \text{定额人工消耗量指标} \times \text{人工工日单价}$$

$$\text{材料费} = \sum \text{定额材料消耗量指标} \times \text{材料预算价格}$$

$$\text{机械费} = \sum \text{定额机械台班消耗量指标} \times \text{机械台班单价}$$

$$\text{管理费} = \text{人工费} \times \text{费率} \quad \text{或} \quad \text{管理费} = (\text{人工费} + \text{机械费}) \times \text{费率}$$

$$\text{利润} = \text{人工费} \times \text{利润率} \quad \text{或} \quad \text{利润} = (\text{人工费} + \text{机械费}) \times \text{费率}$$

思考题

3.1 简述我国工程建设定额的分类和作用。

3.2 简述企业定额的概念和编制方法。

3.3 概算定额与预算定额有什么区别和联系?

3.4 概算指标的概念和作用是什么?

3.5 地区计价表与全国统一预算定额有何异同?

3.6 预算定额中人工、材料、机械台班的定额消耗量指标是如何确定的?

3.7 简述材料单价、施工机械台班单价的确定方法及影响因素。

3.8 工料单价与综合单价的概念及区别是什么?

4

建筑设备工程预算费用的确定

4.1　建筑设备工程预算费用的构成

建筑设备工程预算费用是建设项目投资的重要组成部分，由直接费、间接费、利润和税金组成。

1）直接费

直接费由直接工程费、主材费和措施项目费组成。

（1）直接工程费

直接工程费是指施工过程中耗费的构成工程实体的各项费用，包括人工费、材料费、机械使用费。

①人工费：指直接从事设备安装工程施工的生产工人开支的各项费用，包括基本工资、工资性补贴、生产工人辅助工资、职工福利费、生产工人劳动保护费。其计算式为：

$$人工费 = \sum(人工消耗量 \times 日工资单价) \tag{4.1}$$

应注意：该人工费不包括项目施工管理人员、材料采购保管人员和机械操作人员的工资费用。

②材料费：指施工过程中耗费的构成工程实体的原材料、辅助材料、构配件、零件、半成品的费用，包括材料原价、材料运杂费、运输损耗费、采购及保管费、检验试验费。

应注意：该检验试验费是指对建筑材料、构件和安装物进行一般鉴定、检查所发生的费用，包括自设实验室进行试验所耗用的材料和化学药品等费用，不包括新结构、新材料的实验费和建设单位对具有出厂合格证明的材料进行检验，对构件做破坏性试验及其他特殊要求检验试验的费用。其计算式为：

$$材料费 = \sum(材料消耗量 \times 材料基价) + 检验试验费 \tag{4.2}$$

$$材料基价 = [(材料原价 + 运杂费) \times (1 + 运输损耗率)] \times (1 + 采购及保管费率)$$

$$检验试验费 = \sum(单位材料量检验试验费 \times 材料消耗量) \tag{4.3}$$

③施工机械使用费:指施工机械作业所发生的机械使用费、机械安拆费和场外运费。

$$施工机械使用费 = \sum(施工机械台班消耗量 \times 机械台班单价) \tag{4.4}$$

式中:施工机械台班单价由折旧费、大修费、经常修理费、人工费、燃料动力费、养路费及车船使用税、安拆费及场外运费7项费用组成。

(2)主材费

主材费是指安装工程中某项目的主体设备和材料的费用。

$$主材费 = \sum 分项工程量 \times 主材定额耗量指标 \times 主材现行预算单价 \tag{4.5}$$

式中:主材定额耗量指标是指完成单位安装工程量所需消耗的主材数量的标准,已包括了材料的损耗量,且与安装工程量的计量单位一致。

$$主材定额耗量 = 安装工程量 \times (1 + 损耗率) \tag{4.6}$$

预算定额单价或综合单价中均未包括主材的价格。因此,主材费的计算需根据现行主材预算单价(而不是定额预算单价)乘以主材的实际耗量。

在具体计算中,由于各册安装定额的规定不同,主材费有3种表现形式:

①在定额中主材以列出耗量带括号的形式出现,此时主材费未计入预算定额单价,应根据上述公式计算出主材费,并单独列项。

②定额内未列出主材耗量,但在定额附注中指明了未计价材料名称,该项主材应根据实际耗量,另列项计算。

③有些主体设备或材料,主材费未计入定额基价,但在定额中无耗量指标,也无附注说明,此时仍应按规定确定材料耗量后,另列项计算出主材费。

有些主材若由建设单位自购提供,则主材费可不列入预算。施工企业代购的主材,则应按规定计算主材费。

【例4.1】 给排水安装工程室内镀锌钢管(DN25)安装工程量为432 m,试求其主材费。

【解】 查第8册定额8-89知:每10 m, DN25镀锌钢管安装的主材即为DN25镀锌钢管,其耗量为10.20 m,在定额中以括号的形式表示,则:

$$主材费 = 43.2 \times 10.20\ \text{m} \times 8.66\ 元/\text{m} = 3\ 815.94\ 元$$

式中:8.66元/m为南京地区2013年第一季度DN25镀锌钢管的材料预算价格。

(3)措施项目费

措施项目费包括为完成工程项目施工发生于该工程施工前和施工过程中非工程实体项目的费用。措施项目费包括内容:

①环境保护费:指施工现场为达到环保部门要求所需要的各项费用。

②文明施工费:指施工现场文明施工所需要的各项费用。

③安全施工费:指施工现场安全施工所需要的各项费用。

④临时设施费:指施工企业为进行工程施工所必须搭设的生活和生产用的临时建筑物、构筑物和其他临时设施费用。主要包括3部分内容:周转使用临建(如活动房屋)、一次性使用临建(如简易建筑)和其他临时设施(如临时管线)。

⑤夜间施工费:指因夜间施工所发生的夜班补助费、夜间施工降效、夜间施工照明设备摊

销及照明用电等费用。

⑥二次搬运费:指因施工场地狭小等特殊情况而发生的二次搬运费用。

⑦大型机械设备进出场及安拆费:指机械整体或分体自停置地点运至施工现场或从一施工地点运至另一施工地点所发生的机械进出场运输及转移费及机械在施工现场进行安装、拆卸所需的人工费、材料费、机械费、试运转费和安装所需的辅助设施的费用。

⑧脚手架费:指施工所需要的各种脚手架搭、拆、运输费用及脚手架的摊销(或租赁)费用。

⑨已完工程及设备保护费:指竣工验收前,对已完工程及设备进行保护所需费用。

⑩施工排水、降水费:指为确保工程在正常条件下施工,采取各种排水、降水措施所发生的各种费用。

各项措施费计算公式如下:

$$\text{环境保护费} = \text{直接工程费} \times \text{环境保护费费率} \tag{4.7}$$

$$\text{文明施工费} = \text{直接工程费} \times \text{文明施工费费率} \tag{4.8}$$

$$\text{安全施工费} = \text{直接工程费} \times \text{安全施工费费率} \tag{4.9}$$

$$\text{临时设施费} = (\text{周转使用临建费} + \text{一次性使用临建费}) \times (1 + \text{其他临时设施所占比例})$$

$$\text{二次搬运费} = \text{直接工程费} \times \text{二次搬运费费率} \tag{4.10}$$

$$\text{大型机械设备进出场及安拆费} = \frac{(\text{一次进出场安拆费} \times \text{年平均安拆次数})}{\text{年工作台班}} \tag{4.11}$$

2)间接费

间接费不构成工程实体,不宜直接计算在单位工程成本之中 ,只能按一定比例用分摊的办法计入相应单位工程之中。按现行规定,间接费由规费和企业管理费组成。

(1)规费

按照政府和有关权力部门规定必须缴纳的费用,简称规费。主要包括:

①工程排污费:指施工现场按规定缴纳的工程排污费。

②工程定额测定费:指按规定支付工程造价管理部门的定额测定费。

③社会保障费:指企业按国家规定标准为职工缴纳的基本养老保险费、失业保险费、医疗保险费。

④住房公积金:指企业按规定标准为职工缴纳的住房公积金。

⑤危险作业意外伤害保险:指按照建筑法规定,企业为从事危险作业的建筑安装施工人员支付的意外伤害保险费。

设备工程规费计算通常以人工费为计算基础,乘以规费费率。

(2)企业管理费

企业管理费是指企业管理层组织施工生产经营活动所发生的管理费用,包括管理人员的工资、办公费、差旅交通费、固定资产使用费、工具用具使用费、劳动保险费、工会经费、职工教育经费、财产保险费、财务费等。

设备工程企业管理费计算通常以人工费为计算基础,乘以企业管理费费率。

3)利润

利润是指施工企业完成所承包工程获得的盈利。其计算公式为:

$$利润 = 人工费 \times 利润率 \tag{4.12}$$

4)税金

税金是指按国家税法规定的应计入安装工程造价内的营业税、城市建设维护税及教育费附加。

(1)营业税

依据税法规定,以营业收入额的百分比缴纳的税费,建筑安装工程营业税税率为3%。

营业收入额是指从事建筑、安装、修缮、装饰及其他工程作业取得的全部收入(即工程造价),还包括建筑、修缮、装饰工程所用原材料及其他物资和动力的价款。当安装的设备价值作为安装工程产值时,亦包括所安装设备的价款。但建筑业的总承包人将工程分包或转包给他人的,其营业额中不包括付给分包或转包人的价款。

(2)城市建设维护税

城市建设维护税是以营业税额为计税基础,用于城市的公用事业和公共设施的维护建设。其税率依纳税人所在地点的不同而分别为:纳税人所在地在市区的,税率为7%;纳税人所在地在县城、建制镇的,税率为5%;纳税人所在地不在市区、县城、建制镇的,税率为1%。

(3)教育费附加

教育费附加是指为加快发展地方教育事业,扩大地方教育资金来源的一种地方税,也是以营业税额为计费基础,其税率为4%。

在工程造价计算程序中,税金计算在最后进行。将税金计算之前的所有费用之和称为不含税工程造价,其加上税金后称为含税工程造价。

税金的计算通常执行综合税率的计算方法,其计算方法为:

$$不含税工程造价税金率 = \frac{含税工程造价税金率}{1 - 含税工程造价税金率} \tag{4.13}$$

$$税金 = 不含税工程造价 \times 不含税工程造价税金率 \tag{4.14}$$

纳税人所在地在市区的税金率:

$$含税工程造价税金率 = 3\% + 3\% \times 7\% + 3\% \times 4\% = 3.33\% \tag{4.15}$$

$$不含税工程造价税金率 = \frac{3.33\%}{1 - 3.33\%} = 3.44\% \tag{4.16}$$

纳税人所在地在县城、镇的税金率:

$$含税工程造价税金率 = 3\% + 3\% \times 5\% + 3\% \times 4\% = 3.27\% \tag{4.17}$$

$$不含税工程造价税金率 = \frac{3.27\%}{1 - 3.27\%} = 3.38\% \tag{4.18}$$

纳税人所在地不在市区、县城(镇)的税金率:

$$含税工程造价税金率 = 3\% + 3\% \times 1\% + 3\% \times 4\% = 3.15\% \tag{4.19}$$

$$不含税工程造价税金率 = \frac{3.15\%}{1 - 3.15\%} = 3.25\% \tag{4.20}$$

4.2 设备安装工程计价程序

根据《建筑工程施工发包与承包计价管理办法》的规定,现阶段建筑安装工程费的计价方法有工料单价法和综合单价法两种。其计价程序也有所不同。

1)工料单价法计价程序

工料单价法是以分项工程量乘以相应分项工程预算定额单价后的合计为直接工程费。其中,分项工程工料单价为人工、材料、机械的消耗量乘以相应价格合计而成的直接工程费单价。其计算公式为:

$$直接工程费 = \sum(分项工程量 \times 相应分项工程预算定额单价) \tag{4.21}$$

$$单位工程直接费 = 单位工程直接工程费 + 措施项目费 + 主材费 \tag{4.22}$$

$$单位工程概预算造价 = 单位工程直接费 + 间接费 + 利润 + 税金 \tag{4.23}$$

$$单项工程概预算造价 = \sum 单位工程概预算造价 + 设备、工器具购置费 + 工程建设其他费用 + 预备费 \tag{4.24}$$

设备安装工程工料单价法计价通常以人工费为计算基础。其计价程序详见表4.1。

表4.1 工料单价法计价程序表

序号	费用项目	计算方法	备注
1	直接工程费	按预算表	
2	直接工程费中人工费	按预算表	
3	主材费	$\sum$主材消耗量×主材单价	
4	措施项目费	按规定标准计算	
5	措施项目费中人工费	按规定标准计算	
6	直接费小计	(1)+(3)+(4)	
7	人工费小计	(2)+(5)	
8	间接费	(7)×相应费率	
9	利润	(7)×利润率	
10	合计	(6)+(8)+(9)	
11	含税造价	(10)×(1+相应税率)	

2)综合单价法计价程序

综合单价法是以各分部分项工程综合单价乘以工程量得到该分项工程的合价,汇总所有分项工程合价形成工程总价的方法。其计算公式为:

$$分部分项工程费 = \sum 分部分项工程量 \times 相应分部分项工程综合单价 \tag{4.25}$$

$$单位工程报价 = 分部分项工程费 + 措施项目费 + 其他项目费 + 规费 + 税金$$

$$单项工程报价 = \sum 单位工程报价 \tag{4.26}$$

由于各分部分项工程中的人工、材料、机械的比例不同,各分项工程可根据其材料费占人工费、材料费、机械费合计的比例(C表示该项比值)在以下三种计算程序中选择一种,计算其综合单价。

①当$C > C_0$(C_0为本地区原费用定额测算所选典型工程材料费占人工费、材料费、机械费合计的比例)时,可采用以人工费、材料费、机械费合计为基数计算该分项工程的间接费和利润。计算程序见表4.2。

表4.2　综合单价法计价程序(1)

序　号	费用项目	计算方法	备　注
1	分项直接工程费	人工费+材料费+机械费	
2	间接费	(1)×相应费率	
3	利润	[(1)+(2)]×相应利润率	
4	合计	(1)+(2)+(3)	
5	含税造价	(4)×(1+相应税率)	

②当$C < C_0$值的下限时,可采用以人工费和机械费合计为基数计算该分项工程的间接费和利润。计算程序见表4.3。

表4.3　综合单价法计价程序(2)

序　号	费用项目	计算方法	备　注
1	分项直接工程费	人工费+材料费+机械费	
2	其中人工费和机械费	人工费+机械费	
3	间接费	(2)×相应费率	
4	利润	(2)×相应利润率	
5	合计	(1)+(3)+(4)	
6	含税造价	(5)×(1+相应税率)	

③如该分项的直接费仅为人工费,无材料费和机械费时,可以采用以人工费为基数计算该分项工程的间接费和利润。其计算程序见表4.4。

表4.4　综合单价法计价程序(3)

序　号	费用项目	计算方法	备　注
1	分项直接工程费	人工费+材料费+机械费	
2	其中人工费	人工费	
3	间接费	(2)×相应费率	
4	利润	(2)×相应利润率	
5	合计	(1)+(3)+(4)	
6	含税造价	(5)×(1+相应税率)	

4.3　费用计算

《建筑安装工程费用项目组成》的规定,从理论上界定了建筑安装产品价格的内容,为其合理地计价奠定了基础,但是它的实际操作性不强,给建筑安装产品准确定价带来一定困难;同时,《建设工程工程量清单计价规范》(GB 50500—2013)规定了建设工程的计价行为,统一了建设工程计价方法,将建筑安装工程费用的组成内容进行了重新组合。

根据《建筑安装工程费用项目组成》和《建设工程工程量清单计价规范》,各省市结合当地情况,从简便、适用和准确计算建筑产品价格的实务出发,制定了相应的操作规程。本节结合江苏省的现行计价办法,探讨建筑设备工程预算费用的组成和计价程序。

1)费用项目划分

建筑设备工程预算费用由分部分项工程费、措施项目费、其他项目费、规费和税金组成。

(1)分部分项工程费

分部分项工程费是指施工过程中耗费的构成工程实体性项目的各项费用,包括人工费、材料费、机械费、管理费和利润。其中,人工费、材料费、机械费的含义见4.1节。管理费包括企业管理费、现场管理费、生产工具用具使用费、远地施工增加费等。现场管理费是指现场管理人员在组织工程施工过程中所发生的费用。

(2)措施项目费

措施项目费是指通常应计算根据有关建设工程施工及验收规范、规程要求必须配套完成的工作内容所需的各项费用。

设备安装工程通常需计算环境保护费、文明施工费、安全施工费、临时设施费、夜间施工费、二次搬运费、大型机械设备进出场及安拆费、脚手架搭拆费、检验试验费、赶工措施费等,工程按质论价。其中:

①赶工措施费:赶工措施费是建设单位对工期有特殊要求,则施工单位必须增加施工成本的费用。各地区赶工措施费费率的取值不尽相同,江苏地区采用的具体办法如下:

a.住宅工程:较本省现行定额工期提前20%以内,则须增加2%~3%的赶工措施费。

b.高层建筑工程:较本省现行定额工期提前25%以内,则须增加3%~4%的赶工措施费。

c.一般框架、工业厂房等其他工程:较本省现行定额工期提前20%以内,则须增加2.5%~3.5%的赶工措施费。

②工程按质论价:工程按质论价是指建设单位要求施工单位完成的单位工程质量,达到有关权威部门规定的优良、优质(含市优、省优、国优)标准而必须增加的施工成本费用。具体规定如下:

a.住宅工程:优良级增加建安造价的1.5%~2.0%,优质级增加建安造价的2%~3%。一、二次验收不合格者,除返工合格外,尚应按建安造价的0.8%~1%和1.2%~2%扣罚工程款。

b.一般工业与公共建筑:优良级增加建安造价的1%~1.5%,优质级增加建安造价的

1.5% ~2.5%。一、二次验收不合格者，除返修合格外，尚应按0.5% ~0.8%和1% ~1.7%扣罚工程款。

措施项目费的计算方法有两种：系数计算法和方案分析法。

系数计算法是用与措施项目有直接关系的工程项目直接工程费（或人工费或人工费与机械费之和）作为计算基数，乘以措施费系数得出措施项目费。措施费系数是根据以往有代表性工程的资料，通过分析计算取得的。例如，某地区文明施工费按分部分项工程费的0.6% ~1.5%计算；临时设施费按分部分项工程费的0.6% ~1.5%计算；检验试验费按分部分项工程费的0.3%计算。

方案分析法是通过编制具体的措施实施方案，对方案所涉及的各种经济技术参数进行计算后，所确定的措施项目费。

(3)其他项目费

其他项目费是指暂列金额、暂估价、计日工、总承包服务费等估算金额的总和。

(4)规费

规费亦称地方规费，是税金之外的由政府有关部门收取的各种费用，主要包括：工程排污费、建筑安全监督管理费、社会保障费、住房公积金。其计算公式为：

$$规费 = 计算基数 \times 规费费率 \tag{4.27}$$

规费费率一般按国家或有关部门制定的费率标准执行。

规费计算时要注意计算基数（或者为分部分项工程费；或者为分部分项工程费、措施项目费、其他项目费的合计；或者为人工费；或者为人工费和机械费的合计数），计算基数不同，规费费率的取值就不同。

(5)税金（内容与4.1节相同）。

2)工程造价计价程序

具体见表4.5和表4.6。

表4.5 包工包料工程综合单价法计价程序

序号	费用名称		计算公式	备 注
1	分部分项工程费		综合单价×工程量	按计价表
	其中	①人工费	计价表人工消耗量×人工单价	
		②材料费	计价表材料消耗量×材料单价	
		③机械费	计价表机械消耗量×机械单价	
		④主材费	计价表主材消耗量×主材单价	
		⑤管理费	(①)×费率	
		⑥利润	(①)×费率	
2	措施项目费		分部分项工程费×费率 或措施项目综合单价×工程量	按计价表或费用计算规则
3	其他项目费用			双方约定

续表

<table>
<tr><th>序号</th><th colspan="2">费用名称</th><th>计算公式</th><th>备 注</th></tr>
<tr><td rowspan="5">4</td><td colspan="2">规费</td><td></td><td></td></tr>
<tr><td rowspan="4">其中</td><td>①工程排污费</td><td rowspan="4">[(1)+(2)+(3)]×费率</td><td>按规定计取</td></tr>
<tr><td>②建筑安全监督管理费</td><td>按规定计取</td></tr>
<tr><td>③社会保障费</td><td>按规定计取</td></tr>
<tr><td>④住房公积金</td><td>按规定计取</td></tr>
<tr><td>5</td><td colspan="2">税金</td><td>[(1)+(2)+(3)+(4)]×税率</td><td></td></tr>
<tr><td>6</td><td colspan="2">工程造价</td><td>(1)+(2)+(3)+(4)+(5)</td><td></td></tr>
</table>

表4.6 包工不包料工程综合单价法计价程序

<table>
<tr><th>序号</th><th colspan="2">费用名称</th><th>计算公式</th><th>备 注</th></tr>
<tr><td>1</td><td colspan="2">分部分项工程量清单人工费</td><td>计价表人工消耗量×地区包工不包料人工工资标准</td><td>按计价表</td></tr>
<tr><td>2</td><td colspan="2">措施项目清单计价</td><td>(1)×费率或按计价表</td><td>按计价表或费用计算规则</td></tr>
<tr><td>3</td><td colspan="2">其他项目费用</td><td></td><td>双方约定</td></tr>
<tr><td rowspan="5">4</td><td colspan="2">规费</td><td></td><td></td></tr>
<tr><td rowspan="4">其中</td><td>①工程排污费</td><td rowspan="4">[(1)+(2)+(3)]×费率</td><td>按规定计取</td></tr>
<tr><td>②建筑安全监督管理费</td><td>按规定计取</td></tr>
<tr><td>③社会保障费</td><td>按规定计取</td></tr>
<tr><td>④住房公积金</td><td>按规定计取</td></tr>
<tr><td>5</td><td colspan="2">税金</td><td>[(1)+(2)+(3)+(4)]×税率</td><td></td></tr>
<tr><td>6</td><td colspan="2">工程造价</td><td>(1)+(2)+(3)+(4)+(5)</td><td></td></tr>
</table>

其中,管理费费率通常依据工程类别的不同而取不同的数值,见表4.7。

表4.7 管理费费率、利润率表

<table>
<tr><th rowspan="2">序号</th><th rowspan="2">工程名称</th><th rowspan="2">计算基础</th><th colspan="3">管理费费率/%</th><th rowspan="2">利润率/%</th></tr>
<tr><th>一类工程</th><th>二类工程</th><th>三类工程</th></tr>
<tr><td>1</td><td>设备安装工程</td><td>人工费</td><td>47</td><td>43</td><td>39</td><td>14</td></tr>
</table>

注:该表为江苏省安装工程管理费费率、利润率表。

表4.8为措施项目费费率表,表4.9为规费费率表。

安装工程类别划分,见表4.10。

表 4.8　措施项目费费率表

<table>
<tr><th>序号</th><th>项　目</th><th>计算基础</th><th>安装工程费率/%</th><th>备　注</th></tr>
<tr><td rowspan="3">1</td><td rowspan="3">现场安全文明施工措施费</td><td rowspan="11">分部分项工程费</td><td rowspan="3">1.4～1.6</td><td>基本费(费率 0.8%)</td></tr>
<tr><td>现场考评费(费率 0.4%)</td></tr>
<tr><td>奖励费(市级文明工地/省级文明工地)费率 0.2%/0.4%</td></tr>
<tr><td>2</td><td>夜间施工增加费</td><td>0～0.1</td><td></td></tr>
<tr><td>3</td><td>冬雨季施工增加费</td><td>0.05～0.1</td><td></td></tr>
<tr><td>4</td><td>已完工程及设备保护</td><td>0～0.05</td><td></td></tr>
<tr><td>5</td><td>临时设施费</td><td>0.6～1.5</td><td></td></tr>
<tr><td>6</td><td>检验试验费</td><td>0.15</td><td></td></tr>
<tr><td>7</td><td>赶工费</td><td>1～25</td><td></td></tr>
<tr><td>8</td><td>按质论价费</td><td>1～3</td><td></td></tr>
<tr><td>9</td><td>住宅分户验收</td><td>0.08</td><td></td></tr>
</table>

表 4.9　规费费率表

<table>
<tr><th>序号</th><th>项　目</th><th>计算基础</th><th>安装工程费率/%</th><th>备　注</th></tr>
<tr><td>1</td><td>工程排污费</td><td rowspan="4">分部分项工程费 + 措施项目费 + 其他项目费</td><td>按相关部门规定计取</td><td></td></tr>
<tr><td>2</td><td>建筑安全监督管理费</td><td>0.19</td><td></td></tr>
<tr><td>3</td><td>社会保障费</td><td>2.2</td><td></td></tr>
<tr><td>4</td><td>住房公积金</td><td>0.38</td><td></td></tr>
</table>

表 4.10　安装工程类别划分标准表

一类工程
1. 10 kV 及其以上变配电装置；
2. 10 kV 及其以上电缆敷设工程或实物量在 5 km 以上的单独 6 kV(含 6 kV)电缆敷设分项工程；
3. 锅炉单炉蒸发量在 10 t/h(含 10 t/h)以上的锅炉安装及其相配套的设备、管道、电气工程；
4. 建筑物使用空调面积在 15 000 m^2 以上的单独中央空调分项安装工程；
5. 运行速度在 1.75 m/s 及其以上的单独自动电梯分项安装工程；
6. 建筑面积在 15 000 m^2 以上的建筑智能化系统设备安装工程和消防工程；
7. 24 层以上高层建筑的水电安装工程
二类工程
1. 除一类取费范围以外的变配电装置和 10 kV 以下架空线路工程；
2. 除一类取费范围以外的且在 380 V 以上的电缆敷设工程；
3. 除一类取费范围以外的各类工业设备安装、车间工艺设备安装及其相配套的管道、电气工程；
4. 锅炉单炉蒸发量在 10 t/h 以下的锅炉安装及其相配套的设备、管道、电气工程；
5. 建筑物使用空调面积在 15 000 m^2 以下，5 000 m^2 以上的中央空调分项安装工程；
6. 除一类取费范围以外的单独自动扶梯、自动或半自动电梯分项安装工程；
7. 除一类取费范围以外的建筑智能化系统设备安装工程和消防工程；
8. 8 层以上建筑的水电安装工程

续表

三类工程
1. 除一、二类取费范围以外的电缆敷设工程;
2. 8 层及其以下建筑的水电安装工程;
3. 除一、二类取费范围以外的通风空调工程;
4. 除一、二类取费范围以外的工业项目辅助设施的安装工程

【例 4.2】 南京市区某单位 11 层办公楼通风空调工程,由某施工企业包工包料承担施工。按现行安装工程预算定额计算得定额直接工程费为 85 000 元,其中人工费 32 000 元,机械费 11 000 元。主材费 600 000 元。试按现行规定计算该办公楼通风空调工程造价。

【解】 造价计算见下表(江苏省包工包料工程综合单价法计价程序)

序号	费用名称		计算公式	金额/元
1	分部分项工程费			703 240.00
	其中	①人工费		32 000.00
		②材料费	85 000 - 32 000 - 11 000 = 42 000.00	42 000.00
		③机械费		11 000.00
		④主材费		600 000.00
		⑤管理费	(1) ×43% (二类工程) = 13 760.00	13 760.00
		⑥利润	(1) ×14% = 4 480.00	4 480.00
2	措施项目费			20 299.10
	措施项目费(二)		脚手架搭折费 = 32 000 ×3%	960.00
	措施项目费(一)			19 339.10
	其中	①现场安全文明施工措施费	703 240.00 ×1.6%	11 251.84
		②临时设施费	703 240.00 ×1%	7 032.40
		③检验试验费	703 240.00 ×0.15%	1 054.86
3	其他项目费用		双方约定	0
4	规费			20 042.03
	其中	①工程排污费	本工程不计	
		②建筑安全监督管理费	(703 240.00 + 20 299.10) ×0.19%	1 374.72
		③社会保障费	(703 240.00 + 20 299.10) ×2.2%	15 917.86
		④住房公积金	(703 240.00 + 20 299.10) ×0.38%	2 749.45.
5	税金		(703 240.00 + 20 299.10 + 20 042.03) ×3.44%	25 579.19
6	工程造价		703 240.00 + 20 299.10 + 20 042.03 + 25 579.19	769 160.32

4.4 用系数法计算的费用

安装工程定额采用系数法将一些不便单列定额子目进行计算的工程费用,通过规定调整系数的计算方法来进行计算。这些费用包括超高增加费、高层建筑增加费、脚手架搭拆费等。这些费用的计算方法不完全相同,同时各种用系数计算的费用应根据其性质分别属于不同的计价类别。

1)超高增加费

(1)取费条件

定额中规定的操作物的高度是指:有楼层的按楼层地面至安装物的距离;无楼层的按操作地面(或设计±0.0标高)至操作物的距离。

当操作物的高度超过各分册规定高度时,就可计算由于人工降效而增加的超高费用。如第8册给排水、采暖、燃气工程定额中工作物操作高度以3.6 m为界线,如超过3.6 m时,其超高部分(指由3.6 m至操作物高度)的定额人工费应乘以超高系数计取超高费。第9册通风空调工程定额中工作物操作高度以6.0 m为界线,如超过6.0 m时,其超高部分的定额人工费应乘以超高系数计取超高费。

(2)计算方法

超高增加费的计算公式为:

$$超高增加费 = 定额人工费 \times 超高增加费系数 \tag{4.28}$$

其中,定额人工费是指超高部分的人工费,超高增加费系数见各册说明。

(3)说明

采用工料单价法计价程序时,超高增加费属于直接工程费的增加。采用综合单价法计价程序时,超高增加费属于措施项目费用。

2)高层建筑增加费

(1)取费条件

高层建筑增加费是指高度在6层以上或20.0 m以上的工业与民用建筑施工应增加的费用。由于高层建筑增加系数是按全部面积的工程量综合计算的,因此在计算工程量时不扣除6层或20.0 m及其以下的工程量。

高层建筑增加费的计取范围包括:给排水、采暖、燃气、电气、消防及安全防范、通风空调、刷油、绝热、防腐蚀等工程。费用内容包括:人工降效,材料、工具垂直运输增加的机械台班费用,施工用水加压泵的台班费用及工人上下乘坐的升降设备台班费用等。

(2)计算方法

高层建筑增加费的计算公式为:

$$高层建筑增加费 = 定额人工费 \times 高层建筑增加费费率 \tag{4.29}$$

其中,定额人工费包括超高增加费中的人工费。高层建筑增加费费率见各册说明。

(3)若干规定

①高层建筑的层数和高度计算以室外设计正负零至檐口(不包括屋顶水箱间、电梯间、屋顶平台出入口等)高度为准,不包括地下室的高度和层数,半地下室也不计算层数。

②同一建筑物有部分高度不同时,可分别不同高度计算高层建筑增加费。

③单层建筑物超过 20.0 m 的高层建筑增加费计算,首先应将自室外设计 ±0.0 至檐口的高度除以 3.0 m 计算出相当于多层建筑的层数,然后再按“高层建筑增加费费率表”所列的相应层数的增加费率计算。

(4)说明

采用工料单价法计价程序时,高层建筑增加费属于直接工程费的增加;采用综合单价法计价程序时,高层建筑增加费应属于措施项目费费用。

3)脚手架搭拆费

(1)取费条件

按定额的规定,脚手架搭拆费不受操作物高度限制均可收取。同时,在测算脚手架搭拆费系数时,均应考虑如下:

①各专业工程交叉作业施工时,可以互相利用脚手架的因素,测算时已扣除可以重复利用的脚手架费用。

②安装工程用脚手架与土建所用的脚手架不尽相同,测算脚手架搭拆费用时,大部分是按简易架考虑的。

③施工时,如部分或全部使用土建的脚手架,则作为有偿使用处理。

(2)计算方法

脚手架搭拆费的计算公式为:

$$脚手架搭拆费 = 定额人工费 \times 脚手架搭拆系数 \tag{4.30}$$

其中,定额人工费包括超高增加费中的人工费。脚手架搭拆系数按各册取值。

(3)说明

采用工料单价法计价程序或采用综合单价法计价程序,脚手架搭拆费均属于措施项目费费用。

4)安装与生产同时进行增加的费用

该项费用的计取是指改扩建工程在生产车间或装置内施工,因生产操作或生产条件限制影响了安装工程正常进行而增加的降效费用(其中不包括为保证安全生产和施工所采取的措施费用,如安装工作不受影响的,不应计取此项费用)。

该项费用的计算基础是分部分项工程的全部人工费,费率为 10%(各分册定额),其人工工资占 100%。

采用工料单价法计价程序时,安装与生产同时进行增加的费用属于直接工程费的增加。采用综合单价法计价程序时,安装与生产同时进行增加的费用属于措施项目费费用。

5)在有害身体健康环境中施工降效增加费

在有害身体健康的环境中施工增加的费用是指在有关规定允许的前提下,由于车间、装置范围内有害气体或高分贝的噪声超过国家标准以至影响人员身体健康而增加的费用。

该项费用的计算基础是分部分项工程的全部人工费，费率为10%（各册定额），其中人工工资占100%。

采用工料单价法计价程序时，在有害身体健康环境中施工降效增加费属于直接工程费的增加。采用综合单价法计价程序时，该项费属于措施项目费费用。

6）采暖工程系统调试费

采暖系统安装竣工后，应根据设计要求将采暖设备、管道、附件等进行热量分配调节，达到设备系统的正常运行。为此，在第8册定额中规定了采暖工程系统调整费。

调整费按采暖工程（不包括锅炉房管道及外部供热管网工程）人工费的15%计算，其中人工工资占20%，材料费占80%。

对于热水管的安装，不属于采暖工程，不能收取系统调试费。

采暖工程系统调整不构成工程实体，也不属于措施项目，但在工程实施过程中，按施工验收规范或操作规程的要求，是必须进行的。因此，采用工料单价法计价程序时，采暖工程系统调试费属于直接工程费的增加。采用综合单价法计价程序时，采暖工程系统调试费应单独编制清单项目综合单价，其费用属于分部分项工程费的增加。

7）通风空调工程系统调试费

通风空调工程系统调整费包括调试人工、仪器、仪表折旧、消耗材料等费用，按系统工程人工费的13%计算，其中人工工资占25%，材料费占75%。

通风空调工程系统调整不构成工程实体，也不属于措施项目，但在工程实施过程中，按施工验收规范或操作规程的要求，是必须进行的。因此，采用工料单价法计价程序时，通风空调工程系统调整费属于直接工程费的增加。采用综合单价法计价程序时，通风空调工程系统调整费应单独编制清单项目综合单价，其费用属于分部分项工程费的增加。

【例4.3】 某高层建筑(21层)，底层高6.0 m，其余各层3.0 m。室内给排水安装直接工程费为60 000元，其中人工费21 000元(底层超高部分人工费5 000元)，机械费8 000元。该工程主材费140 000元。试按系数计算有关费用。

【解】 该工程底层超高，可以收取超高增加费；为21层建筑，可收取高层建筑增加费。同时，脚手架搭拆费不受操作物高度限制均可收取。故该工程按系数计算的费用如下：

①超高增加费：查定额费率表得费率为10%，则

$$\text{超高增加费} = 5\ 000 \times 10\% = 500.00\ \text{元}$$

②高层建筑增加费：查定额费率表得费率为31%，其中人工工资占26%，机械费占74%：

$$\text{高层建筑增加费} = (21\ 000 + 500) \times 31\% = 6\ 665.00\ \text{元}$$

$$\text{人员工资} = 6\ 665\ \text{元} \times 26\% = 1\ 732.90\ \text{元}$$

$$\text{机械费} = 6\ 665\ \text{元} \times 74\% = 4\ 932.10\ \text{元}$$

③脚手架搭拆费：查第8册定额脚手架搭拆费率为5%，其中人工工资占25%，则：

$$\text{脚手架搭拆费} = (21\ 000 + 500)\ \text{元} \times 5\% = 1\ 075.00\ \text{元}$$

$$\text{人员工资} = 1\ 075\ \text{元} \times 25\% = 268.75\ \text{元}$$

材料费 = 1 075 元 × 75% = 806.25 元

所以调整后的直接工程费 = (60 000 + 500 + 6 665)元 = 67 165.00 元

工资 = (21 000 + 500 + 1 732.90)元 = 23 232.90 元

将上述数据填入预算表：

费用名称	主材费/元	直接工程费/元	人工工资/元	机械费/元	材料费/元
直接工程费	140 000.00	60 000.00	21 000.00	8 000.00	31 000.00
超高增加费		500.00	500.00	0	0
高层建筑增加费		6 665.00	1 732.90	4 932.10	0
调整后的各项费用合计	140 000.00	67 165.00	23 232.90	12 932.10	31 000.00

4.5　工程量清单计价

4.5.1　基本概念

1)工程量清单计价规范

《建设工程工程量清单计价规范》(GB 50500—2013)是统一工程量清单编制、规范工程量清单计价的国家标准、调整建设工程工程量清单计价活动中发包人与承包人各种关系的规范性文件。

建设工程工程量清单计价规范的特征：

①强制性：按照计价规范规定，全部使用国有资金投资或以国有资金投资为主的建设工程施工发承包，必须采用工程量清单计价。同时，凡是在建设工程招标投标实行工程量清单计价的工程，都应遵守计价规范。

②统一性：规范明确了工程量清单是招标文件的组成部分，招标人在编制工程量清单时必须做到"四个统一"，即统一项目编码、统一项目名称、统一计量单位、统一工程量计算规则。

③实用性：计价规范中，项目名称明确清晰，工程量计算规则简洁明了，特别是还列有项目特征和工程内容，便于编制工程量清单时确定项目名称和工程造价。

④竞争性：工程量清单中列有"措施项目"一项，具体采用什么措施，需由投标人根据施工组织设计及企业自身情况确定。另外，工程量清单中人工、材料和施工机械没有具体的消耗量，也没有单价，投标人既可以依据企业的定额和市场价格信息，也可以参照建设行政主管部门发布的社会平均消耗量定额进行报价，这些都有利于企业发挥其竞争力。

⑤通用性：采用工程量清单计价能与国际惯例接轨，符合工程量计算方法标准化、计算规则统一化和工程造价确定市场化的要求，是国际上通用的工程造价计价方法。

2)工程量清单

工程量清单是表示建设工程的分部分项工程项目、措施项目、其他项目、规费项目和税金项目的名称和相应数量等的明细清单。

工程量清单是招标文件的重要组成部分,是由招标人提供的拟建工程各实物工程名称、性质、特征、数量、单位,以及开办项目、税费等相关表格组成的文件。它体现了招标人要求投标人完成的工程项目及相应的工程数量,并反映了投标报价的要求,是投标人进行报价的基本依据。

3)工程量清单计价

工程量清单计价是指业主或业主委托具有资质的中介机构依据工程量计算规则和统一的施工项目划分规定,根据设计图纸及施工现场实际情况,为投标单位提供实物工程量项目和技术性措施项目的数量清单;投标单位根据招标文件的要求、施工项目的工程数量,按照本企业的施工水平、技术及机械装备力量、管理水平、价格信息掌握情况,并充分考虑各种风险因素等,对招标文件中的工程量清单进行报价。报价所含费用为开列项目所需的全部费用,包括分部分项工程费、措施项目费、其他项目费、规费和税金,是招标人提供的工程量清单所列项目的全部费用。

4.5.2 工程量清单计价与定额计价的异同

我国长期以来采用建设工程定额计价的计价模式,即国家通过颁布统一的估价指标、概算指标、概算定额、预算定额和相应的费用定额,对建设产品价格进行计划管理的。在计价中,以定额为依据,按定额规定的分部分项子目,逐项计算工程量,套用定额(或单位估价表)单价确定直接工程费,然后按规定取费标准确定构成工程价格的其他费用和利税,从而得出建筑安装工程造价。

工程量清单计价方法是指建设工程招标投标中,按照《工程量清单计价规范》,招标人或委托具有资质的中介机构编制反映工程实体消耗和措施消耗的工程量清单,并作为招标文件的一部分提供给投标人,由投标人依据工程量清单,根据所获得的工程造价信息和经验数据,结合企业定额自主报价的计价方式,是一种主要由市场定价的计价模式。

目前,我国建设工程造价实行“双轨制”计价办法,即定额计价方法和工程量清单计价方法并行。工程量清单计价作为一种市场价格的形成机制,主要在工程招投标和结算阶段使用。工程量清单计价与定额计价的对比,见表4.11。

表4.11 工程量清单计价与定额计价的对比

序号	内容	计价方式	
		定额计价	工程量清单计价
1	项目设置	定额项目一般是按照施工工序、工艺进行设置的,定额项目包括的工程内容一般是单一的	清单项目设置是以一个“综合实体”考虑的,“综合项目”一般包括多个子项目工程内容

续表

序号	内容	计价方式	
		定额计价	工程量清单计价
2	定价原则	按工程造价管理机构发布的有关规定及定额中的基价计价	按照清单的要求,企业自主报价,反映的是市场决定价格
3	单价构成	采用定额子目基价,包括定额编制时期的人工费、材料费、机械费,并不包括管理费、利润和各种风险因素带来的影响	采用综合单价,包括人工费、材料费、机械费、管理费和利润,且各项费用均由投标人根据企业自身情况和考虑各种风险因素自行编制
4	价差调整	按工程承发包双方约定的价格与定额价的对比,调整价差	按工程承发包双方约定的价格直接计算,除招标文件规定外,不存在价差调整的问题
5	计价过程	招标方只负责编写招标文件,不设置工程项目内容,也不计算工程量。工程计价的子目和相应的工程量由投标方根据设计文件确定	招标方设置清单项目并计算清单工程量,清单项目的特征和包括的工程内容必须清晰、完整的告诉投标人,投标方拿到工程量清单后根据清单报价
6	消耗量	人工、材料、机械消耗量按定额标准计算,定额标准是按社会平均水平编制的	由投标人根据企业的自身情况或《企业定额》自定,真正反映企业自身的水平
7	工程量计算规则	定额工程量计算规则	清单工程量计算规则
8	计价方法	根据施工工序计价,将相同施工工序的工程量相加汇总,选套定额,计算出一个子项的定额分部分项工程费,每一个项目独立计价	按一个综合实体计价,子项目随主体项目计价。由于主体项目与组合项目是不同的施工程序,一般要计算多个子项才能完成一个清单项目的分部分项工程综合单价
9	价格表现形式	只表示工程总价,分部分项工程费不具有单独存在的意义	主要为分部分项工程综合单价,是投标、评标、结算的依据,单价一般不调整
10	工程风险	工程量由投标人计算和确定,价差一般可调整,投标人一般只承担工程量计算风险,不承担材料价格风险	招标人计算工程量,编制工程量清单,承担差量的风险。由于单价通常不调整,投标人报价应考虑多种因素,投标人要承担组成价格的全部因素风险
11	结算方式	预算价(或合同价)+签证	综合单价×工程量

4.5.3 工程量清单的内容和编制

工程量清单主要包括工程量清单封面、填表须知、工程量清单总说明、分部分项工程量清单、措施项目清单、其他项目清单,以及主要材料价格表等。下面以某综合楼通风空调工程为例,具体介绍工程量清单的编制方法。

1)工程量清单封面

招标人需在工程量清单封面上填写拟建的工程项目名称、招标人(即招标单位)、法定代表人、中介机构法定代表人、造价工程师及注册证号、编制时间等内容,见图4.1。

某综合楼通风空调工程

工 程 量 清 单

招标人：　　　　　　　　　　　　工程造价咨询人：

（单位盖章）　　　　　　　　　　（单位资质专用章）

法定代表人或其授权人：　　　　　法定代表人或其授权人：

（签字或盖章）　　　　　　　　　（签字或盖章）

编制人：　　　　　　　　　　　　复核人：

（造价人员签字盖专用章）　　　　（造价工程师签字盖专用章）

编制时间：　年　月　日　　　　　复核时间：　年　月　日

图 4.1　某综合楼通风空调工程工程量清单封面

2)填表须知

填表须知主要包括以下内容(招标人可根据具体情况进行补充)：

①工程量清单及其计价格式中所有要求签字、盖章的地方,必须由规定的单位和人员签字、盖章。

②工程量清单及计价格式中的任何内容不得随意删除或涂改。

③工程量清单计价格式中列明的所有需要填报的单价和合价,投标人均应填写,未填报的单价和合价,视为此项费用已包含在工程量清单的其他单价和合价中。

3)工程量清单总说明

工程量清单总说明是招标人关于拟招标工程的工程概况、招标范围、工程量清单的编制依据、工程质量的要求、主要材料的价格来源等的说明,示例见图 4.2。

某单位工程工程量清单总说明

工程名称:某综合楼通风空调安装工程　　　　　　　　　　　　　　　　第1页 共1页

1. 工程概况:由某投资总公司投资兴建的某综合楼通风空调安装工程;坐落于南京市,建筑面积:7 331 m^2,占地面积:15 000 m^2;建筑总高度:21.7 m,首层层高4.7 m,标准层层高3.2 m,层数6 层;结构形式:框架结构;基础类型:管桩;施工工期:10 个月;施工现场临近公路,交通运输方便;
2. 本期工程范围包括:通风空调安装工程;
3. 编制依据:本工程依据《江苏省安装工程计价表》中工程量清单计价办法,根据某某单位设计的某综合楼通风空调安装工程施工设计图计算实物工程量;
4. 工程质量应达到优良标准;
5. 材料价格按照本地 2013 年一季度市场价计入;
6. 考虑施工中可能发生的设计变更或清单有误,招标人预留金 200 000 元;
7. 投标人在投标时应按《建设工程工程量清单计价规范》规定的统一格式,提供"分部分项工程量清单综合单价分析表""措施项目费分析表"。

图 4.2　某综合楼通风空调安装工程总说明

4)分部分项工程量清单的编制

分部分项工程量清单是按照计价规范中"四个统一"的原则来编制的。招标人不得因情况不同而随意变动。

分部分项工程清单项目的设置,原则上是以形成工程实体为主。所谓实体是指形成生产或工艺作用的主要实体部分,对附属或次要部分不设置项目。项目必须包括形成实体部分的全部工作内容。如工业管道安装工程项目,实体部分指管道,完成这个项目还包括:防腐、刷油、绝热、保温、管道试压等。刷防腐漆、做保温层、保护壳尽管也是实体,但对管道而言,它们属于附属项目。但也有个别工程项目,既不能形成工程实体,又不能综合在某一个实物量中。如采暖工程、通风空调工程的系统调试项目,是某些设备安装工程中不可或缺的内容,没有测试调整便达不到运行前的验收要求。因此,系统调试项目应作为工程量清单项目单列。分部分项工程量清单的编制须明确以下内容:

(1)项目编码

每一个分部分项工程清单项目都给定一个编码。项目编码采用12位阿拉伯数字表示,前9位为统一编码,后3位是清单项目名称编码,由清单编制人根据设置的清单项目确定。项目编码的形式和含义如下:

编码　××　××　××　×××　×××

第1,2位编码表示专业工程代码:如01为房屋建筑与装饰工程,02为仿古建筑工程,03为通用安装工程,04为市政工程,05为园林绿化工程等。这里的安装工程指各种设备、装置的安装工程,包括工业、民用设备,电气、智能化控制设备,自动化控制仪表,通风空调,工业管道,消防管道及给排水燃气管道以及通信设备安装等。

第3,4位编码为附录分类顺序码:如0304表示通用安装工程的“电器设备安装工程”,0305表示通用安装工程的“建筑智能化工程”,0307表示通用安装工程的“通风空调工程”,0310表示通用安装工程的“给排水、采暖、燃气工程”。

第5,6位编码表示分部工程的顺序码:如030701表示通风空调工程中“通风空调设备及部件制作安装”,030703表示通风空调工程中“通风管道部件制作安装”。

第7,8,9位编码表示该分部工程中分项工程项目名称顺序码:如030701004表示通风空调设备及部件制作安装分部工程中的风机盘管安装,030703001表示通风管道部件制作安装分部工程中的碳钢阀门制作与安装。

第10,11,12位编码表示清单项目名称顺序码,由编制人设置。

对于计价规范中没有及时体现出来的新材料、新技术、新工艺等项目,由编制人自行补充编码。补充项目应填写在工程量清单相应分部工程之后,并在“项目编码”栏中以“补”字示之。

(2)项目名称

项目名称构成分部分项工程量清单项目、措施项目自身价值的本质特征。清单项目名称应严格按照计价规范规定,在描述时,可根据拟建工程项目的规格、型号、材质等特征进一步详细说明,但不得随意更改项目名称。例如,030703001的工程项目名称为“碳钢阀门”,可描述为“碳钢止回阀”“碳钢三通调节阀”“碳钢对开多叶调节阀”等,但不能简单表述为“阀门”,以便于能够反映出影响工程造价的主要因素。

在编制工程量清单时,对于项目名称必须表述清楚,只有这样才能区别不同型号、规格,以便分别编码和设置项目。

(3)项目特征和工程内容

项目特征和工程内容是用来描述清单项目的,通过对项目特征的描述,使清单项目名称清晰、具体和详细。设备安装工程比较复杂,项目特征既要表现自身特征和工艺特征,还要表示施工方法特征,否则容易造成计价混乱。例如,通风管道部件制作安装分部工程中的碳钢阀门制作与安装清单项目见表4.12。

表4.12　碳钢阀门制作安装清单项目

项目编码	项目名称	项目特征	计量单位	工程内容
030703001	碳钢阀门	1. 名称 2. 型号 3. 规格 4. 质量 5. 类型 6. 支架形式、材质	个	1. 阀体制作 2. 阀体安装 3. 支架制作、安装

项目特征是清单项目设置的基础和依据。即使是同一规格、同一材质的项目,如果施工工艺或施工位置不同,原则上应分别设置清单项目,做到具有不同特征的项目分别列项。清单项目特征描述越清晰准确,投标人越能全面准确理解招标工程内容和要求,报价越正确。如果发生了计价规范中没有列出的工程内容,清单项目描述时应予以补充。

项目特征和工程内容的作用不同,必须按规范要求分别体现在项目设置和描述上。如上例中碳钢阀门制作安装项目,型号、规格、质量、类型是其自身的特征,最能体现该清单项目,而支架形式、材质不是其自身特征,是项目的附属工作,有时候存在,有时候不存在,与项目特征无必然联系。但由于项目是包括全部工作内容的,即完成碳钢阀门制作安装还要求考虑支架工作,需提示报价者要考虑这些内容。

在编制工程量清单时,当有的工程内容无法确定其发生与否,可按发生考虑,也可按不发生考虑(即不描述)。但必须在招标文件有关条款中明确,即与清单描述不同时,如何做增减处理。

(4)工程量计算

工程量的计量单位均为基本计量单位,如m、m^2、kg、个、台等,不使用扩大单位(如10 m、100 kg),这一点与定额计价的计量单位不同。

工程量的计算应执行GB 50500—2013中统一的清单工程量计算规则。各地区、各部门在编制自己的工程量清单计价办法和工程量计算规则时,都不能背离统一的清单工程量计算。

在国际工程估价惯例中,没有统一的定额标准,但有统一的工程量计算规则。国际上通用的工程量计算规则有:英国RICS体系下的工程量计算依据——标准工程量计算规则(Standard Method of Measurement, SMM),目前使用的是SMM7;和FIDIC合同条款配套使用的FIDIC工程量计算规则等。

工程量清单中的工程量是以实体安装就位的净尺寸计算的,投标人报价时,应考虑施工中的各种损耗和需要增加的工程量。这个量随施工方法、措施的不同而变化。而传统的定额计价,定额消耗量是在净值的基础上,加上施工操作(或定额)规定的预留量。因此,二者的工程量计算规则有区别,不能混淆。

5)措施项目清单的编制

为了顺利完成工程项目的施工,在工程施工前期和施工过程中发生的技术、生活、安全等方面的非工程实体项目称为措施项目,其措施项目也同分部分项工程一样,编制工程量清单必须列出项目编码、项目名称、项目特征、计量单位。计价规范提供了拟建工程各方面可能发生的措施项目名称,供编制工程量清单时参考。但由于影响措施项目设置的因素太多,规范中不可能将施工中可能出现的措施项目全部列出。在编制措施项目清单时,因工程情况不同,出现规范中未列的措施项目,可根据工程的具体情况对措施项目清单作补充。

通用安装工程措施项目包含一般措施项目、脚手架、高层施工增加及其他措施项目。其项目编码、项目名称、工作内容及包含范围见表4.13。

表4.13 通用安装工程措施项目内容一览表

项目编码	项目名称	工作内容及包含范围
1.一般措施项目(031301)		
031301001	安全文明施工(含环境保护、文明施工、安全施工、临时设施)	(1)环境保护包含范围:现场施工机械设备降低噪声、防扰民措施费用;工程防扬尘洒水费用;土石方、建渣外运车辆冲洗、防洒漏等费用;现场污染源的控制、生活垃圾清理外运、场地排水排污措施的费用;其他环境保护措施费用等 (2)文明施工包含范围:"五牌一图"的费用;现场围挡的墙面美化费用;现场生活卫生设施费用;现场绿化费用、治安综合治理费用;现场配备医药保健器材、物品费用和急救人员培训费用等 (3)安全施工包含范围:安全资料、特殊作业专项方案的编制,安全施工标志的购置及安全宣传的费用;"三宝""四口""五临边"、水平防护架、垂直防护架、外架封闭等防护的费用;施工安全用电的费用;建筑工地起重机械的检验检测费用等 (4)临时设施包含范围:施工现场临时建筑物、构筑物的搭设、维修、拆除或摊销的费用;施工现场临时设施的搭设、维修、拆除或摊销的费用;施工现场规定范围内临时简易道路铺设,临时排水沟、排水设施安砌、维修、拆除的费用等
031301002	夜间施工	(1)夜间固定照明灯具和临时可移动照明灯具的设置、拆除 (2)夜间施工时,施工现场交通标志、安全标牌、警示灯等的设置、移动、拆除 (3)包括夜间照明设备摊销及照明用电、施工人员夜班补助、夜间施工劳动效率降低等费用
031301003	非夜间施工照明	为保证工程施工正常进行,在如地下室等特殊施工部位施工时所采用的照明设备的安拆、维护、摊销及照明用电等费用
031301004	二次搬运	包括由于施工场地条件限制而发生的材料、成品、半成品等一次运输不能到达堆放地点,必须进行二次或多次搬运的费用

续表

项目编码	项目名称	工作内容及包含范围
031301005	冬雨季施工	(1)冬雨(风)季施工时增加的临时设施(防寒保温、防雨、防风设施)的搭设、拆除 (2)冬雨(风)季施工时,对砌体、混凝土等采用的特殊加温、保温和养护措施 (3)冬雨(风)季施工时,施工现场的防滑处理、对影响施工的雨雪的清除 (4)包括冬雨(风)季施工时增加的临时设施的摊销、施工人员的劳动保护用品、冬雨(风)季施工劳动效率降低等费用
031301006	已完工程及设备保护	对已完工程及设备采取的覆盖、包裹、封闭、隔离等必要保护措施所发生的费用
2. 脚手架(031301)		
031302001	脚手架搭拆	(1)场内、场外材料搬运 (2)搭、拆脚手架 (3)拆除脚手架后材料的堆放
3. 高层施工增加(031303)		
031303001	高层施工增加	(1)高层施工引起的人工工效降低以及由于人工工效降低引起的机械降效 (2)通信联络设备的使用及摊销
4. 其他措施项目(031304)		
031304001	吊装加固	(1)行车梁加固 (2)桥式起重机加固及负荷试验 (3)整体吊装临时加固件,加固设施拆除、清理
031304002	金属抱杆安装拆除、移位	(1)安装、拆除 (2)位移 (3)吊耳制作安装 (4)拖拉坑挖埋
031304003	平台铺设、拆除	(1)场地平整 (2)基础及支墩砌筑 (3)支架型钢搭设 (4)铺设 (5)拆除、清理
041304004	顶升、提升装置	安装、拆除
041304005	大型设备专用机具	安装、拆除
041304006	焊接工艺评定	焊接、试验及结果评价
041304007	胎(模)具制作、安装、拆除	制作、安装、拆除
041304008	防护棚制作安装拆除	防护棚制作、安装、拆除
041304009	特殊地区施工增加	(1)高原、高寒施工防护 (2)地震防护
041304010	安装与生产同时进行施工增加	(1)火灾防护 (2)噪声防护

续表

项目编码	项目名称	工作内容及包含范围
041304011	在有害身体健康环境中施工增加	(1)有害化合物防护 (2)粉尘防护 (3)有害气体防护 (4)高浓度氧气防护
041304012	工程系统检测、检验	(1)锅炉、高压容器安装质量监督检测 (2)由国家或地方检测部门进行的各类检测
041304013	设备、管道施工的安全、防冻和焊接保护	为保证工程施工正常进行的防冻和焊接保护
041304014	焦炉烘炉、热态工程	(1)烘炉安装、拆除、外运 (2)热态作业劳保消耗
041304015	管道安拆后的充气保护	充气管道安装、拆除
041304016	隧道内施工的通风、供水、供气、供电、照明及通信设施	通风、供水、供气、供电、照明及通信设施安装、拆除

注:其他措施项目必须根据实际措施项目名称确定项目名称,明确描述工作内容及包含范围。

6)其他项目清单的编制

除分部分项工程清单和措施项目清单以外,工程项目施工中还可能发生的其他费用部分,可用其他项目清单表示出来。其他项目清单宜按照表4.14的格式编制。

表4.14 其他项目清单计价汇总表

序 号	项目名称	计量单位	金额/元	备 注
1	暂列金额			
2	暂估价			
2.1	材料暂估价			
2.2	工程设备暂估价			
2.3	专业工程暂估价			
3	计日工			
4	总承包服务费			
	合 计			

(1)暂列金额

暂列金额是指招标人暂定并包括在合同中的一笔款项。工程建设自身的特性决定了工程的设计需要根据工程进展不断地进行优化和调整,业主需求可能会随工程建设进展出现变化,工程建设过程还会存在一些不能预见和不能确定的因素,消化这些因素必然会影响合同价格的调整。暂列金额正是因这类不可避免的价格调整而设立,以便达到合理确定和有效控制工程造价的目标。

(2)暂估价

暂估价是指招标阶段直至签订合同协议时,招标人在招标文件中提供的用于支付必然要发生但暂时不能确定价格的材料以及专业工程的金额,包括材料暂估价、工程设备暂估价、专业工程暂估价。材料暂估价由招标人填写,并在备注栏说明暂估价的材料拟用在哪些清单项目上,投标人应将材料暂估单价计入工程量清单综合单价报价中。专业工程暂估价一般应是综合暂估价,应当包括除规费和税金以外的管理费、利润等取费。

(3)计日工

计日工是为了解决现场发生的零星工作的计价而设立的。计日工对完成零星工作所消耗的人工工时、材料数量、施工机械台班进行计量,并按照计日工表中填报的适用项目的单价进行计价支付。这里的零星工作一般是指合同约定之外的或者因变更而产生的、工程量清单中没有相应项目的额外工作,尤其是那些难以事先商定价格的额外工作。

(4)总承包服务费

总承包服务费是为了解决招标人在法律、法规允许的条件下进行专业工程发包以及自行供应材料、设备,并需要总包人对发包的专业工程提供协调和配合服务,对供应的材料、设备提供收发和保管服务以及进行施工现场管理时发生并向总承包人支付的费用。招标人应预计该项费用,并按投标人的投标报价向投标人支付该项费用。

4.5.4 工程量清单计价

1)工程量清单计价的内容

工程量清单计价所得出的工程造价,应包括按招标文件规定完成工程量清单所列项目的全部费用,以及工程量清单项目中没有体现的,施工中又必须发生的工程内容所需的费用。具体包括:分部分项工程费、措施项目费、其他项目费和规费、税金。

工程量清单计价采用综合单价法计价。综合单价应包括完成某一规定计量单位的合格产品所需的除规费、税金以外的全部费用。

(1)分部分项工程费

$$分部分项工程费 = \sum 清单工程量 \times 综合单价 \tag{4.31}$$

分部分项工程的综合单价包括:分部分项工程主体项目的每一清单计量单位的人工费、材料费、机械费、管理费、利润;与主体项目相结合的辅助项目的每一清单计量单位的人工费、材料费、机械费、管理费、利润;在不同条件下,施工需增加的人工费、材料费、机械费、管理费、利润;在不同时期应调整的人工费、材料费、机械费、管理费、利润。

首先,实际计算工程费时,需测算各分部分项工程所需人工工日、材料及机械台班的消耗量。各企业的劳动生产率、技术装备水平和管理水平均不相同,并且不同的施工方案也会带来不同的损耗。因此,企业可以按本企业定额或参照政府消耗量定额确定人工、材料及机械台班的消耗量。

其次,需进行市场调查和询价。工程量清单计价的最大特点就是“量价分离,自主计价”。企业作为市场的主体应是价格决策的主体。因此,投标人在日常工作中就应建立相应的价格体系,积累生产要素价格。除此之外,在进行投标报价前,还应进行市场调查和多方询价,了解生产要素的价格及影响价格的各方面因素,这样才能为准确计价打下基础。询价方式有:询问厂家或供应商的挂牌价,了解已施工工程材料的购买价,了解政府定期或不定期发布的信息价及各种网站发布的信息价等。

最后,计算综合单价。综合单价不但包括直接工程费,而且还包括管理费、利润等,因此由消耗量和相应的生产要素价格计算出的直接工程费还要加上企业的管理费和利润等部分才能形成分部分项工程综合单价。

(2)措施项目费

措施项目费应根据拟建工程的具体情况计算。为指导措施项目费的正确计算,各省、市都制订了相应的项目名称和费用标准。投标报价时,措施项目费由编制人根据企业的情况自行计算。编制人没有计算或少计算的费用视为已包括在其他费用内,额外的费用除招标文件和合同约定外,不予支付。其计算方法为:

$$\text{措施项目费} = \sum \text{措施项目清单工程量} \times \text{综合单价} \tag{4.32}$$

措施项目的综合单价计算时,应根据拟建工程的施工组织设计或施工方案,详细分析其所含的工程内容再确定。措施项目不同,综合单价的组成内容就会有差异。另外,招标人提供的措施项目清单是根据一般情况提出的,投标人可根据本企业的实际情况,调整措施项目的内容再报价。

(3)其他项目费

其他项目清单中的预留金、材料购置费和零星工作费,均为预测数量,虽然在投标时计入投标报价中,但并不为投标人所有。工程结算时,按承包人实际完成的工作量结算,剩余部分仍归招标人所有。为便于计算,各省、市都制订了相应的项目费用标准。其计算方法为:

$$\text{其他项目费} = \sum \text{其他项目清单估算量} \times \text{综合单价} \tag{4.33}$$

(4)规费和税金(略)

2)工程量清单计价的步骤

①熟悉工程量清单:工程量清单是计算工程造价最重要的基础依据,计价时应该全面了解每一个清单项目的特征描述,熟悉其包含的工程内容,做到不漏项、不重复计算。

②研究招标文件:工程招标文件的有关条款、要求和合同条件是计算工程造价的重要依据。有关承发包工程范围、内容、期限、工程材料、设备采购供应等在招标文件中都有具体规定,只有按规定进行计价,才能保证其有效性。投标单位拿到招标文件后,要对照图纸,对招标文件提供的工程量清单进行复查或复核,及时发现清单中存在的问题。

③熟悉施工图纸:全面、系统地阅读施工图纸是准确计算工程造价的重要工作。收集设计图纸中选用的标准图和大样图,掌握安装构件的部位、尺寸和施工要求,了解本专业施工和其他专业施工之间的搭接顺序,记录图纸中的错、漏或不清楚的地方,都有助于工程造价的计算。

④了解施工组织设计:施工组织设计或施工方案是施工单位对具体工程的特征编制的指导施工的文件。包括施工技术措施、安全措施、施工机械配置、是否增加辅助项目等,所涉及的费用主要属于措施项目费。

⑤了解主材和设备的有关情况:建设工程中主材和设备的型号、规格、质量、材质、品牌等对工程计价的影响非常大,投标人对主材和设备的范围及有关内容要了解,必要时还需了解其产地和厂家。

⑥计算工程量:工程量计算包括两部分内容:一是核算工程量清单提供的项目工程量是否准确;二是计算每一个清单主体项目所组合的辅助项目工程量用来确定综合单价。

⑦确定措施项目清单内容:措施项目清单是完成项目施工所必须采取的措施工作内容,要根据自己的施工组织设计或施工方案来填写。

⑧计算综合单价:目前,大部分仍采用预算定额来分析综合单价。首先根据定额的计量单位,选套相应定额计算出各项的管理费和利润,然后汇总为清单项目费合价,最后确定综合单价。综合单价是报价和调价的主要依据。

⑨计算措施项目费、其他项目费、规费、税金等:根据项目费用计算基础和当地的费用标准计算出措施项目费、其他项目费、规费和税金。

⑩工程量清单计价:将分部分项工程项目费、措施项目费、其他项目费和规费、税金进行汇总,最后计算出工程造价。

工程量清单计价程序参见4.2节。工程量清单计价编制示例见第5章和第6章例题。

3)工程量清单计价的风险管理

由信息科学的理论可知,信息的不完备性是绝对的,信息的完备性是相对的,即确定性事件是不存在的,不确定性事件是肯定会发生的。所以,任何工程项目的实施都具有一定程度的不确定性。这种不确定性导致了在工程项目的实施过程中存在着各种各样的风险。

工程量清单计价模式创造了充分竞争的环境,但是在降低工程造价,合理节约投资的同时,风险也无处不在。招标人承担了工程量计量的风险,投标人承担着工程价格的风险。

(1)工程量计量风险

在工程量清单计价模式下,招标人主要承担的是工程量计量风险。因此,工程量清单是合同文件的一部分,清单开列的工程数量和工程内容是不得随意更改、增减的,出现错误就会在今后项目的实施过程中被索赔或被利用。

工程量计量风险存在的原因主要有:设计的缺陷,设计概算或施工图预算不准确,造价工程师失职,项目实施过程中监理工程师失职,材料设备供应商履约不力或违约,合同条件的缺陷等。

(2)工程价格风险

工程量清单计价使得企业作为市场的主体从而成为了价格决策的主体,在实现了企业公平竞争的同时,承包商主要承担的是工程价格风险。

价格风险产生的原因,一方面是因为施工期间可能发生通货膨胀或其他市场原因引起材料、设备及人工费上涨,导致工程直接成本上升;另一方面是由于技术措施的变化带来工程费用的增加。

技术措施的变化包括施工组织、施工方法的变化,或新材料、新技术和新工艺的应用的变化等。具体包括以下内容:

①施工组织、施工方法的改变若使得施工计划安排不周,各工序间交接、配合和作业面上产生矛盾,工艺流程、技术方案及检测手段失当等,会导致工期拖延、质量下降和成本上升,原投标报价就存在着风险。

②工程施工中新材料、新工艺和新管理方法的应用,可能缩短工期、提高质量和降低成本,

但另一方面,由于其可靠性是不完全确定的,因此也存在着失败的可能性,反而会导致项目工期延长和成本上升。另外,如果一味地避免使用新材料、新工艺、新技术和新管理方法,也会导致在缩短工期、提高质量和降低成本方面的机会损失。这样,也会使投标报价存在着风险。

风险管理理论认为,大多数风险都具有两大特性,即风险的渐进性和风险的阶段性。风险的渐进性表明风险的爆发不是突然的,它是随着环境、条件变化和自身固有的规律一步一步逐渐发生和发展的。风险的阶段性是指风险的发展是分阶段的,一般有潜在风险阶段、风险发生阶段和造成后果阶段。

风险的渐进性提示人们在工程项目进行的过程中应该判断可能存在的风险及风险发展的程度,并掌握这些风险发展进程的主要规律和认识风险可能带来的结果。这样,可以通过主观能动性的发挥,在风险渐进的过程中根据风险发展的客观规律开展对风险的管理和控制,并进一步开展成本或造价的风险性管理。

风险的阶段性提示人们可以在风险的不同阶段采取不同的风险管理和控制措施。例如:在潜在风险阶段,应预先采取措施规避风险;在风险发生阶段,应采用风险转化与化解的办法对风险及其后果进行控制和管理;在造成后果阶段,应采取消减风险后果的措施降低由于风险的发生和发展所造成的损失。

在招投标阶段,工程量计量风险和工程价格风险还处在潜在风险阶段,因此,这个阶段强调的是预先采取措施规避风险。在标价的编制过程中,编制人应增强风险意识,充分掌握市场信息,尽量规避风险。只有将风险防患于未然,并通过合理配置企业内部各种要素,发挥其最大效能,企业才能抵抗各种风险。

思考题

4.1 简述建筑设备工程预算费用的构成。

4.2 什么是工料单价法计价?列表说明工料单价法的计价程序。

4.3 什么是综合单价法计价?列表说明综合单价法的计价程序。

4.4 分部分项工程费包括哪些费用?

4.5 措施项目费的含义是什么?通常包括哪些内容?

4.6 规费的含义是什么?通常包括哪些内容?

4.7 安装工程中用系数计算的费用有哪些?具体计算方法是什么?

4.8 工程量清单及工程量清单计价的含义是什么?

4.9 简述分部分项工程量清单的编制方法。

4.10 简述工程量清单计价的方法。

5 给排水、采暖工程施工图预算

5.1 给排水、采暖工程系统概述

1）建筑给排水、采暖系统的组成

①建筑内部给水系统的组成：室内给水方式按水平干管敷设位置和干管布置形式可分为：直接给水、设水箱的给水、设水泵的给水、设水泵和水箱的给水及分区分压给水等方式。无论哪种给水方式，其系统一般均由进户管、水表节点、给水管网、用水设备、给水附件、增压和贮水设备等组成。

②建筑内部排水系统的组成：室内排水系统一般由卫生器具、横支管、立管、排出管、通气系统、清通设备、特殊设备（主要指污水抽升设备和污水局部处理设备）等基本部分组成。

③采暖系统的组成：采暖系统主要由热源、输配管道、散热器和其他设备与附件组成。

2）建筑给排水、采暖工程施工图识读

在识读给水工程施工图时，应首先阅读施工说明，了解设计意图；然后由平面图对照系统图阅读，一般按供水流向，由底层至顶层逐层看图，弄清整个管路全貌后，再对管路中的设备、器具的数量、位置进行分析；最后要了解和熟悉给排水设计和验收规范中部分卫生器具的安装高度，以利于计算管道工程量。

室内排水工程施工图主要包括平面图、系统图及详图等，阅读时应将平面图和系统图结合起来，从用水设备起，沿排水方向进行顺序阅读。

对于采暖工程施工图，也应首先阅读施工说明，了解设计意图；在识读平面图时，应着重了解整个系统的平面布置情况，找到采暖管道的进出口位置，以及供水和回水干管的走向；在识读系统图时，应着重了解立管的根数及分布情况；最后，弄清系统中散热设备和其他附件的安装位置。

5.2　给排水、采暖工程安装工艺

5.2.1　给水工程安装工艺

1)管道安装

(1)管材选用

①埋地管道:管材应具有耐腐蚀性和能承受相应地面荷载的能力。当 > DN 75 时,通常采用有内衬的给水铸铁管、球墨铸铁管、给水塑料管或复合管;当≤DN 75 时,通常采用给水塑料管、复合管或经可靠处理的钢管、热镀锌钢管。

②室内给水管道:应选用耐腐蚀和安装连接方便可靠的管材。明敷或嵌墙敷设管一般采用塑料给水管、复合管、薄壁不锈钢管、经可靠防腐处理的钢管、热镀锌钢管。地面敷设管道宜采用 PP-R 管、PEX 管、PVC-C 管、铝塑复合管及耐腐蚀的金属管材。

③室外明敷管道:一般不宜采用铝塑复合管、塑料给水管。给水泵房内管道及输水干管宜采用法兰连接的衬塑钢管或涂塑钢管及配件。水池(箱)进水管、出水管、泄水管通常采用管内外壁及管口端涂塑钢管或塑料管,浸水部分的管道通常采用耐腐蚀金属管材或内外涂塑焊接钢管及管件。

室内给水工程常用管道名称及连接方式,见表 5.1。

表 5.1　常用给水管道名称、连接方式及套管尺寸表

管道名称	表示方法	连接方式	套管尺寸	
			穿楼板	穿墙
硬聚氯乙烯管(PVC-U)	管外径(De)	承插粘接	大于管外径 50 ~ 100 mm	与楼板同
氯化聚氯乙烯管(PVC-C)	管外径(De)	承插粘接	大于管外径 50 mm	与楼板同
聚丙烯管(PP-R)	管外径(De)	热熔连接		大于管外径 50 mm
交联聚乙烯管(PEX)	管外径(De)	卡箍式(≤De25),卡套式(≥De32)	大于管外径 70 mm	与楼板同
铝塑复合管	管外径(De)	卡套式连接		
钢塑复合管	管外径(De)	螺纹连接(≤De100)法兰连接(> De100)	大于管外径 40 mm	
普通钢管	公称直径(DN)	螺纹连接、法兰连接或焊接	大于管径 1 ~2 号	
薄壁不锈钢管	公称直径(DN)	卡压式、卡套式连接	可用塑料套管	大于管外径 50 ~ 100 mm
铜　管	公称直径(DN)	软钎焊接、卡套连接、法兰连接	大于管外径 50 ~ 100 mm	与楼板同
铸铁管	公称直径(DN)	承插连接,胶圈接口		

(2)管道敷设

应根据建筑或室内工艺设备的要求及管道材质的不同来确定管道的敷设方式。其中,室内暗敷给水管道有直埋式和非直埋式2种形式。

①嵌墙敷设的塑料管、铝塑复合管管径通常不大于25 mm,嵌墙敷设的铜管管径通常不大于20 mm,嵌墙敷设的薄壁不锈钢管宜采用覆塑薄壁不锈钢管,管径通常不大于20 mm。

②明敷给水管道与墙、梁、柱的间距应满足施工、维护、检修的要求。例如,横干管与墙、地沟壁的净距不小于100 mm,与梁、柱的净距不小于50 mm。立管管中心距柱表面不小于50 mm,与墙面的净距:当<DN32时,净距不小于25 mm;当管径为DN32~DN50时,净距不小于35mm;当管径为DN75~DN100时,净距不小于50 mm;当管径为DN125~DN150时,净距不小于60 mm。

(3)管道支架

管道的支架要根据管道的材质、重量等确定,或者是金属管卡、吊架,或者是塑料管卡、吊架等。管道支吊架的间距也各不相同,分别见表5.2和表5.3。

表5.2 金属管道支吊架的最大间距/m

管道名称 \ 公称直径/mm		15	20	25	32	40	50	65	70	80	100
普通钢管(水平安装)	保温管	2	2.5	2.5	2.5	3	3	—	4	4	4.5
	不保温管	2.5	3	3.5	4	4.5	5	—	6	6	6.5
薄壁不锈钢管	水平管	1.0	1.5	1.5	2.0	2.0	2.5	2.5	3.0	3.0	3.0
	立　管	1.5	2.0	2.0	2.5	2.5	3.0	3.0	3.5	3.5	3.5
铜　管	立　管	1.8	2.4	2.4	3.0	3.0	3.0	3.5	—	3.5	3.5
	横　管	1.2	1.8	1.8	2.4	2.4	2.4	3.0	—	3.0	3.0

表5.3 塑料管、复合管道支吊架的最大间距/m

名　称 \ 管外径/mm		20	25	32	40	50	63	75	90	110
PVC-U管	立管	1.0	1.1	1.2	1.4	1.6	1.8	2.1	2.4	2.6
	横管	0.6	0.65	0.7	0.9	1.0	1.2	1.3	1.45	1.6
PVC-C管	立管	1.0	1.1	1.2	1.4	1.6	1.8	2.1	2.4	2.7
	横管	0.8	0.8	0.85	1.0	1.2	1.4	1.5	1.6	1.7
PP-R管	立管	1.0	1.2	1.5	1.7	1.8	2.0	2.0	2.1	2.5
	横管	0.65	0.8	0.95	1.1	1.25	1.4	1.5	1.6	1.9
铝塑复合管	立管	0.9	1.0	1.1	1.3	1.6	1.8	2.0	—	—
	横管	0.6	0.7	0.8	1.0	1.2	1.4	1.6	—	—

(4)管道的防腐与保温

金属管材一般应采取适当的防腐措施。明装的镀锌钢管应刷银粉2道或调和漆2道;埋地铸铁管宜在管外壁刷冷底子油1道、石油沥青2道;埋地钢管宜在外壁刷冷底子油1道、石油沥青2道外加保护层。钢塑复合管埋地敷设,其外壁防腐同普通钢管;薄壁不锈钢管埋地敷设,宜采用管沟形式或其外壁应有防腐措施(管外加防护套管或外缚防腐胶带);薄壁铜管埋地敷设时应在管外加防护套管。

(5)常用卫生器具给水配件的安装高度

在计算管道工程量时,给水支管的管道工程量除部分在施工图上有图示外,一般则取决于给水配件的安装高度,见表5.4。

表5.4　常用卫生器具给水配件安装高度

卫生器具给水配件名称		给水配件中心离地面高度/mm
洗涤盆、盥洗槽	冷或热水龙头,回转水龙头	1 000
洗脸盆、洗手盆	冷或热水龙头,混合式水龙头	800~820
浴盆	混合式水龙头,带软管莲蓬头	500~700
	混合式水龙头,带固定莲蓬头	550~700
淋浴器	进水调节阀	1 150
	莲蓬头下沿	2 100
蹲式大便器	高水箱进水角阀或截止阀	2 048
	低水箱进水角阀	600
	自闭式冲洗阀	800~850
坐式大便器	低水箱进水角阀,侧配水	500~750
	连体水箱进水角阀,下配水	60~100
	自闭式冲洗阀	775~785
墙挂式小便器	冲洗水箱进水角阀	2 300
	光电式感应冲洗阀	950~1 200
	自闭式冲洗阀	1 150~1 200
小便槽	冲洗水箱进水角阀或截止阀	≥2 400
	多孔冲洗管	1 100

2)阀门安装

给水管道上使用的阀门应耐腐和耐压,阀门型号主要根据管道材质、管径大小、管道压力和使用温度等因素而确定。一般的阀门产品型号由7个单元组成(有些单元可省略),如J11T-10,Z44W-10K等。对于预算编制人员,应熟练掌握其中3个单元的代号名称及含义:第一单元为阀门类别代号,表明阀门的类型,见表5.5;第三单元为阀门连接形式代号,见表5.6;第六单元为阀门公称压力代号。当明确了这3个单元的代号名称及含义后,就可确定该阀门的主材价格、套用定额的种类和适用于哪册定额。

例如:J11T-10,第一单元,"J"表示阀门类别为截止阀,可明确阀门的价格;第二单元省略;第三单元,"1"表示连接形式为内螺纹,为螺纹阀,套用螺纹阀定额子目;第四单元,"1"表示阀门的结构形式(与编制预算没有关系);第五单元,"T"表示密封面或衬里材质(与编制预算没有关系);第六单元,"10"表示公称压力为10×9 800 Pa,说明适用于第8册定额(否则应套用第6册定额);第7单元常省略。

表5.5 阀门类别代号

阀门类型	闸阀	截止阀	节流阀	隔膜阀	球阀	旋塞	止回阀	蝶阀	疏水器	安全阀	减压阀
代号	Z	J	L	G	Q	X	H	D	S	A	Y

表5.6 连接形式代号

连接形式	内螺纹	外螺纹	法兰	法兰	法兰	焊接
代号	1	2	3	4	5	6

注:1. 法兰连接代号3仅用于双弹簧安全阀;
2. 法兰连接代号5仅用于杠杆式安全阀。

3)水表安装

小区建筑的引入管、住宅和公寓的进户管、各用户的进水管、需计量的设备进水管上均须装设水表。一般规定:用水管道公称直径不超过50 mm时,应采用旋翼式水表;管道公称直径超过50 mm时,应采用螺翼式水表;通过水表的流量变化幅度很大时应采用复式水表。

旋翼式水表和垂直螺翼式水表应水平安装,水平螺翼式和容积式水表可根据实际情况确定水平、倾斜或垂直安装。螺翼式水表的前端应有8~10倍水表公称直径的直管段,其他类型水表前后宜有不小于300 mm的直管段。

引入管的水表前后和旁通管上均应设检修闸阀,水表与表后阀门之间应设泄水装置,当管网有反压时,水表后与阀门之间的管道上应设置止回阀。但住宅的分户水表前应设置阀门,表后不设阀门和泄水装置。

4)水泵和水箱

离心式水泵的基本工作参数有:流量、总扬程、功率。水泵型号一般用汉语拼音字头和数字组成。例如,BA表示单级单吸悬臂式离心泵,DA表示单吸多级分段式离心泵,Sh表示双吸单级离心泵等。数字表示缩小1/10的水泵的比转数。例如,4DA-8表示吸水口直径为100 mm(4×25 mm)的单吸多级分段式离心泵,比转数为80。

每台水泵宜用独立的吸水管,吸水管口应设置喇叭口,其直径一般为吸水管直径的1.3~1.5倍。每台水泵的出水管上应装设压力表、可曲挠橡胶接头、止回阀和阀门。

水箱通常用钢板或钢筋混凝土建造,其外形有圆形及矩形2种。圆形水箱结构上较为经济,矩形水箱则便于布置。水箱上设有进水管、出水管、溢流管、泄水管、透气管、水位信号装置、人孔等。

5.2.2　排水工程安装工艺

1)管道安装

(1)管材选用

生活排水管管材的选择应综合考虑建筑物的使用性质、建筑高度、抗震要求、防火要求等因素。常用的建筑物内排水管道有排水塑料管及管件、柔性接口排水铸铁管及相应管件。对环境温度有特殊要求或排水温度较高时,应使用金属排水管。硬聚氯乙烯管宜采用胶黏剂连接。排水立管应采用挤压成型的硬聚氯乙烯螺旋管,排水横管应采用挤出成型的建筑排水用硬聚氯乙烯管,连接管件及配件采用注塑成型的硬聚氯乙烯管件。柔性接口排水铸铁管直管及管件为灰口铸铁。

(2)管道安装

排水管道一般宜地下埋设或在地面上、楼板下明设,也可在管槽、管道井、管沟或吊顶内暗设。使用塑料排水管时,应合理设置伸缩节。

(3)管道支架

塑料排水管道支、吊架间距应符合表5.7的规定。

表5.7　塑料排水管道支吊架最大间距/m

管径/mm	40	50	75	90	110	125	160
立管	—	1.2	1.5	2.0	2.0	2.0	2.0
横管	0.40	0.5	0.75	0.90	1.10	1.25	1.60

金属排水管道上的吊钩或卡箍应固定在承重结构上,其间距一般为:横管不大于2 m,立管不大于3 m;层高不大于4 m时,立管可安装1个固定件,立管底部弯管处应设支墩或承重支吊架。

(4)管沟土石方工程

室外管道安装涉及管沟土石方工程,在计算其工程量时,首先要明确土壤类别、挖土深度,其次对放坡系数和管沟宽度要有所考虑。

一般来说,挖沟、槽土方时,应根据施工组织设计规定放坡;如无规定时,可按表5.8的比例放坡。管沟底宽按表5.9规定计取。

表5.8　土方放坡比例表

土壤类别	放坡起点深/m	人工挖土	机械挖土	
			坑内作业	坑上作业
一、二类土	1.20	1:0.5	1:0.33	1:0.75
三类土	1.50	1:0.33	1:0.25	1:0.67
四类土	2.00	1:0.25	1:0.10	1:0.33

表 5.9　管沟底宽取值表

管径/mm	管沟底宽/mm		管径/mm	管沟底宽/mm	
	铸铁管、钢管、石棉水泥管	混凝土、钢筋混凝土、预应力混凝土管		铸铁管、钢管、石棉水泥管	混凝土、钢筋混凝土、预应力混凝土管
50～70	600	800	700～800	1 600	1 800
100～200	700	900	900～1 000	1 800	2 000
250～350	800	1 000	1 100～1 200	2 000	2 300
400～450	1 000	1 300	1 300～1 400	2 200	2 600
500～600	1 300	1 500			

沟槽土方回填应在管道验收后进行，基坑要在构筑物达到足够强度后再进行回填土方。回填土方的体积可按"基槽、坑回填土体积＝挖土体积－（垫层体积＋基础体积＋管道外形体积）"计算。但预算时，管径在500 mm以内的，不扣除管道所占体积；管径在500 mm以上的，应扣除管道所占体积，扣除数量速算表见表5.10。

表 5.10　每延长米管道应减土方量/m^3

管道种类 \ 管径/mm	减去数量					
	500～600	700～800	900～1 000	1 100～1 200	1 300～1 400	1 500～1 600
钢管	0.24	0.44	0.71	—	—	—
铸铁管	0.24	0.49	0.77	—	—	—
钢筋混凝土管	0.33	0.60	0.92	1.15	1.35	1.55

2)管道附件

排水管道附件主要包括检查口、清扫口和检查井。

检查口装设在排水立管及较长水平管段上，可做检查和双向清通之用。底层和设有卫生器具的二层以上的建筑物最高层必须设置检查口。铸铁排水立管上检查口之间的距离不宜大于10 m，立管上检查口的设置高度以从地面至检查口中心1.0 m为宜。

清扫口装设在排水横管上，用作单向清通排水管道的维修口，通常设置在楼板或地坪上，与地面相平。设置原则：在连接2个及其以上的大便器或3个及其以上的卫生器具的铸铁排水横管上，宜设置清扫口；采用塑料排水管道时，在连接4个及其以上的大便器的污水横管上，宜设置清扫口；管径小于100 mm的排水管道上设置清扫口，其尺寸与管道同径。排水铸铁管道上设置的清扫口一般采用铜制品，塑料排水管道上设置的清扫口一般与管道同质，也可采用铜制品。

检查井：当井深不大于1.0 m时，0.45 m＜检查井内径＜0.7 m；当井深大于1.0 m时，检查井内径不宜小于0.7 m。井深是指井底至盖板顶面的深度，方形检查井的内径指内边长。

3）排水处理设施

当室内生活用水不能靠重力排出时，或当排水的水质达不到城镇排水管道或接纳水体的排放标准时，应设置相应的排水处理设施进行处理，以达到相应的要求。其排水处理设施主要有排水泵和化粪池。

①排水泵：建筑物内使用的排水泵有潜水排污泵、液下排水泵、立式污水泵和卧式污水泵等，其中由于潜水排污泵有占用场地小等优点，在建筑物内使用较多。公共建筑内应以每个生活排水集水池为单元设置2台泵，平时交替运行。当2台或2台以上的水泵共用一条出水管时，应在每台水泵出水管上装设阀门和止回阀。

②化粪池：化粪池距建筑物外墙不宜小于5 m。矩形化粪池的长度一般不小于1.0 m，宽度不小于0.75 m，深度（水面至池底）不小于1.3 m。圆形化粪池的直径一般不小于1.0 m。化粪池进水口、出水口应设置连接井与进水管、出水管相接。顶板上应设有人孔和盖板。

5.2.3 采暖工程安装工艺

1）管道安装

供暖管道的安装有明装和暗装两种。管道系统的立管应垂直地面安装，采暖主立管一般应进行保温，敷设在采暖房间内管路较长的供、回水干管，条件适宜时宜进行保温。采暖管道穿越建筑物基础墙时一般应设管沟，无条件设管沟时应设套管，并设置柔性连接。水平管道穿隔墙时应设套管，立管穿楼板时也应设套管，且套管上端应高出地面20 mm。

对于不保温明装螺纹连接的管道，DN32及其以下的管道，与墙距离为20～25 mm；大于DN32且小于DN80的管道，与墙距离为25～35 mm；DN100及以上的管道，与墙距离为50 mm以上。

系统最高点或有空气集聚的部位应设相应的排气装置，即散热器上设手动放气阀，管道上设集气罐和自动排气阀。系统最低点或可能有水积存的部位应设泄水装置，通常采用旋塞阀。

2）散热器安装

散热器按其材质的不同可分为钢制散热器、铸铁散热器、铝制散热器等。散热器一般应明装，若暗装则需留有足够的空气流通通道，并方便维修。

供回水干管一般采用异程式系统，条件适宜且经济时可采用同程式系统。各分支供回水干管一般设置有分路检修阀门及泄水装置，检修阀门通常采用低阻力阀（如闸阀、蝶阀），且分支回水干管上设置流量调节阀（如手动调节阀、平衡阀、自力式流量控制阀等）。立管上也设置有检修阀门和泄水装置，检修阀门宜采用低阻力阀。每组散热器进、出口也应设置低阻力阀。

散热器立管与干管连接处应根据立管端部位移量设置2～3个自然补偿弯头，弯头间应设置适当长度的直管段。

5.3 工程量计算规则与计价表套用

5.3.1 给排水、采暖工程计价表工程量计算规则

1)管道安装工程

(1)室内外管道安装界线的划分

①给水管道:室内外给水管道以建筑物外墙皮1.5 m为界,入口处设阀门者以阀门为界;与市政管道的界线以水表井为界,无水表井者以市政管道碰头点为界。

②排水管道:室内外管道以出户第一个排水检查井为界;与市政管道界线以室外管道和市政管道碰头点为界。

③采暖热源管道:室内外管道以入口阀门或建筑物外墙皮1.5 m为界;与工业管道的界线以锅炉房或泵站外墙皮1.5 m为界;工厂车间内采暖管道以采暖系统与工业管道碰头点为界;设在高层建筑内的加压泵间管道以泵间外墙皮为界。

(2)管长

各种管道的管长均以设计图所示管道中心线长度以"m"为计量单位计算,不扣除阀门及管件、附件所占的长度。

室外管道,特别是排水管道工程量不扣除检查井所占长度,即室外排水管道长度应按上一个井中心至下一个井中心长度计算。

(3)不需计算的工程量

计价表中管道安装子目的工程量不需再计算的内容包括:接头零件安装;水压试验或灌水试验;室内(DN32以下)钢管的管卡及托钩制作安装;钢管的弯管制作与安装(伸缩器除外),无论现场煨制或使用成品弯头均不作换算;铸铁排水管、雨水管及塑料排水管的管卡及吊托支架、臭气帽、雨水漏斗的制作安装;穿墙及过楼板铁皮套管的安装人工。

(4)工程量计算时的注意事项

管道安装工程量计算时需注意以下几点:

①室内外管沟土方及管道基础应执行相应的土建定额。

②管道安装中不包括法兰、阀门及伸缩器的制作安装,按相应项目另行计算。

③室内外给水、雨水铸铁管包括接头零件所需的人工费,但接头零件的价格应另计。

④DN32以上的管道支架制作安装需另行计算。

⑤过楼板钢套管的制作安装,按室外钢管(焊接)项目,以"延长米"计算;防水套管按照套管的数量套用第6册工业管道工程套管制作与安装子目。

2)管道支架制作安装

管道支架制作安装的工程量计算规则是:室内钢管公称直径(DN32以下)的支架制作安装工程已包括在相应的定额内,不另计工程量。公称直径DN32以上的,按支架钢材图示几何

尺寸以“kg”为单位计算,不扣除切肢开孔质量,不包括电焊条和螺栓、螺母、垫片的质量。如使用标准图集,可按图集所列支架钢材明细表计算。

3)管道附件制作安装

管道附件制作安装工程量计算规则如下:

①阀门安装工程量,按阀门不同连接方式(螺纹、法兰)、公称直径,均以“个”为计量单位计算。未计价材料:阀门。

②自动排气阀安装工程量,按不同公称直径,以“个”为计量单位计算。综合单价中已包括了支架制作安装,不得另行计算。未计价材料:排气阀。

③减压器、疏水器组成安装工程量,按不同连接方式(螺纹、法兰)、公称直径,均以“组”为计量单位计算。其中,减压器安装按高压侧的直径计算。

④法兰安装分铸铁螺纹法兰和钢制焊接法兰工程量,按图示以“副”为计量单位计算。

⑤水表组成与安装分螺纹水表、焊接法兰水表工程量,以“组”为单位计算,定额中的旁通管及止回阀如与设计规定的形式不同时,阀门与止回阀可按设计规定调整,其余不变。

⑥伸缩器制作安装按不同形式分法兰式套筒伸缩器安装(分螺纹连接和焊接)和方形伸缩器制作安装工程量,按图示数以“个”为单位计算。方形伸缩器的两臂按臂长的2倍合并在管道长度内计算。方形伸缩器制作安装中的主材费已包括在管道延长米中,不另行计算。

4)卫生器具制作安装

卫生器具制作安装项目较多,应按材质、组装形式、型号、规格、开关等不同特征计算工程量。

(1)浴盆安装

搪瓷浴盆、玻璃钢浴盆、塑料浴盆三种类型的各种型号的浴盆安装工程量,分冷水、冷热水、冷热水带喷头等几种形式,以“组”为单位计算。

浴盆安装范围分界点:给水(冷、热)在水平管与支管交接处,排水管在存水弯处。见图5.1中点划线所示范围。

浴盆未计价材料包括:浴盆、冷热水嘴或冷热水嘴带喷头、排水配件。浴盆的支架及四周侧面砌砖、粘贴的瓷砖,应按土建定额计算。

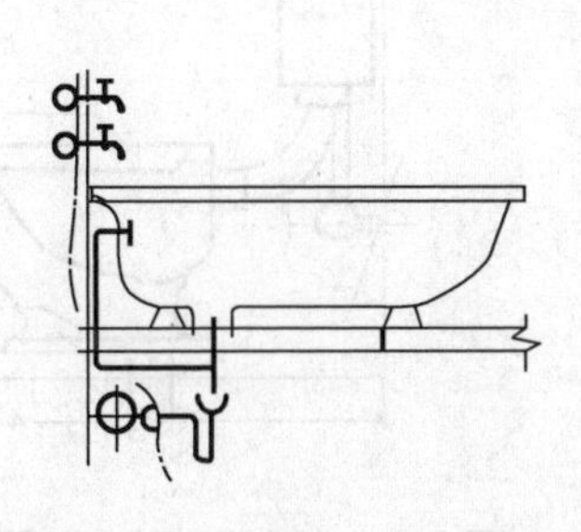

图5.1 浴盆安装范围

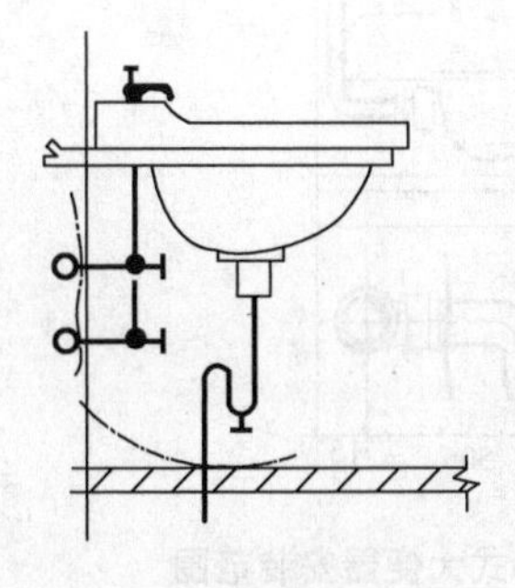

图5.2 洗脸(手)盆安装范围

(2)洗脸盆、洗手盆安装

该项安装分为钢管组成式洗脸盆、钢管冷热水洗脸盆及立式冷热水、肘式开关、脚踏开关等洗脸盆安装工程量。安装范围分界点为给水水平管与支管交接处,排水管垂直方向计算到地面,如图5.2所示。

综合单价中已包括存水弯、角阀、截止阀、洗脸盆下水口、托架钢管等材料价格,如设计材料品种不同时,可以换算。定额未计价材料包括:洗脸盆(或洗手盆)、水嘴。

(3)洗涤盆和化验盆安装

洗涤盆和化验盆均以"组"为单位计算。安装范围分界点同洗脸盆。

定额未计价材料有:洗涤盆、水嘴或回转龙头,化验盆、水嘴或脚踏式开关。

(4)淋浴器安装

淋浴器安装分钢管组成(分冷水、冷热水)及铜管制品(冷水、冷热水)安装子目。铜管制品定额适用于各种成品淋浴器的安装,分别以"组"为单位套用定额。淋浴器安装范围划分点为支管与水平管交接处(图5.3)。淋浴器组成安装定额中已包括截止阀、接头零件、给水管的安装,不得重复列项计算。定额未计价材料为莲蓬喷头或铜管成品淋浴器。

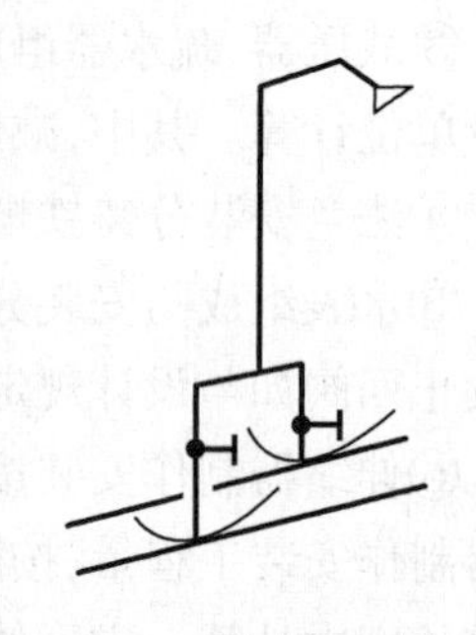

图5.3 淋浴器安装范围

(5)大便器安装

大便器有蹲式和坐式两种。其中,蹲式大便器安装分瓷高水箱及不同冲洗方式;坐式大便器分低水箱坐便、连体水箱坐便共四种形式。

工程量计算:根据大便器形式、冲洗方式、接管种类不同,分别以"套"为单位计算。

大便器角阀已包括在低水箱全部铜活内,如果铜活中未包括角阀,可另计。大便器盖已包括在定额基价内,不应另行计算。蹲式大便器的存水弯品种与设计要求不同时,可以调整。

脚踏大便器均按设备配套组装,单独安装脚踏门可以套用阀门安装定额的相应项目。

大便器安装范围,见图5.4和图5.5。

定额未计价材料:瓷蹲式大便器,瓷高水箱(低水箱),水箱配件。

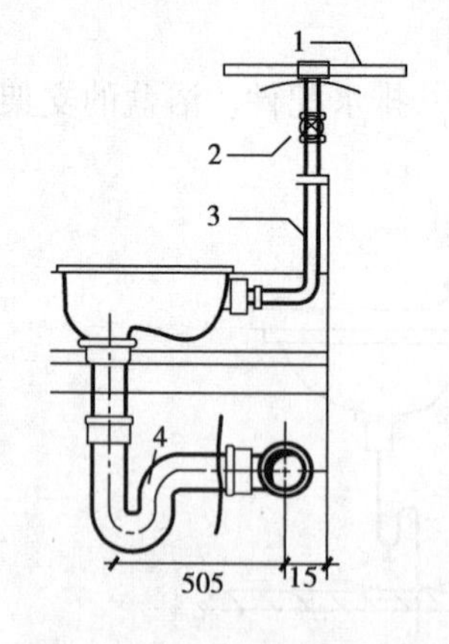

图5.4 蹲式大便器安装范围

1—水平管;2—普通冲洗阀;
3—冲洗管;4—存水弯

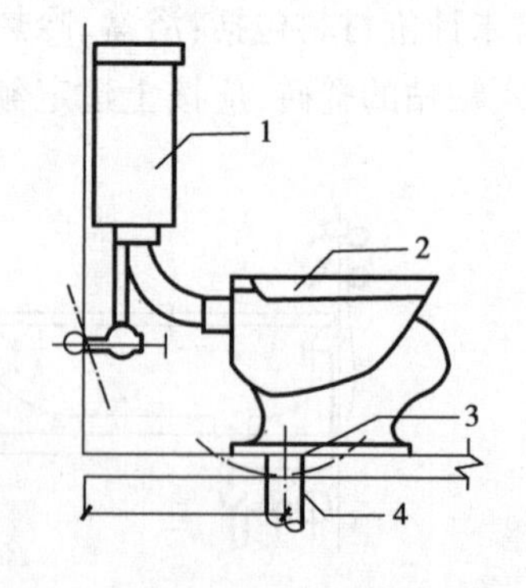

图5.5 坐式低水箱大便器安装范围

1—水箱;2—坐式便器;
3—油灰;4—铸铁管

(6)小便器安装

小便器安装分挂斗式(普通、自动冲洗)、立式(普通、自动冲洗)小便器安装。

工程量计算:根据小便器形式、冲洗方式,分别以“套”为单位计算。

定额未计价材料:小便器、瓷高水箱、自动平便配件或自动立便配件。

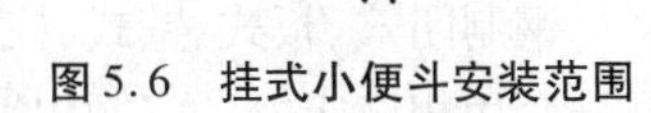

图5.6 挂式小便斗安装范围

小便器安装范围,见图5.6。

(7)大便槽及小便槽自动冲洗水箱安装

其定额按容量大小划分子目,定额基价中已包括便槽水箱托架、自动冲洗阀、冲洗管、进水嘴等,不应另行计算。如果水箱不是成品,应另行套用水箱制作子目。铁制水箱的制作可套用钢板水箱制作子目。

(8)水龙头安装

按不同直径划分子目,编制预算时水龙头按施工图说明的材质计算主材费。工程量以“个”为单位计算,按不同直径套用计价表。

(9)排水栓、地漏及地面扫除口安装

排水栓有带存水弯与不带存水弯两种形式,以“组”为单位计算。地漏及地面扫除口安装,均按公称直径划分子目,工程量按图示数量以“个”为单位计算。

排水栓(带链堵)、地漏、地面扫除口均为未计价材料,应按定额含量另行计算。地漏材质和形式较多,有铸铁水封地漏、花板地漏(带存水弯)等,均套用同一种定额,但主材费应按设计型号分别计算。地漏安装定额子目中综合了每个地漏0.1 m的焊接管,定额已综合考虑,实际有出入也不得调整。

(10)小便槽冲洗管制作、安装

小便槽冲洗管制作安装定额按公称直径划分子目,以延长米计算。定额基价内未包括冲洗阀门和镀铬球面菊花落水的安装,应另套用阀门安装和地漏安装相应子目。

(11)开水炉、电热水器、电开水炉的安装

该项安装应区分不同的规格型号,以“台”为单位计算,并套用定额来计算安装工程量。

开水炉安装定额内已按标准图计算了其中的附件,但不包括安全阀安装。开水炉本体保温、刷油和基础的砌筑,应另套用相应的定额项目。

电热水器、电开水炉安装定额仅考虑本体的安装,其连接管、管件等安装定额内不包括,应另套用相应的安装子目。

5)供暖器具制作安装

供暖器具制作安装工程量计算及定额套用规则如下。

铸铁散热器:铸铁散热器有翼型、M132型、柱型等几种型号。翼型散热器分长翼型和圆翼型两种。柱型散热器可以单片拆装。柱型散热器为挂装时,可套用M132型安装定额。

光排管散热器:光排管散热器是用普通钢管制作的,按结构连接和输送介质的不同,分为A型和B型(见图5.7)。光排管散热器制作安装,应区别不同的公称直径以“m”为单位计算,并套用相应定额。定额单位每10 m是指光排管的长度,联管作为材料已列入定额,不得重复计算。

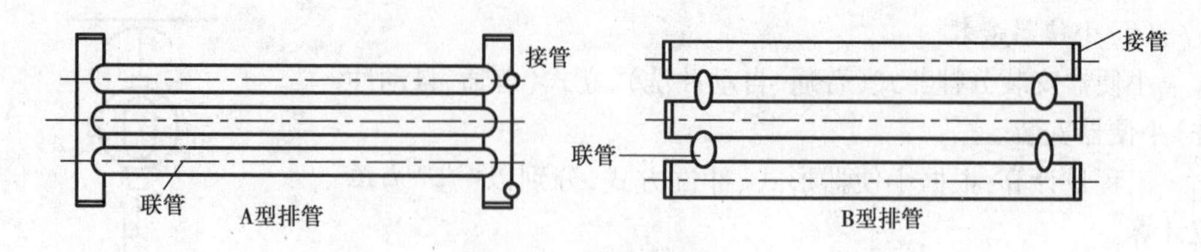

图5.7　光排管散热器

钢制闭式、板式、壁式、柱式散热器：钢制闭式散热器以“片”为单位计算工程量，并按不同型号套用相应定额。定额中散热器型号标注是高度乘以长度，对于宽度尺寸未做要求。钢制壁、板式散热器以“组”为单位计算工程量并套用定额。

暖风机、空气幕：暖风机、空气幕根据质量的不同以“台”为单位计算工程量，套用相应的定额。其中，钢支架的制作安装以“t”为单位另套定额，与暖风机、空气幕相连的钢管、阀门、疏水器，应另列项计算。

注意：各种类型散热器不分明装或暗装，均按类型分别套用定额。暖气片安装定额中没有包括其两端阀门，可以按其规格另行套用阀门安装定额的相应项目。

6）小型容器制作安装

小型容器制作安装包括钢板水箱制作、钢板水箱安装两大类。

钢板水箱制作：按施工图纸所示尺寸，不扣除接管口和人孔，包括接口短管和法兰的重量，以“kg”为计量单位。水箱制作不包括除锈与油漆，必须另列项计算。一般的要求是：水箱内刷樟丹漆2遍，外部刷樟丹漆1遍、调合漆2遍，按定额第11册执行。

钢板水箱安装：以“个”为计量单位，按水箱容量“m^3”套用相应子目。

各种水箱连接管，均未包括在定额基价内，应按室内管道安装的相应项目执行。各类水箱均未包括支架制作安装。支架如为型钢，则按“一般管道支架”项目执行，若为混凝土或砖支架，则按土建相应项目执行。

5.3.2　计价表套用

给排水、采暖工程施工图预算可套用“给排水、采暖、燃气工程计价表”，该计价表共划分7章，有的地区计价表增加了第8章“补充定额”的内容。套用计价表时，应注意以下规定。

（1）计价表的内容

该计价表包括三个部分：给排水、采暖、燃气工程，其内容各自相对独立。

（2）与有关定额册的关系

各类泵、风机等传动设备安装计价表参见《机械设备安装工程》的有关章节。锅炉安装执行计价表参见《热力设备安装工程》有关项目。压力表、温度计等按《自动化控制仪表安装工程》有关章节执行。刷油、保温部分参见《刷油、防腐蚀、绝热工程》有关项目。

工业管道、生产与生活共用管道、锅炉房和泵类配管以及高层建筑内加压泵间的管道套用第6册《工业管道工程》定额有关项目。铜管、不锈钢管套用第6册的相应项目。集气罐、分气筒制作安装可执行第6册第6章的相应项目。单独安装的除污器可套用定额第6册相同口径的阀门安装定额，如为成组安装时，可按其构成的部分套用第6册相应项目。

埋地管道的土石方及砌筑工程执行地区建筑工程定额,如水表井、检查井、阀门井、化粪池、水泥管等均执行建筑工程定额。

(3)关于计取有关费用的规定

①超高增加费:操作高度以3.6 m为界,超过3.6 m时,其超过部分(指由3.6 m至操作高度)的定额人工费乘以以下系数:

标 高/m	3.6~8	3.6~12	3.6~16	3.6~20
超高系数	1.10	1.15	1.20	1.25

②高层建筑增加费:指高度在6层或20 m以上的工业与民用建筑的给排水、采暖、燃气工程,可计取高层建筑增加费,用于对人工和机械费用的补偿。高层建筑增加费费率按下表计取:

层 数	9层以下(30 m)	12层以下(40 m)	15层以下(50 m)	18层以下(60 m)	21层以下(70 m)	24层以下(80 m)	27层以下(90 m)	30层以下(100 m)	33层以下(110 m)	36层以下(120 m)	40层以下
人工费/%	12	17	22	27	31	35	40	44	48	53	58
其中人工工资/%	17	18	18	22	26	29	33	36	40	42	43
机械费/%	83	82	82	78	74	71	68	64	60	58	57

③脚手架搭拆费:脚手架搭拆费按人工费的5%计算,其中人工工资占25%,材料占75%。本系数为定额综合考虑系数,不论实际搭设与否,均不做调整。

④采暖工程系统调整费:按采暖工程人工费的15%计算,其中人工工资占20%。

⑤安装与生产同时进行增加的费用:按人工费的10%计算,全部为人工降效费用。

⑥在有害身体健康的环境中施工增加的费用:按人工费的10%计算,全部为人工降效费用。

⑦设置于管道间、管廊内的管道、阀门、法兰、支架安装,人工费应乘以1.3。

5.4 工程量清单项目设置

给排水、采暖、燃气工程工程量清单项目设置执行《建设工程工程量清单计价规范》(GB 50500—2013)附录J的规定,编码为0310。本附录分9节,共103个清单项目,包括给排水、采暖、燃气管道,支架及其他,管道附件,卫生器具,供暖器具、采暖、给排水设备,燃气器具及其他,医疗气体设备及附件,采暖、空调水工程系统调试九个部分。

(1)给排水、采暖、燃气管道安装工程量清单项目设置(表5.11)

表 5.11 给排水、采暖、燃气管道安装清单项目设置

项目编码	项目名称	项目特征	计量单位	工程内容
031001001	镀锌钢管	1. 安装部位 2. 介质 3. 规格、压力等级 4. 连接形式 5. 压力试验及吹、洗设计要求	m	1. 管道安装 2. 管件制作、安装 3 压力试验 4. 吹扫、冲洗
031001002	钢管			
031001003	不锈钢管			
031001004	铜管			
031001005	铸铁管	1. 安装部位 2. 介质 3. 材质、规格 4. 连接形式 5. 接口材料 6. 压力试验及吹、洗设计要求 7. 警示带形式		1. 管道安装 2. 管件安装 3. 压力试验 4. 吹扫、冲洗 5. 警示带铺设
031001006	塑料管	1. 安装部位 2. 介质 3. 材质、规格 4. 连接形式 5. 压力试验及吹、洗设计要求 6. 警示带形式		1. 管道安装 2. 管件安装 3. 塑料卡固定 4. 压力试验 5. 吹扫、冲洗 6. 警示带铺设
031001007	复合管			
031001008	直埋式预制保温管	1. 埋设深度 2. 介质 3. 管道材质、规格 4. 连接形式 5. 接口保温材料 6. 压力试验及吹、洗设计要求 7. 警示带形式		1. 管道安装 2. 管件安装 3. 接口保温 4. 压力试验 5. 吹扫、冲洗 6. 警示带铺设
031001009	承插缸瓦管	1. 埋设深度 2. 规格 3. 接口方式及材料 4. 压力试验及吹、洗设计要求 5. 警示带形式		1. 管道安装 2. 管件安装 3. 压力试验 4. 吹扫、冲洗 5. 警示带铺设
031001010	承插水泥管			
031001011	室外管道碰头	1. 介质 2. 碰头形式 3. 材质、规格 4. 连接形式 5. 防腐、绝热设计要求	处	1. 挖填工作坑或暖气沟拆除及修复 2. 碰头 3. 接口处防腐 4. 接口处绝热及保护层

注:①安装部位,指管道安装在室内、室外。

②输送介质包括给水、排水、中水、雨水、热媒体、燃气、空调水等。

③方形补偿器制作安装,应含在管道安装综合单价中。

④铸铁管安装适用于承插铸铁管、球墨铸铁管、柔性抗震铸铁管等。

⑤塑料管安装适用于 UPVC,PVC,PP-C,PP-R,PE,PB 管等塑料管材。

⑥复合管安装适用于钢塑复合管、铝塑复合管、钢骨架复合管等复合型管道安装。

⑦直埋保温管包括直埋保温管件安装及接口保温。

⑧排水管道安装包括立管检查口、透气帽。

⑨室外管道碰头包括挖工作坑、土方回填或暖气沟局部拆除及修复。

⑩压力试验按设计要求描述试验方法,如水压试验、气压试验、泄漏性试验、闭水试验、通球试验、真空试验等。

⑪吹、洗按设计要求描述吹扫、冲洗方法,如水冲洗、消毒冲洗、空气吹扫等。

(2)支架及其他制作安装工程量清单项目设置(表5.12)

表5.12　支架及其他制作安装工程量清单项目设置

项目编码	项目名称	项目特征	计量单位	工程内容
031002001	管道支吊架	1.材质 2.管架形式 3.支吊架衬垫材质 4.减震器形式及做法	1.kg 2.套	1.制作 2.安装
031002002	设备支吊架	1.材质 2.形式		
031002003	套管	1.类型 2.材质 3.规格 4.填料材质 5.除锈、刷油材质及做法	个	1.制作 2.安装 3.除锈、刷油
031002004	减震装置制作、安装	1.型号、规格 2.材质 3.安装形式	台	1.制作 2.安装

注:①单件支架质量100 kg以上的管道支吊架执行设备支吊架制作安装。

②成品支吊架安装执行相应管道支吊架或设备支吊架项目,不再计取制作费,支吊架本身价值含在综合单价中。

③套管制作安装,适用于穿基础、墙、楼板等部位的防水套管、填料套管、无填料套管及防火套管等,应分别列项。

④减震装置制作、安装,项目特征要描述减震器型号、规格及数量。

(3)管道附件安装工程量清单项目设置(表5.13)

表5.13　管道附件安装工程量清单项目设置

项目编码	项目名称	项目特征	计量单位	工程内容
031003001	螺纹阀门	1.类型 2.材质 3.规格、压力等级 4.连接形式 5.焊接方法	个	安装
031003002	螺纹法兰阀门			
031003003	焊接法兰阀门			
031003004	带短管甲乙阀门	1.材质 2.规格、压力等级 3.连接形式 4.接口方式及材质		

续表

项目编码	项目名称	项目特征	计量单位	工程内容
031003005	减压器	1.材质 2.规格、压力等级 3.连接形式 4.附件名称、规格、数量	组	1.组成 2.安装
031003006	疏水器			
031003007	除污器(过滤器)			
031003008	补偿器	1.类型 2.材质 3.规格、压力等级 4.连接形式	个	安装
031003009	软接头	1.材质 2.规格 3.连接形式		
031003010	法兰	1.材质 2.规格、压力等级 3.连接形式	副 (片)	
031003011	水表	1.安装部位(室内、外) 2.型号、规格 3.连接形式 4.附件名称、规格、数量	组	1.组成 2.安装
031003012	倒流防止器	1.材质 2.型号、规格 3.连接形式	套	
031003013	热量表	1.类型 2.型号、规格 3.连接形式	块	
031003014	塑料排水管消声器	1.规格 2.连接形式	个	
031003015	浮标液面计		组	
031003016	浮漂水位标尺		套	1.用途 2.规格

注:①法兰阀门安装包括法兰安装,不得另计法兰安装。阀门安装如仅为一侧法兰连接时,应在项目特征中描述。

②塑料阀门连接形式需注明热熔连接、粘接、热风焊接等方式。

③减压器规格按高压侧管道规格描述。

④减压器、疏水器、除污器(过滤器)项目包括组成与安装,项目特征应描述所配阀门、压力表、温度计等附件的规格和数量。

⑤水表安装项目,项目特征应描述所配阀门等附件的规格和数量。

(4)卫生器具安装工程量清单项目设置(表5.14)

表 5.14 卫生器具安装工程量清单项目设置

项目编码	项目名称	项目特征	计量单位	工程内容
031004001	浴 缸	1.材质 2.规格、类型 3.组装形式 4.附件名称、数量	组	1.器具安装 2.附件安装
031004002	净身盆			
031004003	洗脸盆			
031004004	洗涤盆			
031004005	化验盆			
031004006	大便器			
031004007	小便器			
031004008	其他成品卫生器具			
031004009	烘手器	1.材质 2.型号、规格	个	安装
031004010	淋浴器	1.材质、规格 2.组装形式 3.附件名称、数量	套	1.器具安装 2.附件安装
031004011	淋浴间			
031004012	桑拿浴房			
031004013	大、小便槽自动冲洗水箱制作安装	1.材质、类型 2.规格 3.水箱配件 4.支架形式及做法 5.器具及支架除锈、刷油设计要求	套	1.制作 2.安装 3.支架制作、安装 4.除锈、刷油
031004014	给、排水附件	1.材质 2.型号、规格 3.安装方式	个 (组)	安装
031004015	小便槽冲洗管制作安装	1.材质 2.规格	m	1.制作 2.安装
031004016	蒸汽-水加热器制作安装	1.类型 2.型号、规格 3.安装方式	套	1.制作 2.安装
031004017	冷热水混合器制作安装			
031004018	饮水器			
031004019	隔油器	1.类型 2.型号、规格 3.安装部位		

注:①成品卫生器具项目中的附件安装,主要指给水附件包括水嘴、阀门、喷头等,排水配件包括存水弯、排水栓、下水口等以及配备的连接管。

②浴缸支座和浴缸周边的砌砖、瓷砖粘贴,应按《房屋建筑与装饰工程计量规范》相关项目编码列项。

③洗脸盆适用于洗脸盆、洗发盆、洗手盆安装。

④器具安装中若采用混凝土或砖基础,应按《房屋建筑与装饰工程计量规范》相关项目编码列项。

(5)供暖器具安装工程量清单项目设置(表5.15)

表5.15　供暖器具安装工程量清单项目设置

项目编码	项目名称	项目特征	计量单位	工程内容
031005001	铸铁散热器	1.型号、规格 2.安装方式 3.托架形式 4.器具、托架除锈、刷油	片 (组)	1.组对、安装 2.水压试验 3.托架制作、安装 4.除锈、刷油
031005002	钢制散热器	1.结构形式 2.型号、规格 3.安装方式 4.托架刷油设计要求	组 (片)	1.安装 2.托架安装 3.托架刷油
031005003	其他成品散热器	1.材质、类型 2.型号、规格 3.托架刷油设计要求	组 (片)	1.安装 2.托架安装 3.托架刷油
031005004	光排管散热器制作安装	1.材质、类型 2.型号、规格 3.托架形式及做法 4.器具、托架除锈、刷油	m	1.制作、安装 2.水压试验 3.除锈、刷油
031005005	暖风机	1.质量 2.型号、规格 3.安装方式	台	安装
031005006	地板辐射采暖	1.保温层及钢丝网设计要求 2.管道材质 3.型号、规格 4.管道固定方式 5.压力试验及吹扫设计要求	1. m^2 2. m	1.保温层及钢丝网铺设 2.管道排布、绑扎、固定 3.与分水器连接 4.水压试验、冲洗 5.配合地面浇注
031005007	热媒集配装置制作、安装	1.材质 2.规格 3.附件名称、规格、数量	台	1.制作 2.安装 3.附件安装
031005008	集气罐制作安装	1.材质 2.规格	个	1.制作 2.安装

注:①铸铁散热器,包括拉条制作安装。

②钢制散热器结构形式,包括钢制闭式、板式、壁板式、扁管式及柱式散热器等,应分别列项计算。

③光排管散热器,包括联管制作安装。

④地板辐射采暖,管道固定方式包括固定卡、绑扎等方式,包括与分集水器连接和配合地面浇注用工。

⑤地板辐射采暖以 m^2 计量时按设计图示采暖房间净面积计算,以m计量时按设计图示管道长度计算。

(6)采暖、给排水设备安装工程量清单项目设置(表5.16)

表5.16 采暖、给排水设备安装工程量清单项目设置

<table>
<tr><th>项目编码</th><th>项目名称</th><th>项目特征</th><th>计量单位</th><th>工程内容</th></tr>
<tr><td>031006001</td><td>变频调速给水设备</td><td rowspan="3">1.压力容器名称、型号、规格
2.水泵主要技术参数
3.附件名称、规格、数量</td><td rowspan="3">套</td><td rowspan="3">1.设备安装
2.附件安装
3.调试</td></tr>
<tr><td>031006004</td><td>稳压给水设备</td></tr>
<tr><td>031006005</td><td>无负压给水设备</td></tr>
<tr><td>031006006</td><td>气压罐</td><td>1.型号、规格
2.安装方式</td><td>台</td><td>1.安装
2.调试</td></tr>
<tr><td>031006007</td><td>太阳能集热装置</td><td>1.型号、规格
2.安装方式
3.附件名称、规格、数量</td><td>套</td><td>1.安装
2.附件安装</td></tr>
<tr><td>031006008</td><td>地源(水源、气源)热泵机组</td><td>1.型号、规格
2.安装方式</td><td>组</td><td rowspan="6">安装</td></tr>
<tr><td>031006009</td><td>除砂器</td><td>1.型号、规格
2.安装方式</td><td rowspan="7">台</td></tr>
<tr><td>031006010</td><td>电子水处理器</td><td rowspan="3">1.类型
2.型号、规格</td></tr>
<tr><td>031006011</td><td>超声波灭藻设备</td></tr>
<tr><td>031006012</td><td>水质净化器</td></tr>
<tr><td>031006013</td><td>紫外线杀菌设备</td><td>1.名称
2.规格</td></tr>
<tr><td>031006014</td><td>电热水器、开水炉</td><td>1.能源种类
2.型号、容积
3.安装方式</td><td>1.安装
2.附件安装</td></tr>
<tr><td>031006015</td><td>电消毒器、消毒锅</td><td>1.类型
2.型号、规格</td><td>安装</td></tr>
<tr><td>031006016</td><td>直饮水设备</td><td>1.名称
2.规格</td><td>套</td><td>安装</td></tr>
<tr><td>031006017</td><td>水箱制作安装</td><td>1.材质、类型
2.型号、规格</td><td>台</td><td>1.制作
2.安装</td></tr>
</table>

注:①变频调速给水设备、稳压给水设备、无负压给水设备的安装,说明:压力容器包括气压罐、稳压罐、无负压罐;水泵包括主泵及备用泵,应注明数量;附件包括给水装置中配备的阀门、仪表、软接头,应注明数量,含设备、附件之间管路连接;泵组底座安装,不包括基础砌(浇)筑,应按《房屋建筑与装饰工程计量规范》相关项目编码列项;变频控制柜安装及电气接线、调试应按本规范附录D电气设备安装工程相关项目编码列项。

②地源热泵机组,接管以及接管上的阀门、软接头、减震装置和基础另行计算,应按相关项目编码列项。

(7)采暖、空调水工程系统调试工程量清单项目设置(表5.17)

表5.17 采暖、空调水工程系统调试工程量清单项目设置

<table>
<tr><th>项目编码</th><th>项目名称</th><th>项目特征</th><th>计量单位</th><th>工程内容</th></tr>
<tr><td>031009001</td><td>采暖工程系统调试</td><td rowspan="2">系统形式</td><td rowspan="2">系统</td><td rowspan="2">系统调试</td></tr>
<tr><td>031009002</td><td>空调水工程系统调试</td></tr>
</table>

注:①由采暖管道、管件、阀门、法兰、供暖器具组成采暖工程系统。

②由空调水管道、管件、阀门、法兰、冷水机组组成空调水工程系统。

5.5 给排水工程施工图预算编制实例

本工程为某地物流中心办公综合楼。建筑层数5层,屋顶平面标高为18.60 m,局部标高为20.90 m。该综合楼给排水工程设计包括以下内容:给水系统,排水系统,热水系统,消火栓系统,自动喷淋系统。其中,消火栓系统和自动喷淋系统的预算编制将在第7章消防工程施工图预算中讲解,本章着重讲述给水系统、排水系统和热水系统的施工图预算编制程序和编制方法。

1)设计与施工说明

①本工程室内生活给水由厂区室外给水管网直接供水,用水高峰时厂区室外给水管网供水水压为0.3 MPa。排水采用雨、污分流制。

②生活给水管采用聚丙烯(PP-R)冷水管,热熔连接。

③热水管采用塑钢管。

④室内生活污水排水管采用聚氯乙烯(UPVC)芯层发泡塑料管,采用胶黏接。

⑤雨水管采用聚氯乙烯(UPVC)塑料管,采用胶黏接。

⑥室外排水管采用高密度聚乙烯(HDPE)双壁波纹管,橡胶圈承插连接。

⑦生活给水管道上的阀门:≤DN50的采用铜芯截止阀,>DN50的采用Z45T-10型闸阀。

⑧管道穿地下混凝土墙处需预埋套管,套管管径比管道管径大1或2号。

⑨管道支架除锈后刷红丹2道,银粉漆2道。埋地钢管刷热沥青2道防腐。

⑩楼梯间及室外明露的给水管、消防管需保温,保温层采用50 mm厚的硬聚氨酯泡沫塑料管瓦,具体做法详见GB 87S159。

⑪管道安装完毕后须进行水压试验,生活给水管试验压力为1.0 MPa。排水管、雨水管安装完毕后应做闭水试验。

2)给排水工程施工图

详见图5.8—图5.21。

3)施工图预算编制

(1)给排水安装工程施工图预算书封面(略)

(2)预算编制说明

①编制依据:给排水工程施工图及有关标准图集,《全国统一安装工程预算定额》某省安装工程计价表第8册与第11分册。

②本工程按施工企业包工包料承包方式取费。

③本工程预算只计算给排水单位工程造价,未包括室外工程和其他工程费用。

④排水检查井、化粪池、水表井等未计入,可参见土建定额。

⑤主材价为2012年某市材料预算价格,竣工决算时按规定计算价差。

(3)安装工程预算表(工料单价法计价)

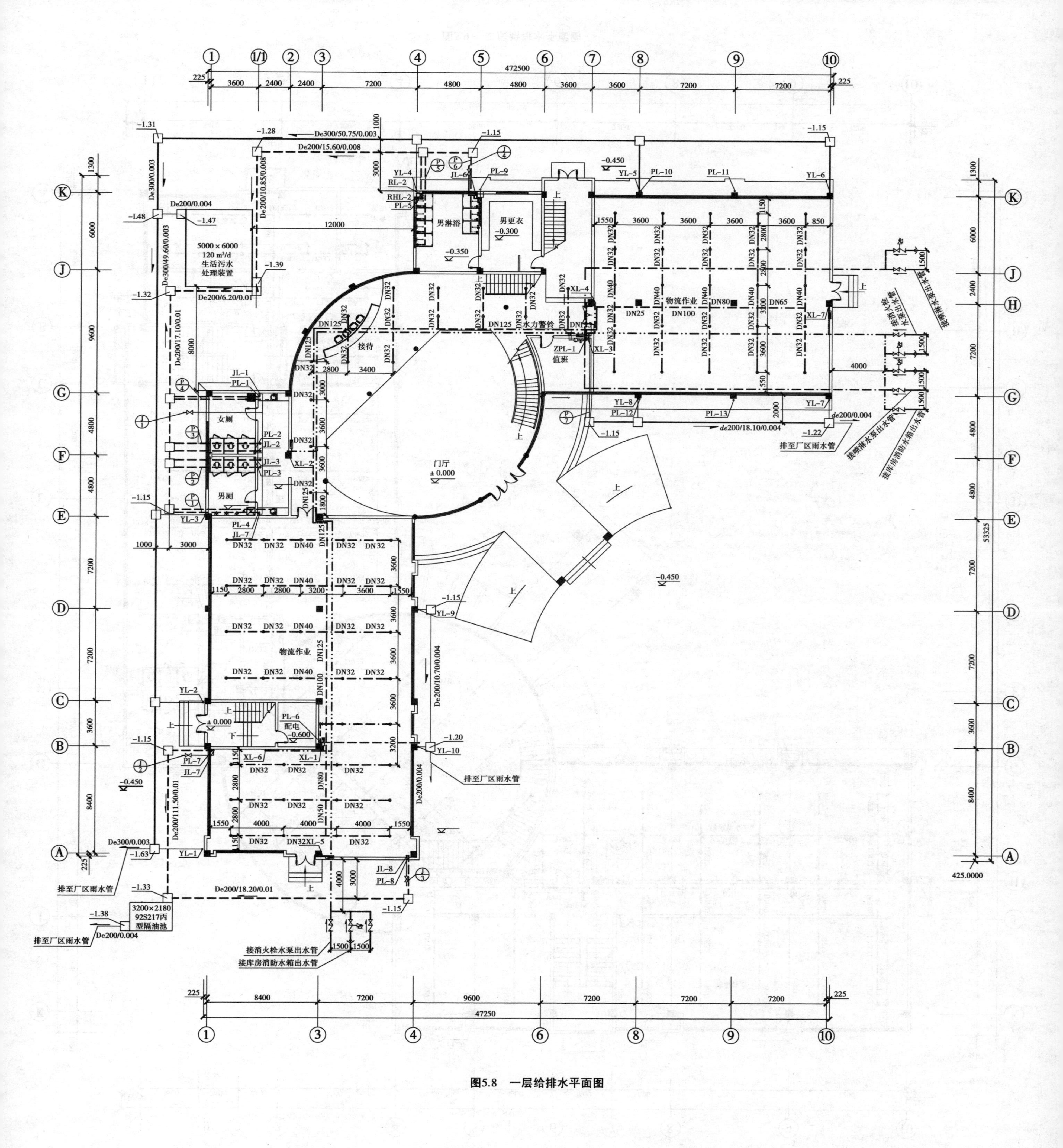

图5.8　一层给排水平面图

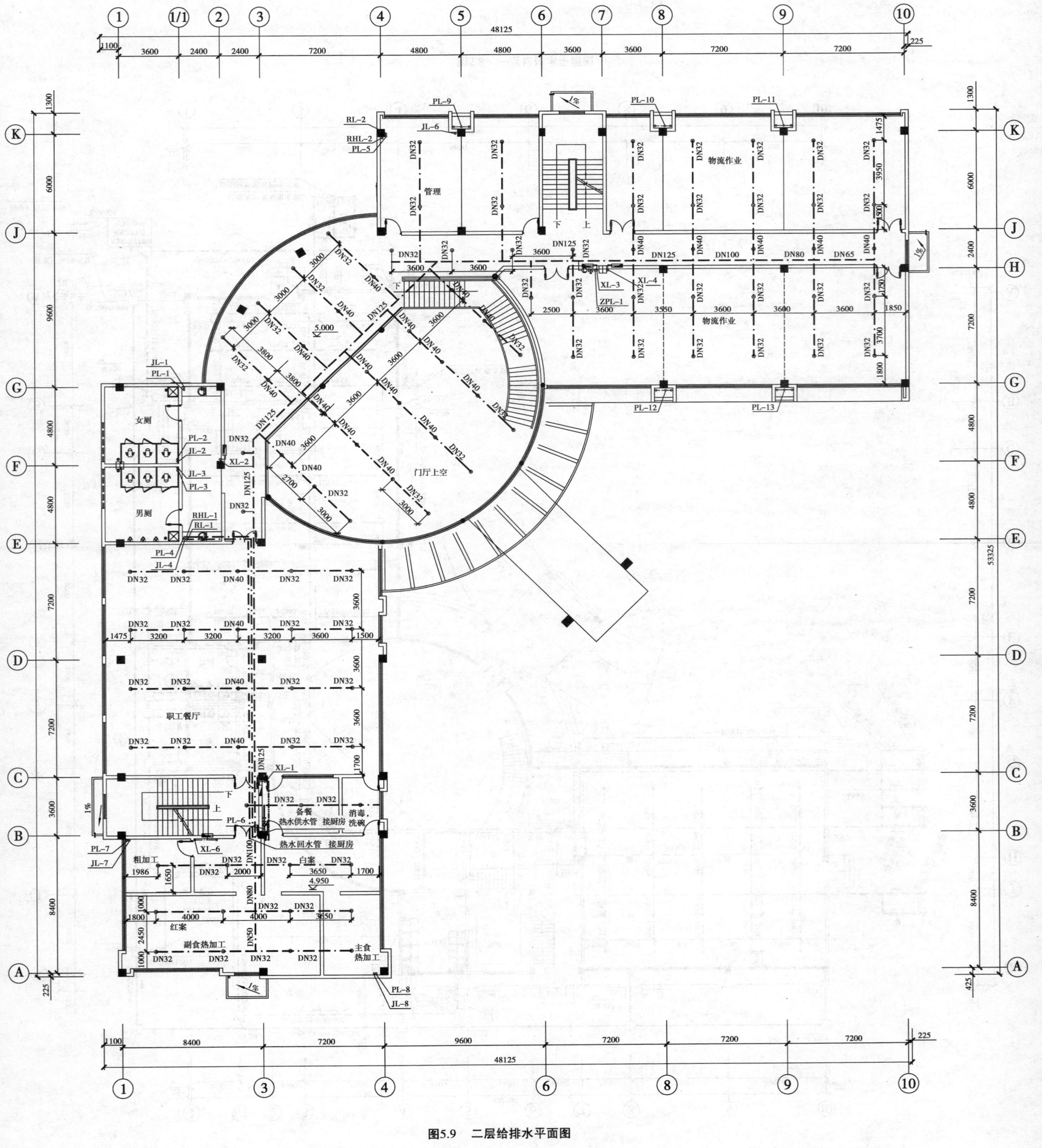

图5.9 二层给排水平面图

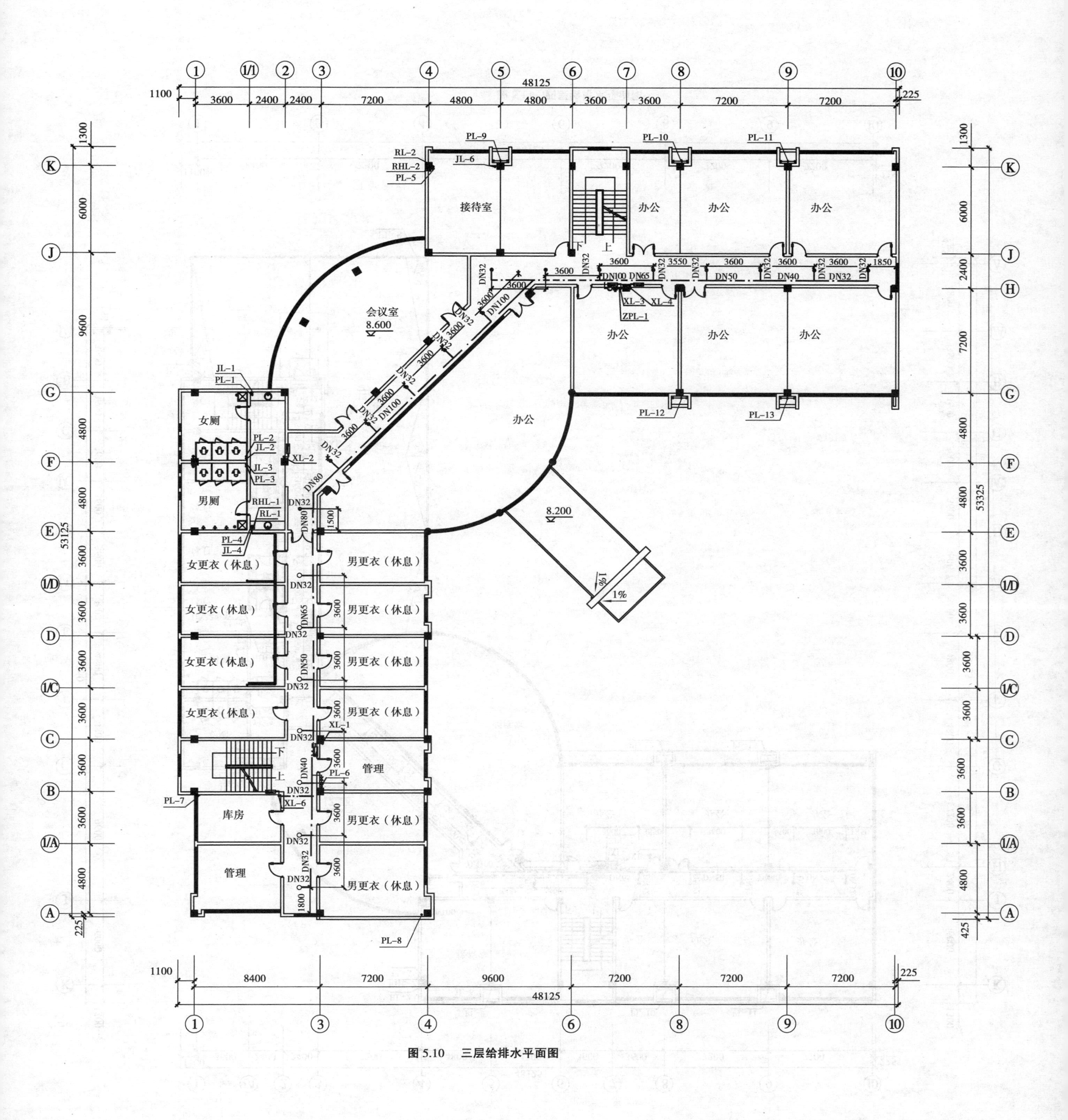

图 5.10　三层给排水平面图

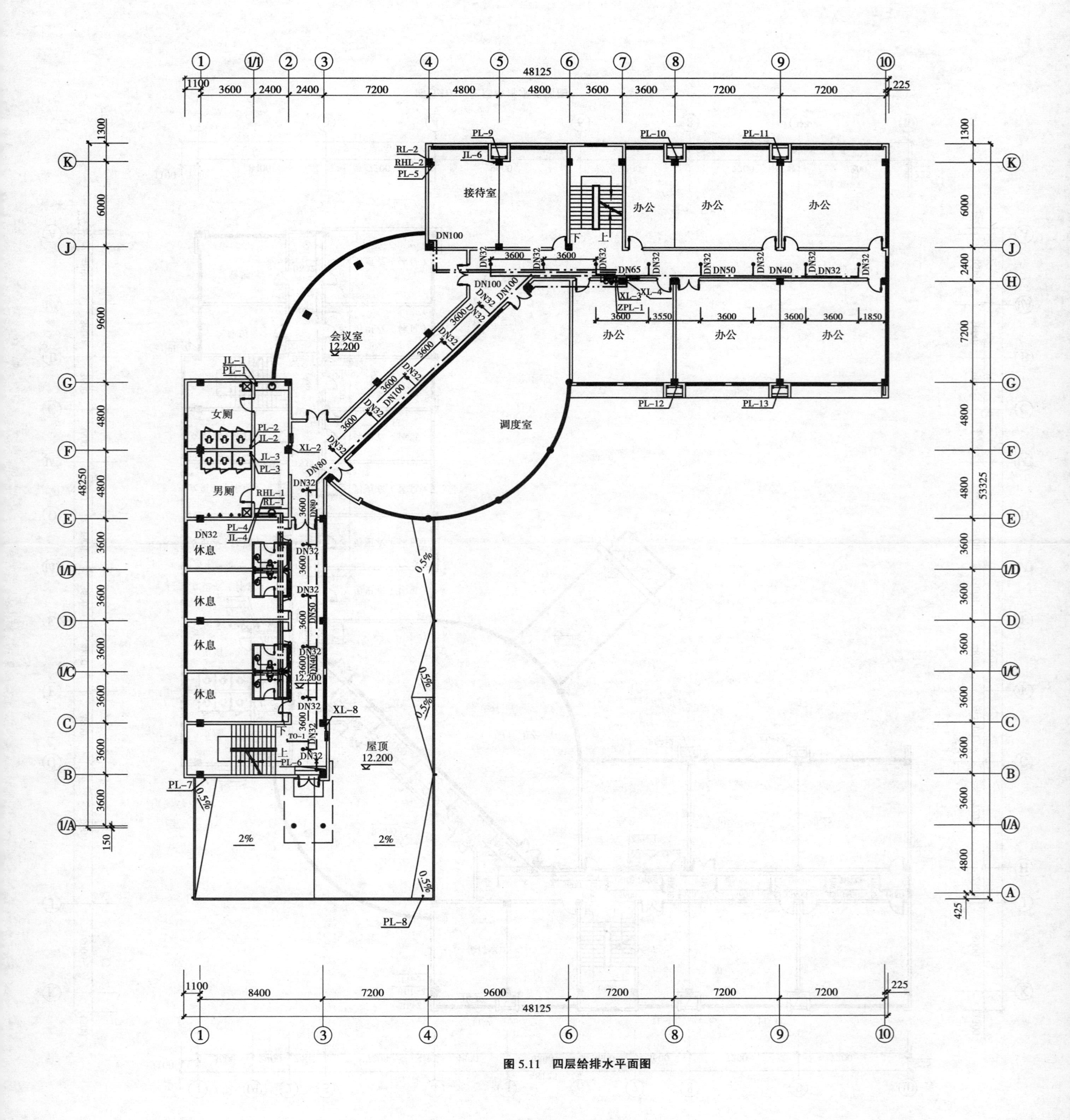

图 5.11 四层给排水平面图

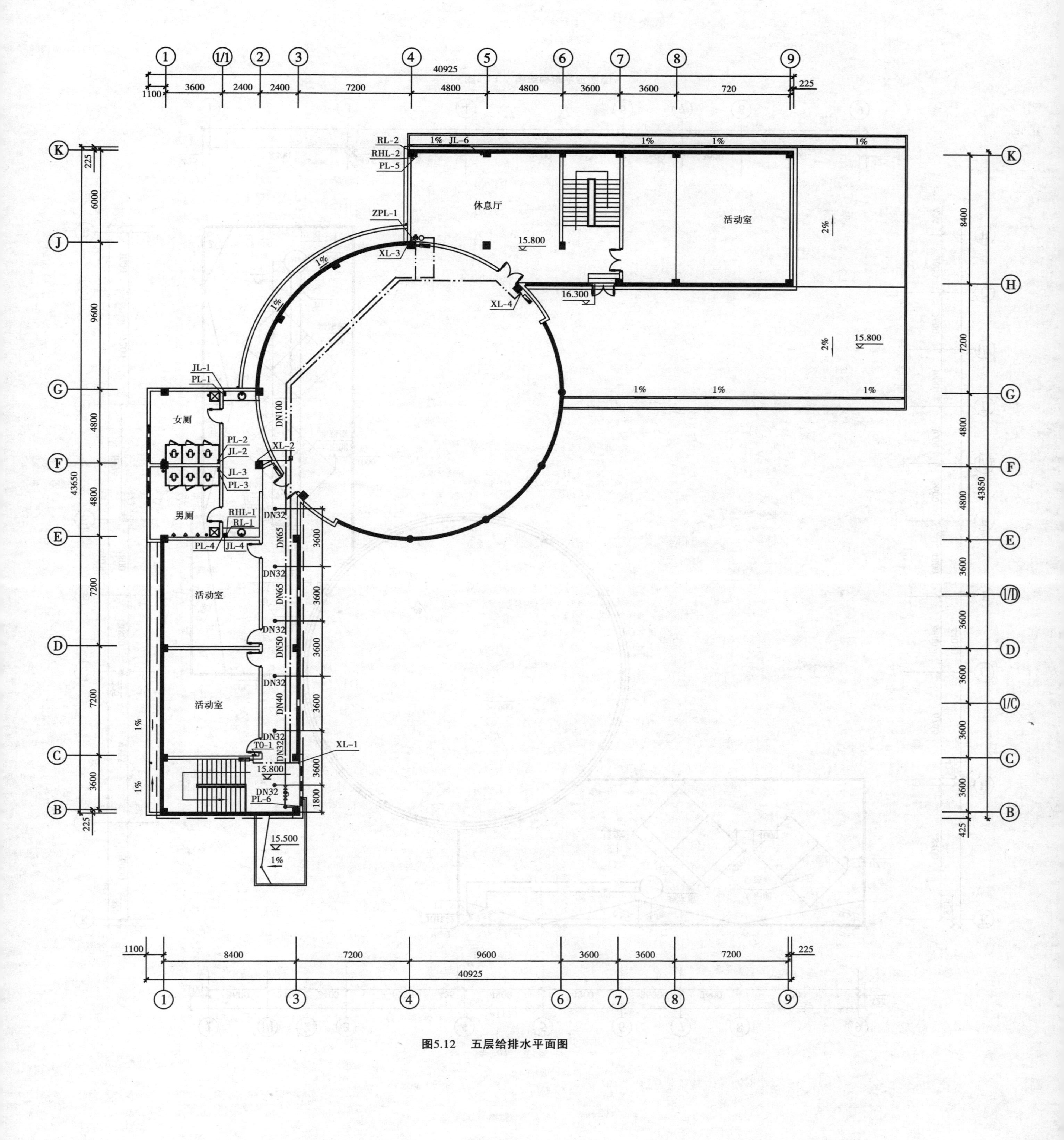

图5.12 五层给排水平面图

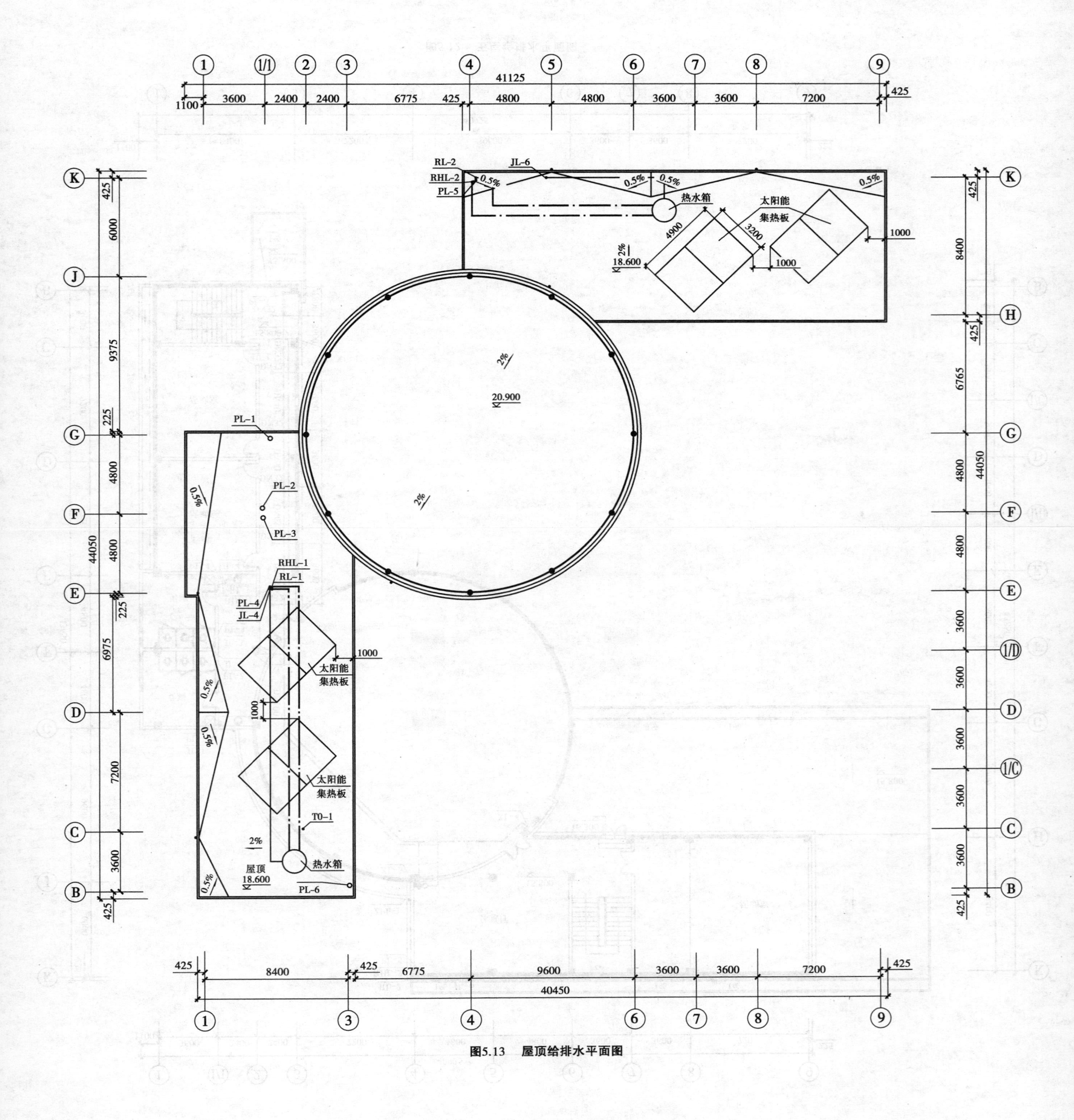

图5.13　屋顶给排水平面图

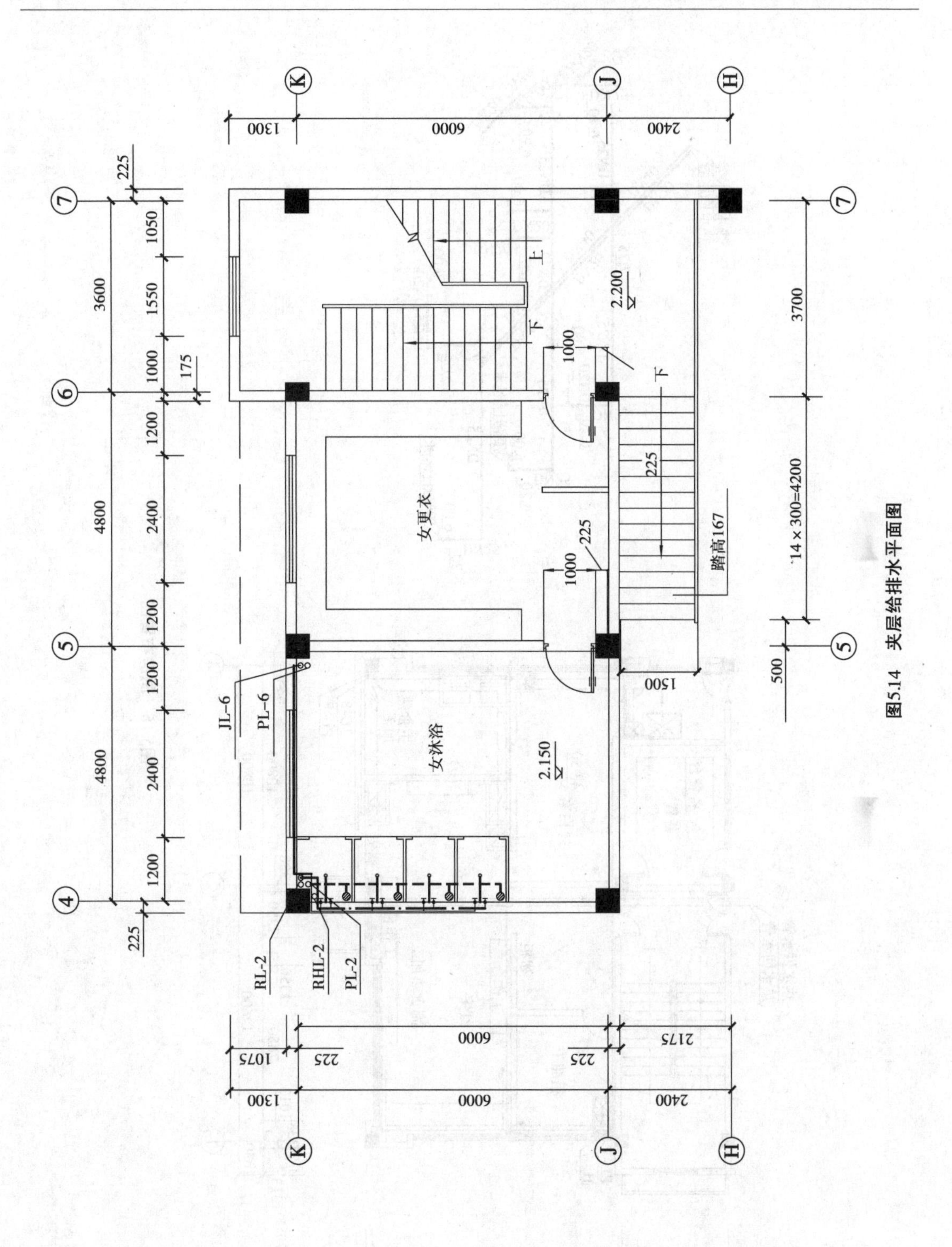

图5.14 夹层给排水平面图

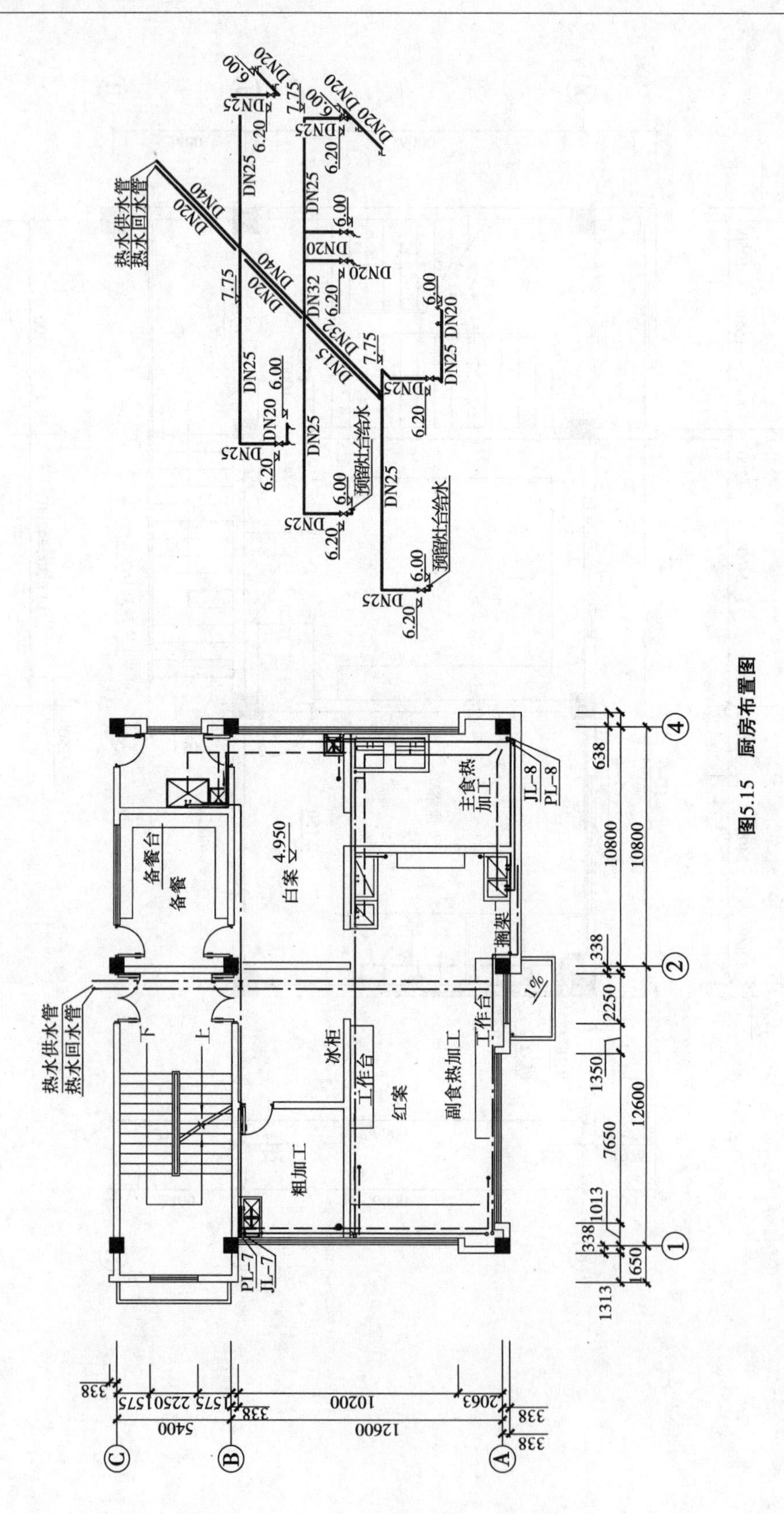
热水供水管
热水回水管
DN40
DN32
DN25
DN20
DN15
预留灶台给水
7.75
6.20
6.00
备餐台
备餐
白案
4.950
主食热加工
搁架
冰柜
工作台
红案
副食热加工
粗加工
JL-8
PL-8
PL-7
JL-7
1%
10800
12600
5400
10200

图5.15 厨房布置图

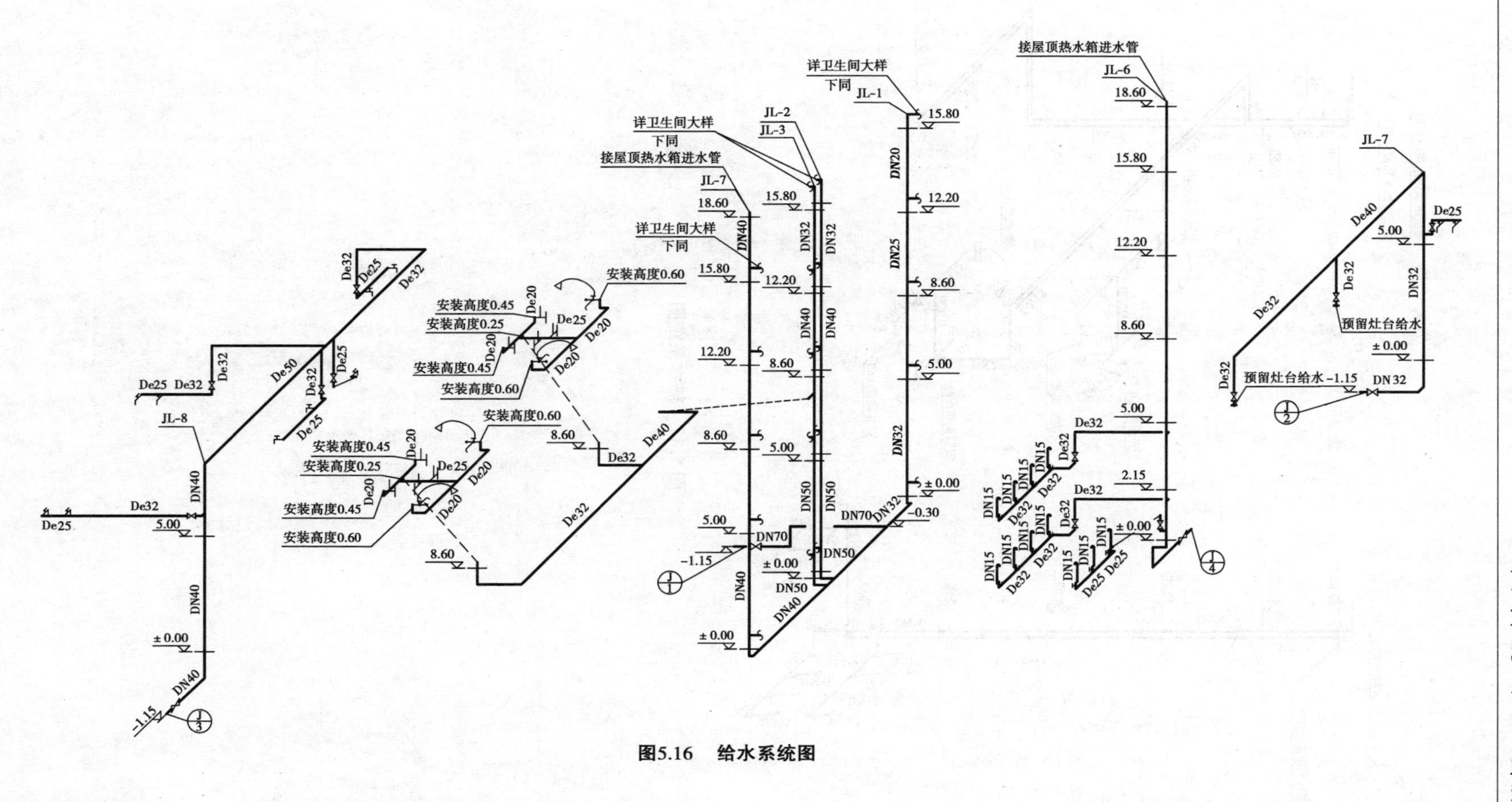

接屋顶热水箱进水管
JL-6
详卫生间大样
下同
JL-1
JL-2
JL-3
接屋顶热水箱进水管
JL-7
JL-8
预留灶台给水
预留灶台给水 -1.15
安装高度0.60
安装高度0.45
安装高度0.25
18.60
15.80
12.20
8.60
5.00
2.15
±0.00
-0.30
-1.15
DN15
DN20
DN25
DN32
DN40
DN50
DN70
De20
De25
De32
De40
De50

图5.16　给水系统图

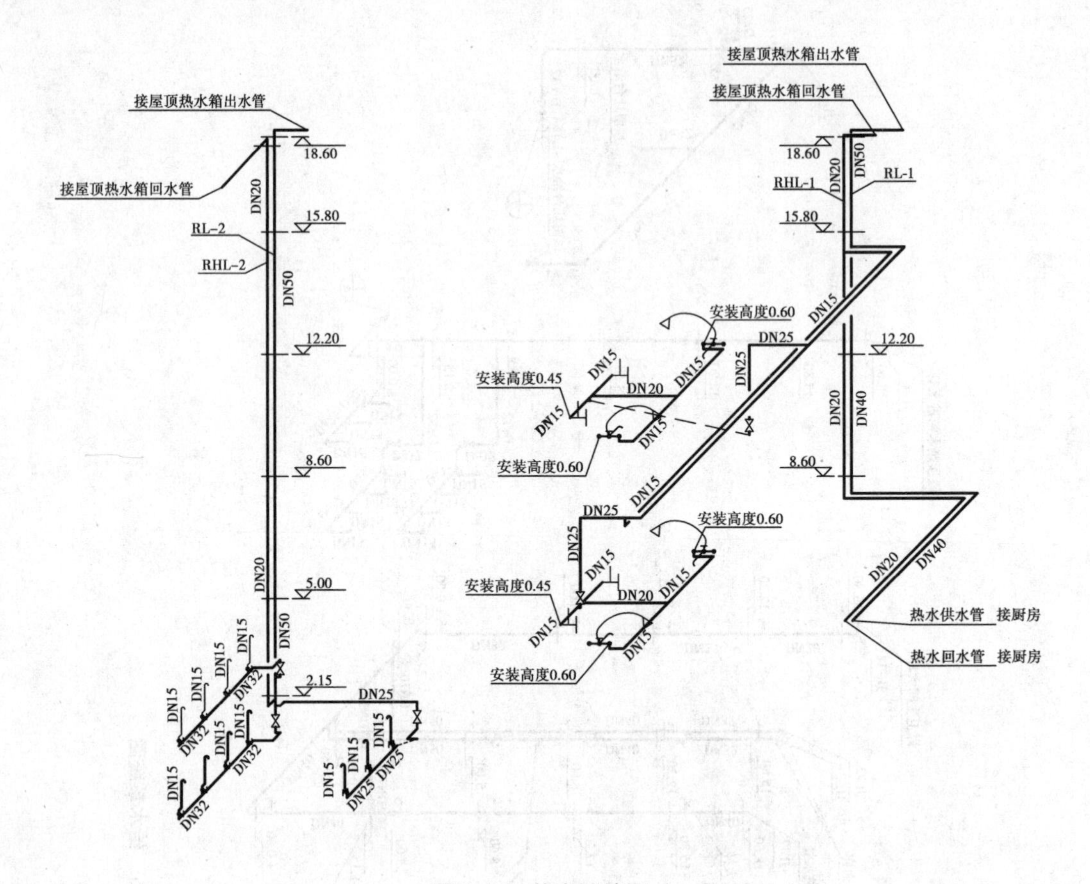
接屋顶热水箱出水管
接屋顶热水箱回水管
18.60
15.80
12.20
8.60
5.00
2.15
RL-2
RHL-2
DN20
DN50
DN25
DN32
DN15
RHL-1
RL-1
DN40
安装高度0.60
安装高度0.45
热水供水管 接厨房
热水回水管 接厨房

图 5.17 热水系统图

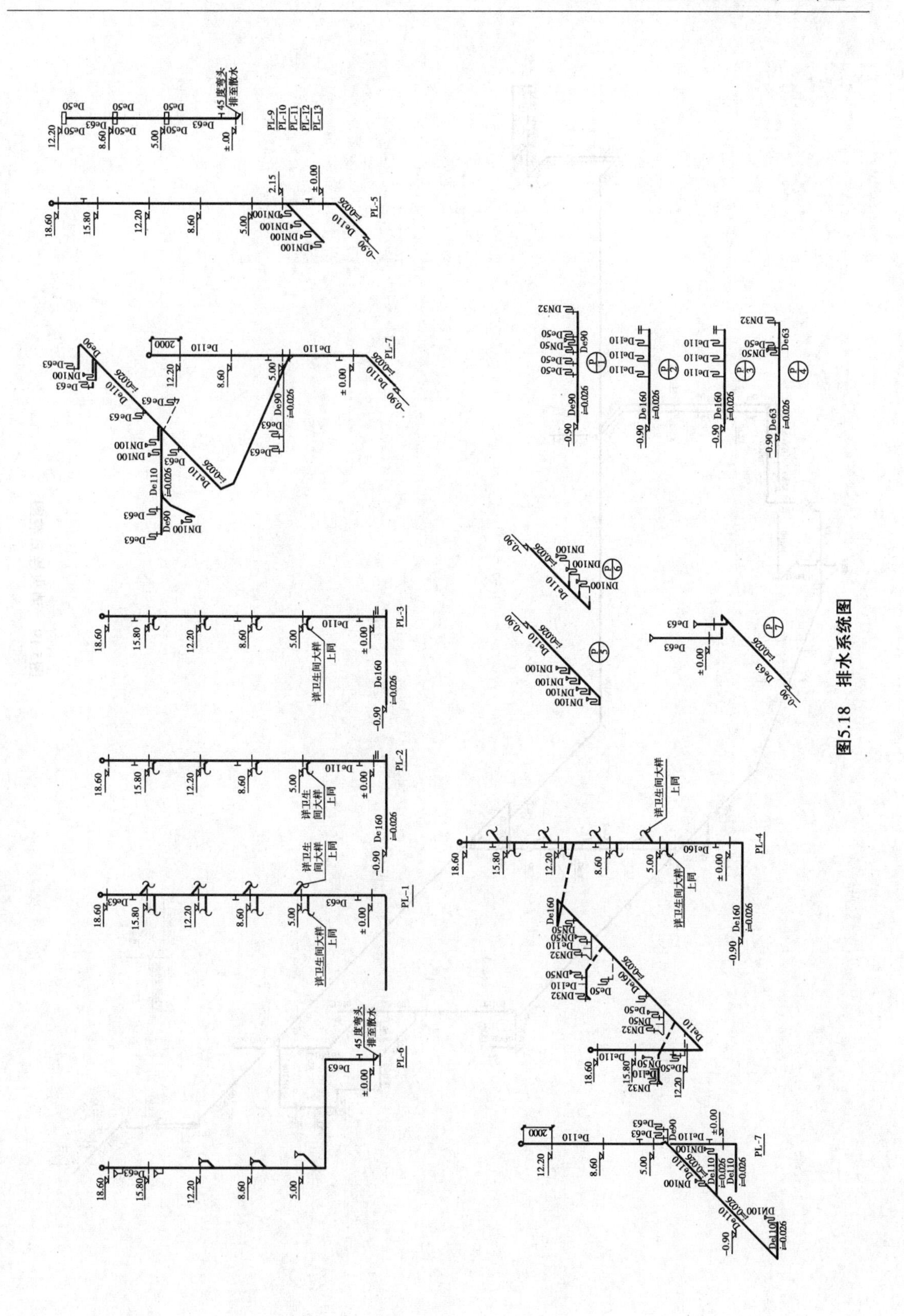
PL-1
PL-2
PL-3
PL-4
PL-5
PL-6
PL-7
PL-9
PL-10
PL-11
PL-12
PL-13
详卫生间大样
上同
45度弯头
排至散水
De160
i=0.026
De110
De63
De50
DN100
DN50
DN32
18.60
15.80
12.20
8.60
5.00
±0.00
-0.90

图5.18 排水系统图

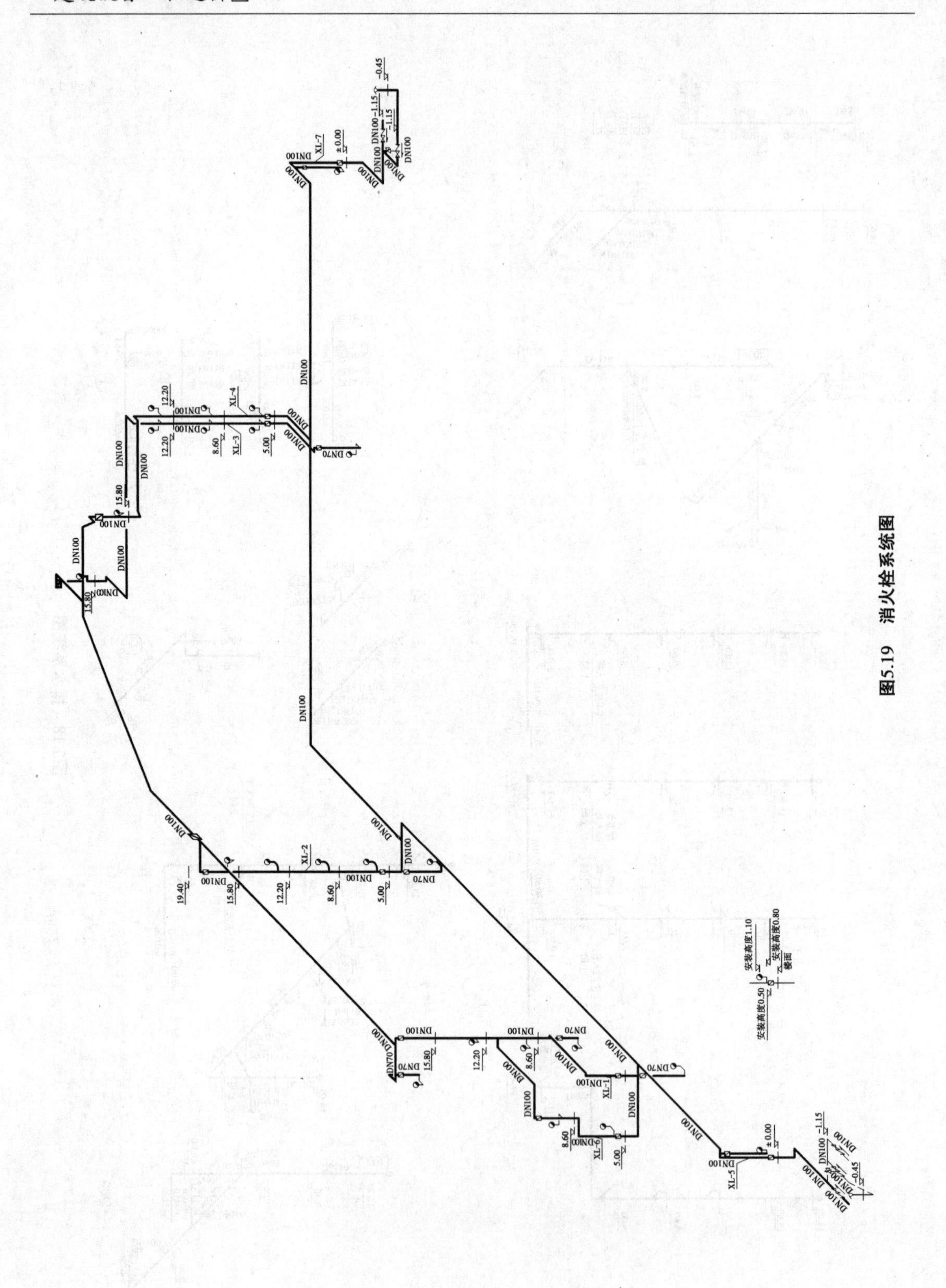

XL-1
XL-2
XL-3
XL-4
XL-5
XL-6
XL-7
DN100
DN70
19.40
15.80
12.20
8.60
5.00
±0.00
-0.45
-1.15
安装高度1.10
安装高度0.80
安装高度0.50
楼面

图5.19　消火栓系统图

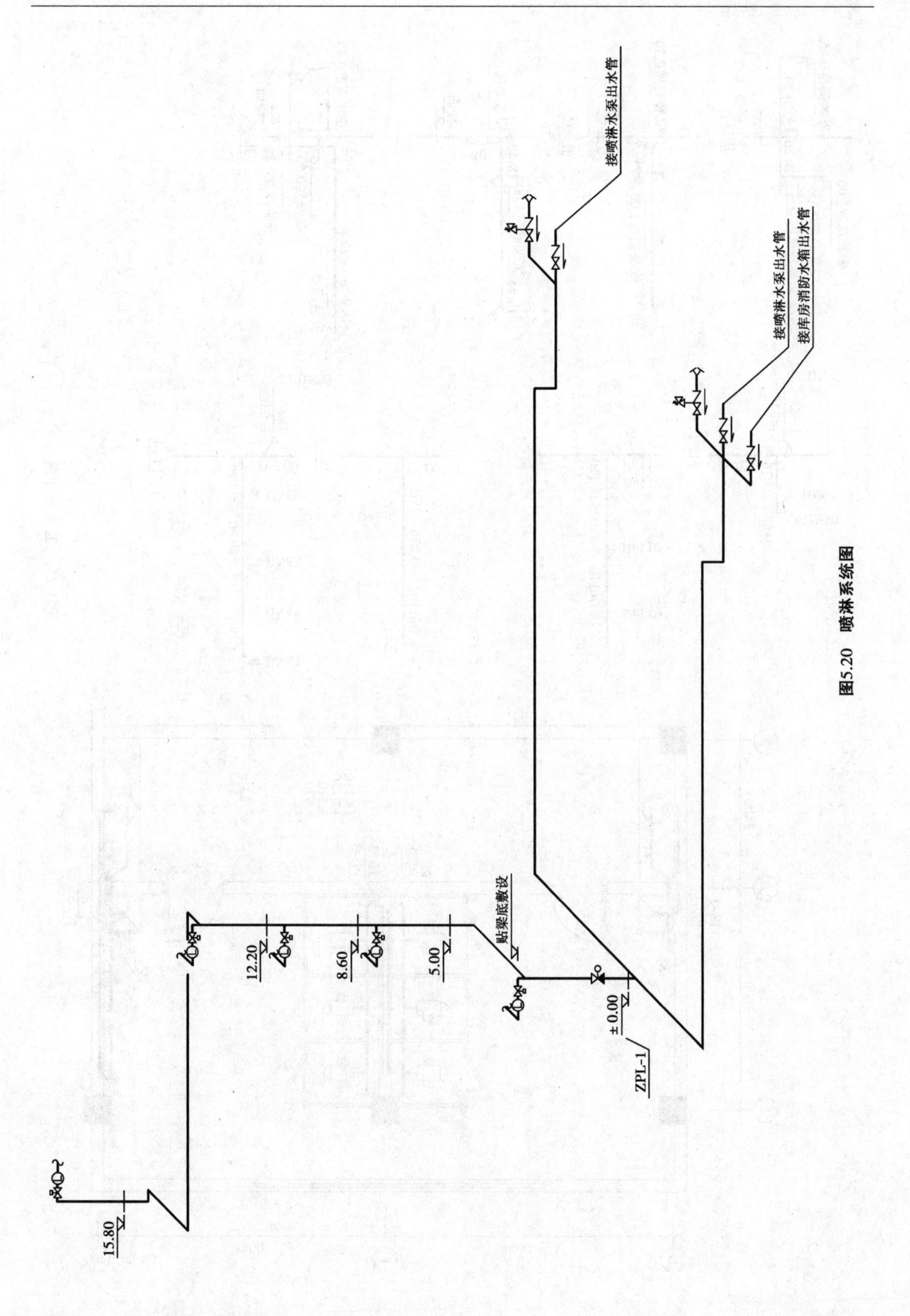
接喷淋水泵出水管
接喷淋水泵出水管
接库房消防水箱出水管
贴梁底敷设
15.80
12.20
8.60
5.00
±0.00
ZPL-1

图5.20 喷淋系统图

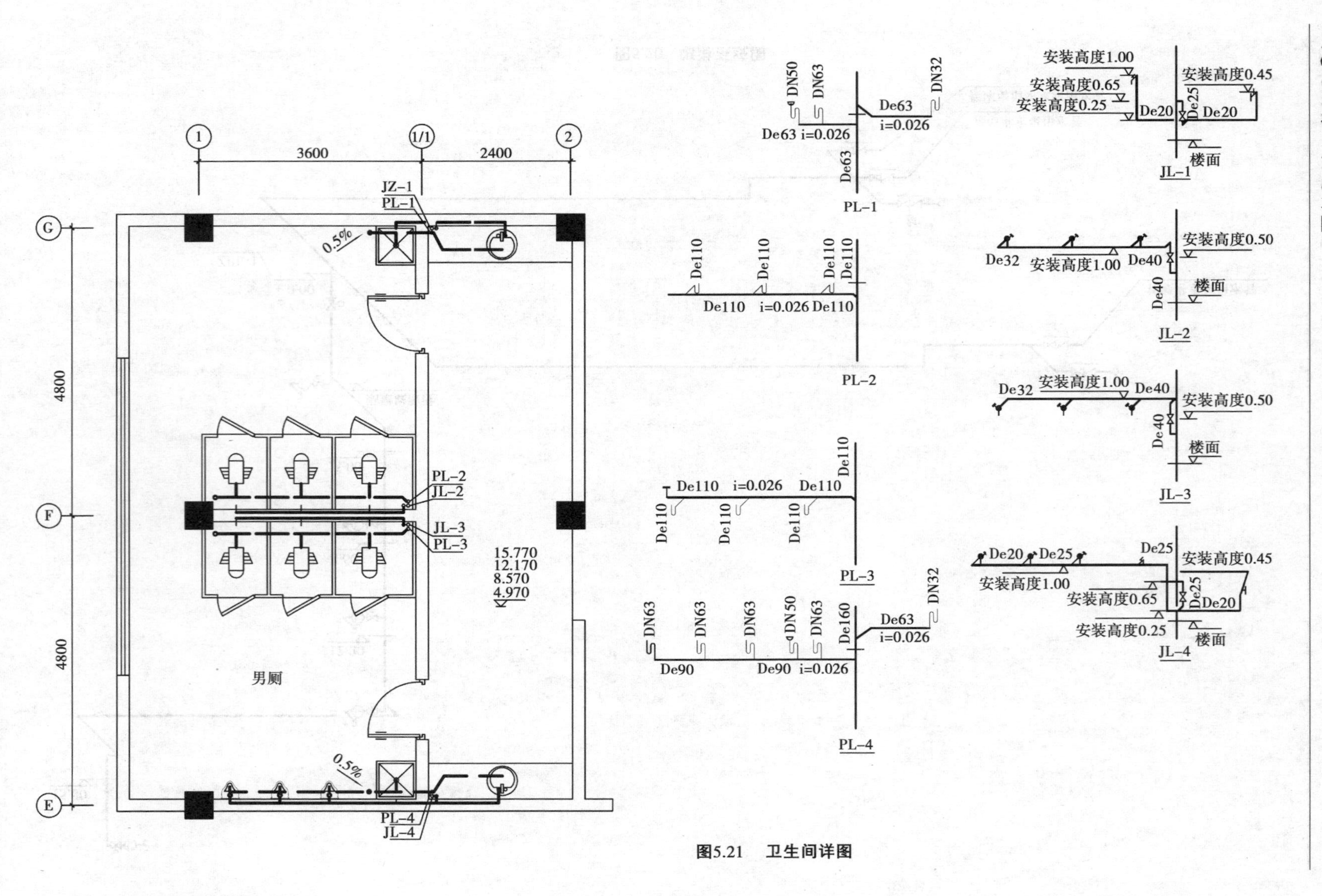
1
1/1
2
3600
2400
G
F
E
4800
4800
JZ-1
PL-1
0.5%
PL-2
JL-2
JL-3
PL-3
15.770
12.170
8.570
4.970
男厕
PL-4
JL-4
DN50
DN63
De63 i=0.026
De63
De63
i=0.026
DN32
PL-1
De110
De110
De110
De110
De110 i=0.026 De110
PL-2
De110 i=0.026 De110
De110
De110
De110
De110
PL-3
DN63
DN63
DN63
DN50
DN63
De160
De63
i=0.026
DN32
De90
De90 i=0.026
PL-4
安装高度1.00
安装高度0.65
安装高度0.25
De20
De25
De20
安装高度0.45
楼面
JL-1
De32
安装高度1.00
De40
安装高度0.50
De40
楼面
JL-2
De32
安装高度1.00
De40
安装高度0.50
De40
楼面
JL-3
De20
De25
安装高度1.00
De25
安装高度0.45
安装高度0.65
De25
De20
安装高度0.25
楼面
JL-4

图5.21　卫生间详图

工程预算表

工程名称:物流中心办公综合楼(给排水)

序号	定额号	项目名称	单位	工程量	定额单价	其中			合价	其中			主材费	
						人工费	材料费	机械费		人工费	材料费	机械费	单价	合价
1	8-23	穿楼板套管 DN32	10 m	0.176	23.72	18.46	3.26	2.00	4.17	3.25	0.57	0.35	10.15×10.17	18.17
2	8-24	穿楼板套管 DN40	10 m	0.016	24.81	19.24	3.57	2.00	0.40	0.31	0.057	0.03	10.15×12.48	2.035 2
3	8-25	穿楼板套管 DN50	10 m	0.064	31.57	22.36	7.21	2.00	2.02	1.43	0.46	0.13	10.15×15.86	10.30
4	8-26	穿楼板套管 DN65	10 m	0.336	57.73	24.96	10.86	21.91	19.40	8.39	3.65	7.36	10.15×21.58	73.60
5	8-27	穿楼板套管 DN80	10 m	0.224	61.79	29.12	10.76	21.91	13.84	6.52	2.41	4.91	10.15×30.88	70.21
6	8-补 10	聚丙烯管 De15	10 m	0.30	40.39	29.90	9.90	0.59	12.12	8.97	2.97	0.18	10.20×5.55	16.98
7	8-补 11	聚丙烯管 De20	10 m	7.685	40.44	29.90	9.95	0.59	310.78	229.78	76.47	4.53	10.20×7.94	622.39
8	8-补 12	聚丙烯管 De25	10 m	6.465	43.82	34.06	9.17	0.59	283.30	220.20	59.28	3.81	10.20×11.22	739.88
9	8-补 13	聚丙烯管 De32	10 m	13.175	44.02	34.06	8.94	1.02	579.96	448.74	117.78	13.44	10.20×26.00	3 494.0
10	8-补 14	聚丙烯管 De40	10 m	11.71	50.45	40.30	9.13	1.02	590.77	471.91	106.91	11.94	10.20×40.22	4 803.9
11	8-补 15	聚丙烯管 De50	10 m	2.02	51.53	40.30	9.62	1.61	104.09	81.40	19.43	3.25	10.20×45.72	942.01
12	8-补 16	聚丙烯管 De70	10 m	1.015	55.74	32.76	17.78	5.20	56.58	33.25	18.05	5.28	10.20×60.88	630.29
13	8-补 19	塑钢管 De15	10 m	3.53	17.22	12.74	4.48		60.79	44.97	15.81	3.53	10.20×22.00	792.13
14	8-补 19	塑钢管 De20	10 m	12.45	17.22	12.74	4.48		214.39	158.61	55.78	12.45	10.20×26.00	3 301.74
15	8-补 20	塑钢管 De25	10 m	8.91	19.23	14.04	5.19		171.34	125.10	46.24	8.91	10.20×32.00	2 908.22
16	8-补 21	塑钢管 De32	10 m	2.205	19.35	14.04	5.31		42.67	30.96	11.71	2.21	10.20×39.00	877.15
17	8-补 22	塑钢管 De40	10 m	4.35	19.78	17.68	2.10		86.04	76.91	9.13	4.35	10.20×42.00	1 863.54
18	8-补 22	塑钢管 De50	10 m	5.115	19.78	17.68	2.10		101.18	90.43	10.74	5.12	10.20×56.00	2 921.69
19	8-155	UPVC 塑料排水管 De32	10 m	0.80	57.02	39.78	16.82	0.42	45.62	31.82	13.46	0.34	9.67×13.00	100.57
		塑料排水管件 De32	10 m	0.80									9.02×5.00	36.08
20	8-155	UPVC 塑料排水管 De50	10 m	3.70	57.02	39.78	16.82	0.42	210.97	147.19	62.23	1.55	9.67×15.36	549.56
		塑料排水管件 De50	10 m	3.70									9.02×5.50	183.56

续表

序号	定额号	项目名称	单位	工程量	定额单价	其中			合价	其中			主材费	
						人工费	材料费	机械费		人工费	材料费	机械费	单价	合价
21	8-156	UPVC 塑料排水管 De63	10 m	18.48	77.57	54.08	23.07	0.42	1 433.49	999.40	426.33	7.76	9.63×28.55	5 080.83
		塑料排水管件 De63	10 m	18.48									10.76×9.50	1 889.03
22	8-157	UPVC 塑料排水管 De90	10 m	2.34	97.91	60.32	37.17	0.42	229.11	141.15	86.98	0.98	8.52×33.02	658.31
		塑料排水管件 De90	10 m	2.34									11.38×12.50	332.87
23	8-157	UPVC 塑料排水管 De100	10 m	1.64	97.91	60.32	37.17	0.42	160.57	98.92	60.96	0.69	8.52×36.00	503.02
		塑料排水管件 De100	10 m	1.64									11.38×15.00	279.95
24	8-158	UPVC 塑料排水管 De110	10 m	25.48	119.43	85.02	33.99	0.42	3 043.08	2 166.31	866.06	10.70	9.47×37.00	8 927.94
		塑料排水管件 De110	10 m	25.48									6.98×19.00	3 379.16
25	8-158	UPVC 塑料排水管 De160	10 m	6.325	119.43	85.02	33.99	0.42	755.39	537.75	214.99	2.66	9.47×41.00	2 455.81
		塑料排水管件 De160	10 m	6.325									6.98×46.00	2 030.83
26	8-231	管道冲洗 De100 以内	100 m	7.90	40.35	17.68	22.67		318.76	139.67	179.09	7.90		7.90
27	8-242	截止阀 DN20	个	2	5.65	2.60	3.05		11.30	5.20	6.10	2.00	1.01×13.00	26.26
28	8-243	截止阀 DN25	个	32	7.44	3.12	4.32		238.08	99.84	138.24	32.00	1.01×18.00	581.76
29	8-244	截止阀 DN32	个	10	9.79	3.90	5.89		97.90	39.00	58.90	10.00	1.01×28.00	282.8
30	8-245	截止阀 DN40	个	1	15.25	6.50	8.75		15.25	6.50	8.75	1.00	1.01×32.00	32.32
31	8-260	闸阀 Z45T-10DN80	个	1	140.7	17.16	99.19	24.35	140.7	17.16	99.19	24.35	1.00×140.93	140.93
32	8-379	浴盆	10 组	0.4	407.25	232.96	174.29		162.9	93.18	69.72	0.40	10×600.00	2 400
33	8-384	洗脸盆	10 组	0.4	842.38	169.26	673.12		336.95	67.70	269.25	0.40	10×400.00	1 600
34	8-390	洗手池	10 组	1.0	207.91	67.60	140.31		207.91	67.60	140.31	1.00	10.1×220.00	2 222
35	8-395	洗涤池	10 组	2.1	605.07	154.54	450.53		1 270.65	324.53	946.11	2.10	10.1×200.00	4 242
36	8-404	淋浴器（钢管冷热水）	10 组	1.1	520.9	145.60	375.30		572.99	160.16	412.83	1.10	10×150.00	1 650
37	8-411	蹲式大便器	10 组	3.0	469.9	149.76	320.14		1 409.7	449.28	960.42	3.00	10.1×300.00	9 090
38	8-414	坐便器	10 组	0.4	494.22	208.78	285.44		197.69	83.51	114.18	0.40	10.1×500.00	2 020

39	8-419	小便器	10组	1.5	1 132.27	127.92	1 004.35		1 698.40	191.88	1 506.52	1.50	10.1×160.00	2 424
40	8-447	地漏 DN50	10个	1.7	60.01	41.60	18.41		102.02	70.72	31.30	1.70	10×30.00	510
41	8-449	地漏 DN100	10个	1.2	135.93	96.98	38.95		163.12	116.38	46.74	1.20	10×60.00	720
42	8-454	清扫口 De110	10个	1.0	32.74	31.20	1.54		32.74	31.20	1.54	1.00	10×50.00	500
43	8-561	热水箱	只	2	188.98	143.52	1.83	43.63	377.96	287.04	3.66	87.26	1个×12 000	24 000
44	6-2946	刚性防水套管制作 DN80	个	9	66.12	17.55	31.16	17.41	595.08	157.95	280.44	156.69	4.02 kg×4.50	162.81
45	6-2947	刚性防水套管制作 DN100	个	1	86.5	23.17	37.15	26.18	86.5	23.17	37.15	26.18	5.14 kg×4.50	23.13
46	6-2948	刚性防水套管制作 DN125	个	1	98.75	27.85	42.31	28.59	98.75	27.85	42.31	28.59	8.35 kg×4.50	37.575
47	6-2949	刚性防水套管制作 DN150	个	7	108 .1	29.72	48.28	30.10	756.7	208.04	337.96	210.70	9.46 kg×4.50	297.99
48	6-2950	刚性防水套管制作 DN200	个	3	137.39	36.74	66.34	34.31	412.17	110.22	199.02	102.93	13.78 kg×4.50	186.03
49	6-2963	刚性防水套管安装 DN150 以内	个	18	73.72	17.08	56.64		1 326.96	307.44	1 019.52	18.00		
50	6-2964	刚性防水套管安装 DN200 以内	个	3	91.39	23.63	67.76		274.17	70.89	203.28	3.00		
51	11-1892	管道保温	m^3	1.48	412.45	93.83	311.70	6.92	610.43	138.87	461.32	10.24	1.03 m^3×900	1 371.96
		合计							20 172.09	9 458.67	9 862.32	851.10		105 025.3

(4)工程量计算表

工程量计算表

建设单位:______________ 第__________页 共__________页

单位工程:______________ __________年__________月__________日

分部分项工程名称	位置	计算式	计量单位	数量
		一、给水系统		
(1)卫生间				
冷水管 De70	J/1,JL-1	5.6+(1.15-0.3)+3.7=10.15	m	10.15
De32		水平管:1.8 立管:(8.60+0.30)[系统图]+0.65[详图]=9.55	m	11.35
De25		立管:12.20-8.60=3.60 支管:[(0.65-0.25)+0.6]×4=4.00	m	7.60
De20		立管:15.80-12.20=3.60 支管:[(0.65-0.25)+0.6+2.6+(0.45-0.25)+(1.00-0.25)]×5=22.75	m	26.35
冷水管 De50	JL-2、JL-3	水平管:0.7×2 =1.40 立管:[(8.60+0.30)+0.50]×2=18.80	m	20.20
De40		立管:(12.20-8.60)×2 =7.20 支管:[(1.00-0.50)+1.0]×5×2 =15.00	m	22.20
De32		立管:(15.80-12.20)×2 =7.20 支管:2.4×5×2 =24.00	m	31.20
冷水管 De40	JL-4	水平管:5.00 立管:(18.60+0.30)(系统图)+0.65(详图)=19.55	m	24.55
De25		支管:[(0.65-0.25)+0.6+(1.00-0.25)+4.0]×5 =28.75	m	28.75
De20		支管:[(0.45-0.25)+3.6+2.5]×5 =31.50	m	31.50
(2)女更衣室	三层引出的支管			
De40	三层平面图	水平管:5.40	m	5.40
De32	三层平面图 给水系统图	水平管:11.00 立管:(12.20-8.60)×2=7.20	m	18.20
De25 De20		支管:5.00 m 支管:19.00 m		
De40	JL-4 接屋顶热水箱	屋面水平管:20.50(保温)	m	20.50
(3)男淋浴、夹层女淋浴	J/4,JL-6			
De40		水平管:2.50 立管:18.60+1.15=19.75 屋面水平管(接屋顶热水箱):11.50(保温)	m	33.75

续表

分部分项工程名称	位　置	计算式	计量单位	数量
De32 De25 De15		支管:10.00 支管:3.20 支管:1.80	m	
De32 De15	夹层女淋浴	支管:8.60 支管:1.20	m	
(4)厨房			m	
De32	J/2,JL-7	水平管:2.50 立管:7.75 +1.15 =8.90　　支管:11.50	m	22.90
De25	J/2,JL-7	支管:3.60	m	3.60
De40	J/3,JL-8	水平管:1.80　　立管:7.75 +1.15 =8.90	m	10.70
De32	J/3,JL-8	支管:29.50	m	29.50
De25	J/3,JL-8	支管:16.50	m	16.50
(5)小计		De70　10.15　　De25　64.65 De50　20.20　　De20　76.85 De40　117.10　　De15　3.00 De32　131.75	m	
(6)阀门		闸阀 Z45T-10DN80　1个　截止阀 DN32　9个 截止阀 DN40　　1个　截止阀 DN25　23个		
(7)套管		套管长度:		
刚性防水套管 DN100 穿楼板套管 DN80 穿楼板套管 DN65 穿楼板套管 DN50 穿楼板套管 DN40 穿楼板套管 DN32		1个 0.16×7个=1.12 m 0.16×18个=2.88 m 0.16×4个=0.64 m 0.16×1个=0.16 m 0.16×1个=0.16 m		
(8)其他				
管道冲洗 DN100 以内			m	423.70
管道保温	管道长 32.00 m	保温厚度 $\delta=50$　DN40:32.00 ÷100 ×1.55 =0.50	m^3	0.50
二、热水系统				
塑钢管 De50	RL-1	水平管: 18.80(屋顶平面) 立管:18.60 -15.80 +0.45(热水系统图) =3.25	m	22.05
De40		立管:15.80 -5.00(热水系统图) =10.80 水平管: 22.40(二层平面) +12.30(厨房平面) =32.70	m	43.50
De32		支管: 11.10(厨房平面)	m	11.10
De25		支管: 16.80(四层平面) 支管: 64.90(厨房平面)	m	81.70
De20		支管: 5.20(四层平面) 支管: 13.30(厨房平面)	m	18.50

续表

分部分项工程名称	位　置	计算式	计量单位	数量
De15		支管：19.60(四层平面)	m	19.60
塑钢管 De20	RHL-1	水平管：19.50(屋顶平面) 立管:18.60 - 5.00(热水系统图) = 13.60 支管：22.40(二层平面) + 18.60(厨房平面) = 41.00	m	74.10
De15		支管：12.90(四层平面)	m	12.90
塑钢管 De50	RL-2	水平管：12.20(屋顶平面) 立管:18.60 - 2.15 + 0.45(热水系统图) = 16.90	m	29.10
De32		支管：4.50(夹层平面) + 2.15(热水系统图) + 4.3(底层平面) = 10.95	m	10.95
De25		支管：7.40(底层平面)	m	7.40
De15		支管：1.00(夹层平面) + 1.8(底层平面) = 2.80	m	2.80
塑钢管 De20	RHL-2	12.80(屋顶平面) + 18.6(立管) + 0.5(底层平面) = 31.90	m	31.90
小计		塑钢管 De50　51.15　截止阀 DN20　2 个 塑钢管 De40　43.50　截止阀 DN25　9 个 塑钢管 De32　22.05　截止阀 DN32　1 个 塑钢管 De25　89.10 塑钢管 De20　124.50 塑钢管 De15　35.30	m	
套管 DN70 套管 DN65 套管 DN32		套管长度:0.16 × 7 个 = 1.12 m 0.16 × 3 个 = 0.48 m 0.16 × 10 个 = 1.60 m		
管道冲洗 DN100 以内			m	365.95
管道保温	屋顶明露管道	保温厚度 $\delta = 50$　DN40:63.30 ÷ 100 × 1.55 = 0.98	m^3	0.98
热水箱			只	2
		三、排水系统		
(1)PL1				
塑料管 De63	一层平面图 排水系统图	埋地管:6.80 立管:18.6 + 0.90 + 0.75 = 20.25 支管:(1.2 + 1.8 + 0.5) × 4(详图) = 14.00	m	41.05
De50 De32		支管：0.5 × 4(登高管) = 2.00 m 支管：0.5 × 4 = 2.00 m		
防水套管 DN80			个	1
(2)PL2,PL3				
塑料管 De160	一层平面图 排水系统图	埋地管:6.40 × 2 = 12.80	m	12.80
De110		立管:(18.6 + 0.90 + 0.75) × 2 = 40.50 支管:{3.5 + 0.4 × 3(支管) + 0.5 × 4} × 4 × 2 = 53.60	m	94.10
防水套管 DN150			个	2

续表

分部分项工程名称	位　置	计算式	计量单位	数量
(3)PL4				
塑料管 De160	一层平面图 排水系统图	埋地管:6.80 立管:18.6 +0.90 +0.75 =20.25	m	27.05
De90 De63 De50 De32		支管:3.6×4(详图) =14.40 支管:(1.8 +0.5×4)×4(详图) =15.20 支管: 0.5×4(详图) =2.00 支管: 0.5×4 =2.00	m	
塑料管 De160	四层平面图 排水系统图	13.60	m	13.60
De110		立管:18.6 -12.20 +0.30 =6.70 支管:2.9 + (1.8 +3.2)×4 =22.90	m	29.60
De50 De32		支管: 0.5×4 =2.00 m 支管: 0.5×4 =2.00 m		
防水套管 DN200			个	1
(4)PL5				
塑料管 De110	一层平面图 排水系统图	埋地管:3.50 立管:18.6 +0.90 +0.75 =20.25 支管:3.8 +0.3×4 =5.00	m	28.75
De100		支管: 0.5×4 (登高管) =2.00	m	2.00
防水套管 DN150			个	1
(5)PL6				
塑料管 De63	一层平面图 排水系统图	埋地管:7.50 立管:18.6 -0.00 +0.75 =19.35 支管:3.50(到每层的喷淋末端)	m	30.35
防水套管 DN80			个	1
(6)PL7				
塑料管 De110	厨房平面图 排水系统图	埋地管:3.30 立管:12.2 +0.90 +2.00 =15.10 支管:11.1 +2.60 +2.90 =16.60 (厨房平面)	m	35.00
De100 De90 De63		支管: 0.5×3 (登高管) =1.50 支管: 1.10 支管: 0.5×2 (登高管) =1.00	m	
防水套管 DN150			个	1
(7)PL8				
塑料管 De110	厨房平面图 排水系统图	埋地管:3.00 立管:12.2 +0.90 +2.00 =15.10 支管:6.50 +16.90 +0.50 =23.90 (厨房平面)	m	42.00
De100 De90 De63		支管:3.90 +0.50×4(登高管) =5.90 支管:1.50 +4.40 =5.90 支管:4.70 +0.5×7 +0.5×2(登高管) =9.20	m	

续表

分部分项工程名称	位　置	计算式	计量单位	数量
防水套管 DN150			个	1
(8)PL9 ~ PL13				
塑料管 De63 塑料管 De50	排水系统图	立管:(12.2 - 0.00) ×5 = 61.00 支管:{(1.00 + 0.30 ×2) ×3} ×5 = 24.00	m	
防水套管 DN80			个	5
(9)P/1				
塑料管 De90 塑料管 De50 塑料管 De32	一层平面图 排水系统图	埋地管:7.90 支管:1.00 ×5(登高管) = 5.00 支管:1.00	m	
防水套管 DN125			个	1
(10)P/2, P/3				
塑料管 De160 塑料管 De110	一层平面图 排水系统图	埋地管:4.90 ×2 = 9.80 支管:1.00 ×4(登高管) ×2 = 8.00	m	
防水套管 DN200			个	2
(11)P/4				
塑料管 De63 塑料管 De50 塑料管 De32	一层平面图 排水系统图	埋地管:7.90 支管:1.00 ×2(登高管) = 2.00 支管:1.00	m	
防水套管 DN80			个	1
(12)P/5				
塑料管 De110 塑料管 De100	一层平面图 排水系统图	埋地管:7.20 + 0.60 ×4 = 9.60 支管:1.00 ×4(登高管) = 4.00	m	
防水套管 DN150			个	1
(13)P/6				
塑料管 De110 塑料管 De100	一层平面图	埋地管:6.20 + 0.50 ×3 = 7.70 支管:1.00 ×3(登高管) = 3.00	m	
防水套管 DN150			个	1
(14)P/7				
塑料管 De63	一层平面图 排水系统图	埋地管:8.90 + (5.0 - 0.80 + 0.90) ×2 = 19.10	m	19.10
防水套管 DN80			个	1
(15)小计		De160　63.25 m　地漏 DN50　17 个 De110　254.75 m　地漏 DN100　12 个 De100　16.40 m　清扫口 De110　10 个 De90　23.40 m　洗涤池　21 组 De63　184.80 m　洗手池　10 组 De50　37.00 m　蹲式大便器　30 组 De32　8.00 m　小便器　15 组 防水套管 DN200　3 个　浴盆　4 组 防水套管 DN150　7 个　坐便器　4 组 防水套管 DN125　1 个　洗脸盆　4 组 防水套管 DN80　9 个　淋浴器　11 组		

5.6 给排水工程工程量清单计价编制实例

工程量清单计价采用综合单价法计价,并遵循工程量清单计价的原则。本节仍以5.5节工程为实例,说明工程量清单计价的编制方法和编制步骤。

工程量按《工程量清单计价规范》规定的计算。因本例涉及的项目中工程量计算规则与定额计价工程量计算规则基本相同,所以不再单独列出工程量计算表,可参见5.5节工程量计算表。主材费的计算也可参见5.5节相应列表。

1)分部分项工程量清单

工程名称:物流中心办公综合楼(给排水)　　　　第____页共____页

序号	项目编码	项目名称	计量单位	工程数量
1	031001006001	聚丙烯管 De15	m	3.00
2	031001006002	聚丙烯管 De20	m	76.85
3	031001006003	聚丙烯管 De25	m	64.65
4	031001006004	聚丙烯管 De32	m	131.75
5	031001006005	聚丙烯管 De40	m	117.10
6	031001006006	聚丙烯管 De50	m	20.20
7	031001006007	聚丙烯管 De70	m	10.15
8	031001007001	塑钢管 De15	m	35.30
9	031001007002	塑钢管 De20	m	124.50
10	031001007003	塑钢管 De25	m	89.10
11	031001007004	塑钢管 De32	m	22.05
12	031001007005	塑钢管 De40	m	43.50
13	031001007006	塑钢管 De50	m	51.15
14	031001006008	UPVC 塑料排水管 De32	m	8.00
15	031001006009	UPVC 塑料排水管 De50	m	37.00
16	031001006010	UPVC 塑料排水管 De63	m	184.80
17	031001006011	UPVC 塑料排水管 De90	m	23.40
18	031001006012	UPVC 塑料排水管 De100	m	16.40
19	031001006013	UPVC 塑料排水管 De110	m	254.80
20	031001006014	UPVC 塑料排水管 De160	m	63.25
21	031003001001	截止阀 DN20	个	2
22	031003001002	截止阀 DN25	个	32
23	031003001003	截止阀 DN32	个	10
24	031003001004	截止阀 DN40	个	1
25	031003002001	闸阀 Z45T-10DN80	个	1

续表

序号	项目编码	项目名称	计量单位	工程数量
26	031004001001	浴　盆	组	4.0
27	031004003001	洗脸盆	组	4.0
28	031004003002	洗手池	组	10.0
29	031004004001	洗涤池	组	21.0
30	031004010001	淋浴器(钢管冷热水)	组	11.0
31	031004006001	蹲式大便器	组	30.0
32	031004006002	坐便器	组	4.0
33	031004007001	小便器	组	15.0
34	031006017001	热水箱	只	2
35	031004014001	地漏 DN50	个	17.0
36	031004014002	地漏 DN100	个	12.0
37	031004014003	清扫口 De110	个	10.0

2)分部分项工程量清单计价表

工程名称:物流中心办公综合楼(给排水)　　　　第____页共____页

序号	项目编码	项目名称	计量单位	工程数量	金额/元	
					综合单价	合价
1	031001006001	聚丙烯管 De15	m	3.00	11.488	34.46
2	031001006002	聚丙烯管 De20	m	76.85	11.493	883.24
3	031001006003	聚丙烯管 De25	m	64.65	10.469	676.82
4	031001006004	聚丙烯管 De32	m	131.75	10.645	1 402.48
5	031001006005	聚丙烯管 De40	m	117.10	12.535	1 467.85
6	031001006006	聚丙烯管 De50	m	20.20	15.417	311.42
7	031001006007	聚丙烯管 De70	m	10.15	16.041	162.82
8	031001007001	塑钢管 De15	m	35.30	2.499	88.21
9	031001007002	塑钢管 De20	m	124.50	2.499	311.13
10	031001007003	塑钢管 De25	m	89.10	2.78	247.70
11	031001007004	塑钢管 De32	m	22.05	2.792	61.56
12	031001007005	塑钢管 De40	m	43.50	3.057	132.98
13	031001007006	塑钢管 De50	m	51.15	16.647	851.49
14	031001006008	UPVC 塑料排水管 De32	m	8.00	8.129	65.03
15	031001006009	UPVC 塑料排水管 De50	m	37.00	8.129	300.77
16	031001006010	UPVC 塑料排水管 De63	m	184.80	14.798	2 734.67
17	031001006011	UPVC 塑料排水管 De90	m	23.40	17.77	415.82
18	031001006012	UPVC 塑料排水管 De100	m	16.40	20.527	336.64

续表

序号	项目编码	项目名称	计量单位	工程数量	金额/元	
					综合单价	合价
19	031001006013	UPVC 塑料排水管 De110	m	254.80	26.541	6 762.65
20	031001006014	UPVC 塑料排水管 De160	m	63.25	29.727	1 880.23
21	031003001001	截止阀 DN20	个	2	7.23	14.46
22	031003001002	截止阀 DN25	个	32	9.35	299.20
23	031003001003	截止阀 DN32	个	10	12.17	121.70
24	031003001004	截止阀 DN40	个	1	19.22	19.22
25	031003002001	闸阀 Z45T-10DN80	个	1	151.17	151.17
26	031004001001	浴盆	组	4.0	54.935	219.74
27	031004003001	洗脸盆	组	4.0	94.563	378.25
28	031004003002	洗手池	组	10.0	24.914	249.14
29	031004004001	洗涤池	组	21.0	69.29	1 455.09
30	031004010001	淋浴器(钢管冷热水)	组	11.0	60.971	670.68
31	031004006001	蹲式大便器	组	30.0	56.126	1 683.78
32	031004006002	坐便器	组	4.0	62.158	248.63
33	031004007001	小便器	组	15.0	121.03	1 815.45
34	031006017001	热水箱	只	2	276.52	553.04
35	031004014001	地漏 DN50	个	17.0	8.538	145.15
36	031004014002	地漏 DN100	个	12.0	19.509	234.11
37	031004014003	清扫口 De110	个	10.0	5.177	51.77
	合　计					27 438.56

3)分部分项工程人工费计价表

序号	项目编码	项目名称	计量单位	工程数量	金额/元	
					人工费单价	人工费合价
1	031001006001	聚丙烯管 De15	m	3.00	3.167	9.501
2	031001006002	聚丙烯管 De20	m	76.85	3.167	243.38
3	031001006003	聚丙烯管 De25	m	64.65	5.429	350.98
4	031001006004	聚丙烯管 De32	m	131.75	5.507	725.55
5	031001006005	聚丙烯管 De40	m	117.10	6.443	754.48
6	031001006006	聚丙烯管 De50	m	20.20	6.703	135.40
7	031001006007	聚丙烯管 De70	m	10.15	6.365	64.60
8	031001007001	塑钢管 De15	m	35.30	1.274	44.97
9	031001007002	塑钢管 De20	m	124.50	1.274	158.61
10	031001007003	塑钢管 De25	m	89.10	1.404	125.10

续表

序号	项目编码	项目名称	计量单位	工程数量	金额/元	
					人工费单价	人工费合价
11	031001007004	塑钢管 De32	m	22.05	1.404	30.96
12	031001007005	塑钢管 De40	m	43.50	1.768	76.91
13	031001007006	塑钢管 De50	m	51.15	4.483	229.31
14	031001006008	UPVC 塑料排水管 De32	m	8.00	3.978	31.82
15	031001006009	UPVC 塑料排水管 De50	m	37.00	3.978	147.19
16	031001006010	UPVC 塑料排水管 De63	m	184.80	6.263	1 157.40
17	031001006011	UPVC 塑料排水管 De90	m	23.40	7.022	164.31
18	031001006012	UPVC 塑料排水管 De100	m	16.40	7.730	126.77
19	031001006013	UPVC 塑料排水管 De110	m	254.80	10.525	2 681.77
20	031001006014	UPVC 塑料排水管 De160	m	63.25	11.365	718.84
21	031003001001	截止阀 DN20	个	2	2.60	5.20
22	031003001002	截止阀 DN25	个	32	3.12	99.84
23	031003001003	截止阀 DN32	个	10	3.90	39.00
24	031003001004	截止阀 DN40	个	1	6.50	6.50
25	031003002001	闸阀 Z45T-10DN80	个	1	17.16	17.16
26	031004001001	浴盆	组	4.0	23.296	93.18
27	031004003001	洗脸盆	组	4.0	16.926	67.70
28	031004003002	洗手池	组	10.0	6.76	67.60
29	031004004001	洗涤池	组	21.0	15.454	324.53
30	031004010001	淋浴器(钢管冷热水)	组	11.0	14.56	160.16
31	031004006001	蹲式大便器	组	30.0	14.976	449.28
32	031004006002	坐便器	组	4.0	20.878	83.51
33	031004007001	小便器	组	15.0	12.792	191.88
34	031006017001	热水箱	只	2	143.52	287.04
35	031004014001	地漏 DN50	个	17.0	4.16	70.72
36	031004014002	地漏 DN100	个	12.0	9.698	116.38
37	031004014003	清扫口 De110	个	10.0	3.12	31.20
	合　计					10 088.75

4)措施项目清单计价表

序　号	项目名称	金额/元
1	脚手架搭拆费(10 088.75 ×5%)	504.44
2	现场安全文明施工措施费(132 463.86 ×1.6%)	2 119.42
3	临时设施费(132 463.86 ×1%)	1 324.64

续表

序　号	项目名称	金额/元
4	检验试验费(132 463.86 ×0.15%)	198.70
	合　计	4 147.20

5)其他项目清单计价表

序　号	项目名称	计量单位	金额/元	备　注
1	暂列金额			
2	暂估价			
2.1	材料暂估价			
2.2	专业工程暂估价			
3	计日工			
4	总承包服务费			
	合　计			

6)单位工程费用汇总表

序号	项目名称	金额/元
1	分部分项工程量清单计价合计	132 463.86
	其中:主材费	105 025.3
2	措施项目清单计价合计	4 147.20
3	其他项目清单计价合计	0.00
4	规　费	3 784.12
	①建筑安全监督管理费　(132 463.86 +4 147.20) ×0.19%	259.56
	②社会保障费　(132 463.86 +4 147.20) ×2.2%	3 005.44
	③住房公积金　(132 463.86 +4 147.20) ×0.38%	519.12
5	税　金	4 829.59
6	合　计	145 224.74

7)分部分项工程量清单综合单价分析表(部分)

序号	项目编码	项目名称	工程内容	定额编号	单位	数量	综合单价	综合单价组成				
								人工费	材料费	机械费	管理费	利润
1	031001006003	聚丙烯管 De25			m		10.469	5.429	1.47	0.259	2.552	0.76
			①管道及管件的制作、安装,管架安装,水压试验	8-补12	10 m		64.60	34.06	9.17	0.59	16.01	4.77
			②穿楼板套管制作安装 DN32	8-23	10 m		34.98	18.46	3.26	2.00	8.68	2.58
			③给水管道消毒冲洗 DN100 以内	8-231	10 m		5.114	1.768	2.267		0.831	0.248
2	031001006014	UPVC 塑料排水管 De160			m	63.25	29.727	11.365	9.759	1.669	5.342	1.591
			①管道及管件的制作、安装,管架安装,水压试验	8-158	10 m	6.325	171.29	85.02	33.99	0.42	39.96	11.90
			②刚性防水套管制作 DN200 以内	6-2950	个	3	159.80	36.74	66.34	34.31	17.27	5.14
			③刚性防水套管安装 DN200 以内	6-2964	个	3	105.81	23.63	67.76		11.11	3.31
		合　价	①数量×单价				1 083.41	537.75	214.99	2.66	252.75	75.27
			②数量×单价				479.4	110.22	199.02	102.93	51.81	15.42
			③数量×单价				317.43	70.89	203.28		33.33	9.93
		小　计					1 880.24	718.86	617.29	105.59	337.89	100.62
		每米综合单价及组成	小计值/63.25				29.727	11.365	9.759	1.669	5.342	1.591

5.7 采暖工程施工图预算编制实例

本工程为五层混合结构单身宿舍楼,采暖工程施工图详见图5.22~图5.26。

1)施工说明

①本设计采用低压蒸汽采暖,供汽压力0.07 MPa(温度115 ℃),总热负荷90 kW。

②散热器采用铝串片散热器。采暖系统及散热器安装参见采暖通风国家标准图集《采暖系统及散热器安装》和厂家产品说明书。

③与散热器相连的所有凝水支管及图中未注明的供汽支管均为DN15。

④管材采用水煤气输送钢管,管径≤DN32的采用丝接,管径>DN32的采用焊接。

⑤管道在没有固定支架处每隔3~5 m装一活动支架,垂直管道用管卡固定,固定支架、活动支架及管卡的施工详见《建筑设备施工安装图册》第1册CN33,CN34。

⑥供汽总立管、水平干管及暗装管道均需保温,保温层采用矿渣棉,其结构与做法详见《建筑设备施工安装图册》CN44。非保温管道表面刷1遍红丹防锈漆及2遍银粉。

⑦疏水器安装详见《建筑设备施工安装图册》第1册CN39(1),减压阀连接参见CN38。

⑧管道穿墙、穿楼板处要加套管,具体做法参见《建筑设备施工安装图册》第1册CN42,所有预埋件请配合土建进行预埋。

⑨管道安装完毕后,应以0.25 MPa的水压进行试验。

2)主要材料及设备用量

主要材料及设备用量见下表:

序号	名称	型号或规格	数量	单位	序号	名称	型号或规格	数量	单位
1	铝串片散热器	350×80×400	15	片	2	减压阀	Y43H-16 DN32	1	组
		350×80×500	14	片	3	双金属片疏水器	S17H-16 DN25	7	只
		350×80×600	3	片			SF-1 DN20	2	组
		350×80×700	6	片	4	闸阀	Z15T-10K DN15	2	只
		350×80×800	8	片	5	截止阀	J11T-16K DN15	51	只
		350×80×1000	2	片			J11T-16K DN20	12	只
		350×80×1300	5	片			J11T-16K DN25	4	只
		350×80×1400	3	片			J11T-16K DN32	7	只
		350×80×2000	4	片			J11T-16K DN40	1	只
					6	安全阀	A27W-10 DN32	1	只

3) 采暖工程施工图

图例	名称	图例	名称
	散热器		截止阀
	供汽管		压力表
	凝水管		热力入口编号
	固定支架		疏水器
	坡向		减压阀
$i=0.003$	坡度		立管编号
	安全阀		胀缩器
	过滤器		供汽立管
	闸阀		凝水立管

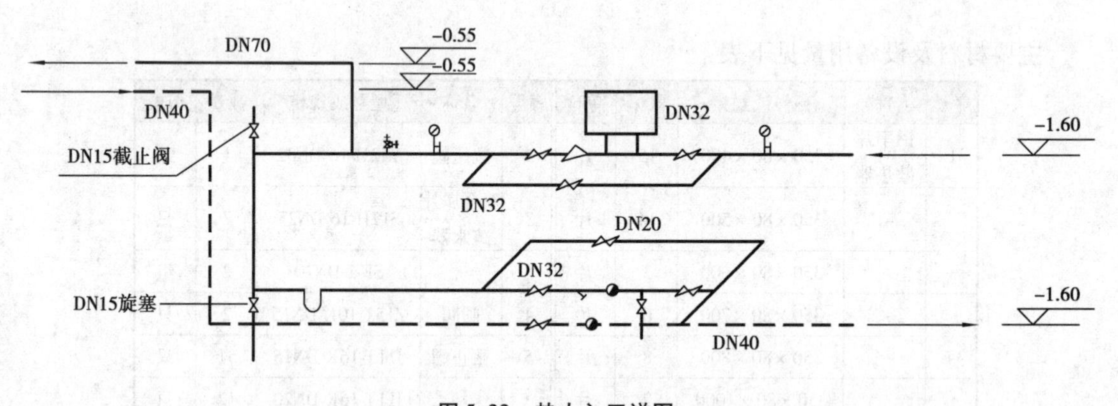

图 5.22　热力入口详图

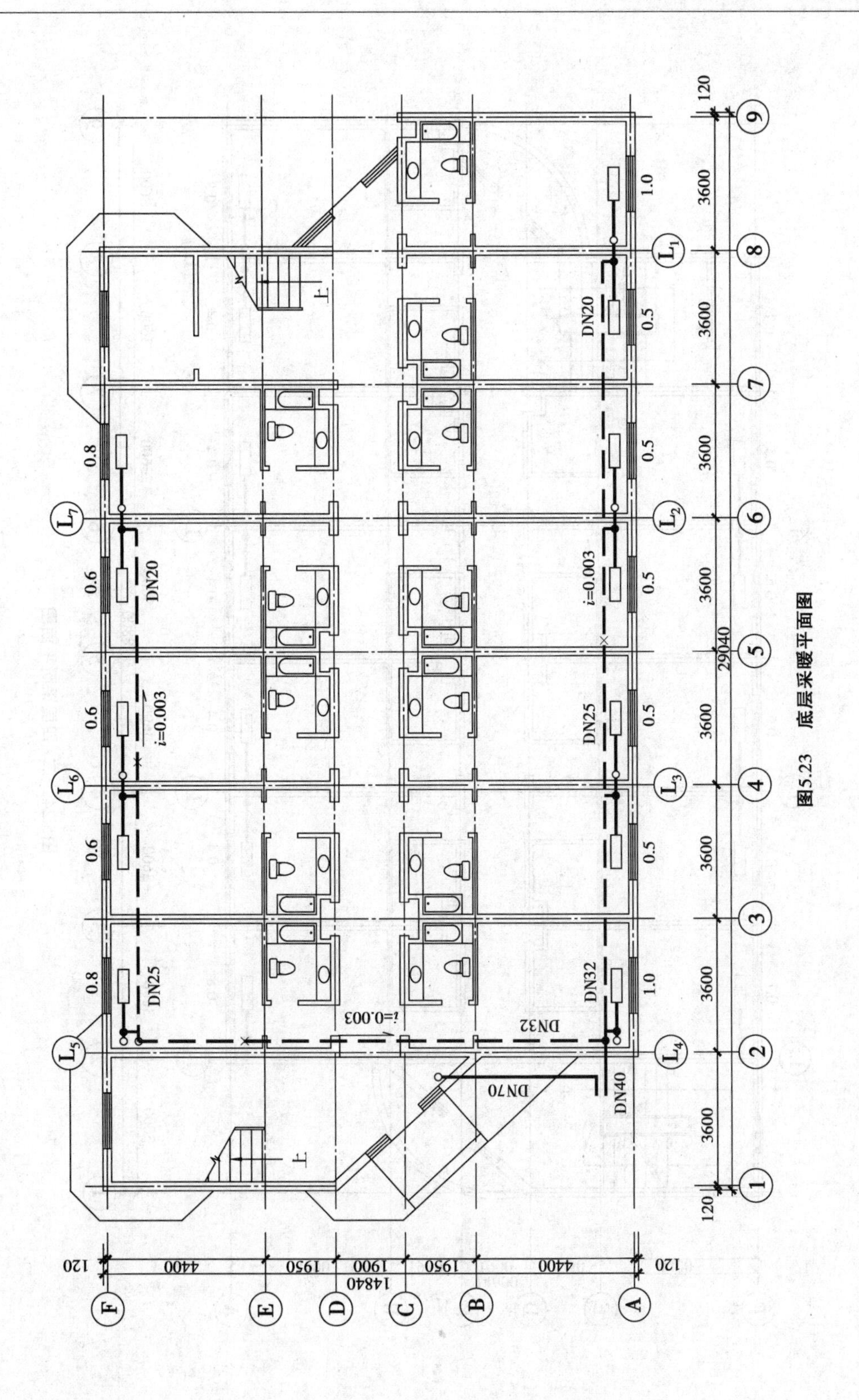

图5.23 底层采暖平面图

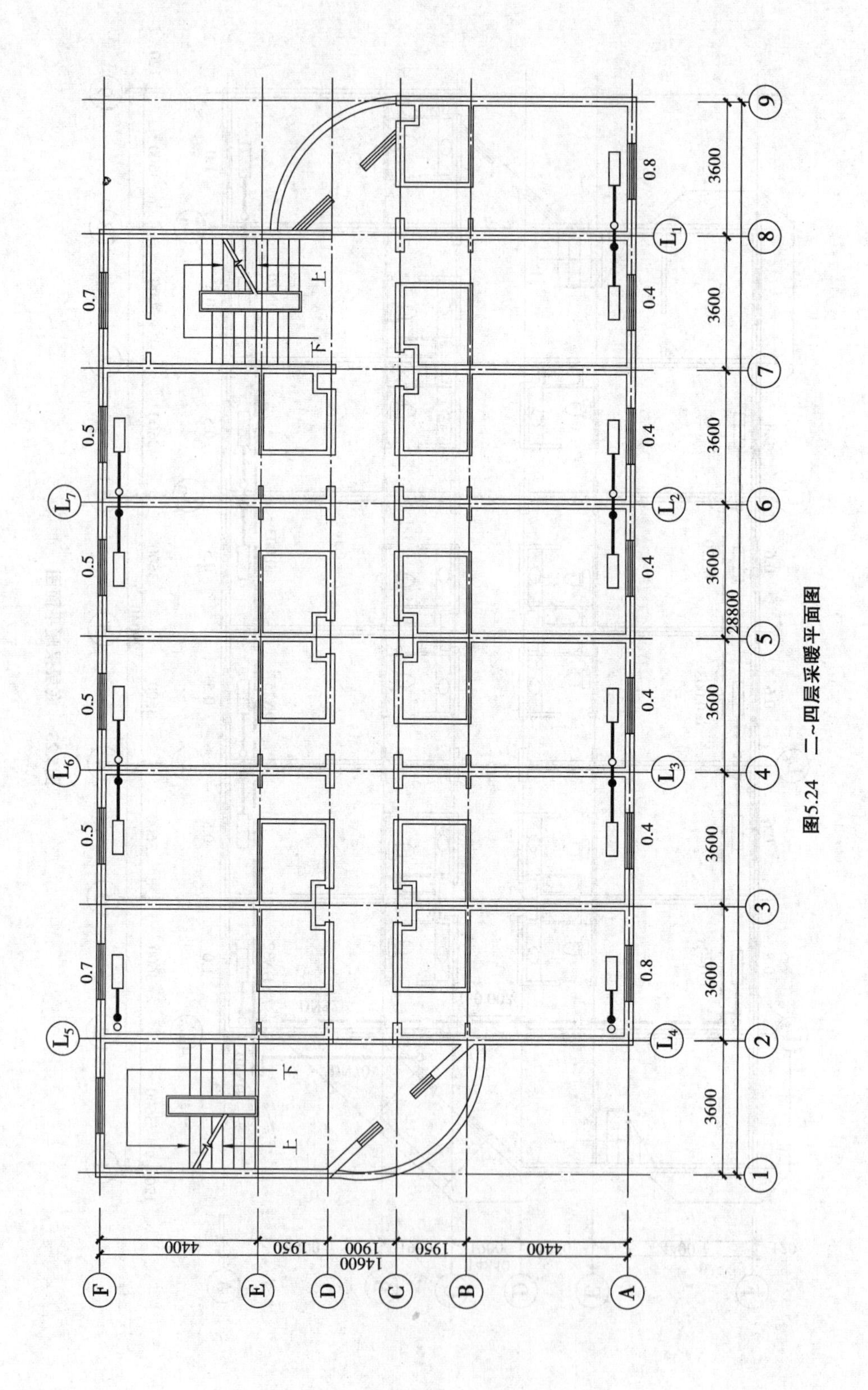

图5.24 二~四层采暖平面图

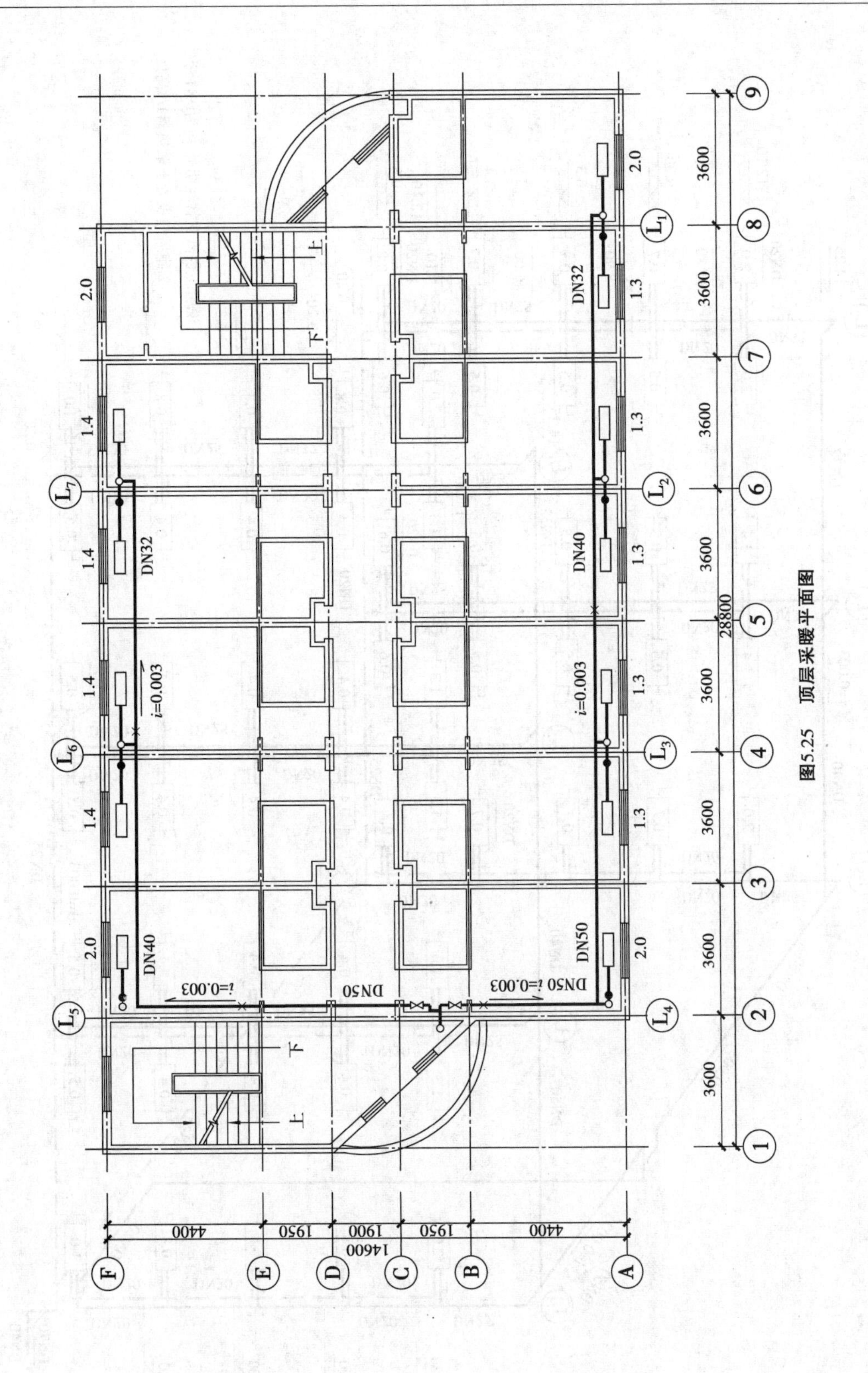

图5.25　顶层采暖平面图

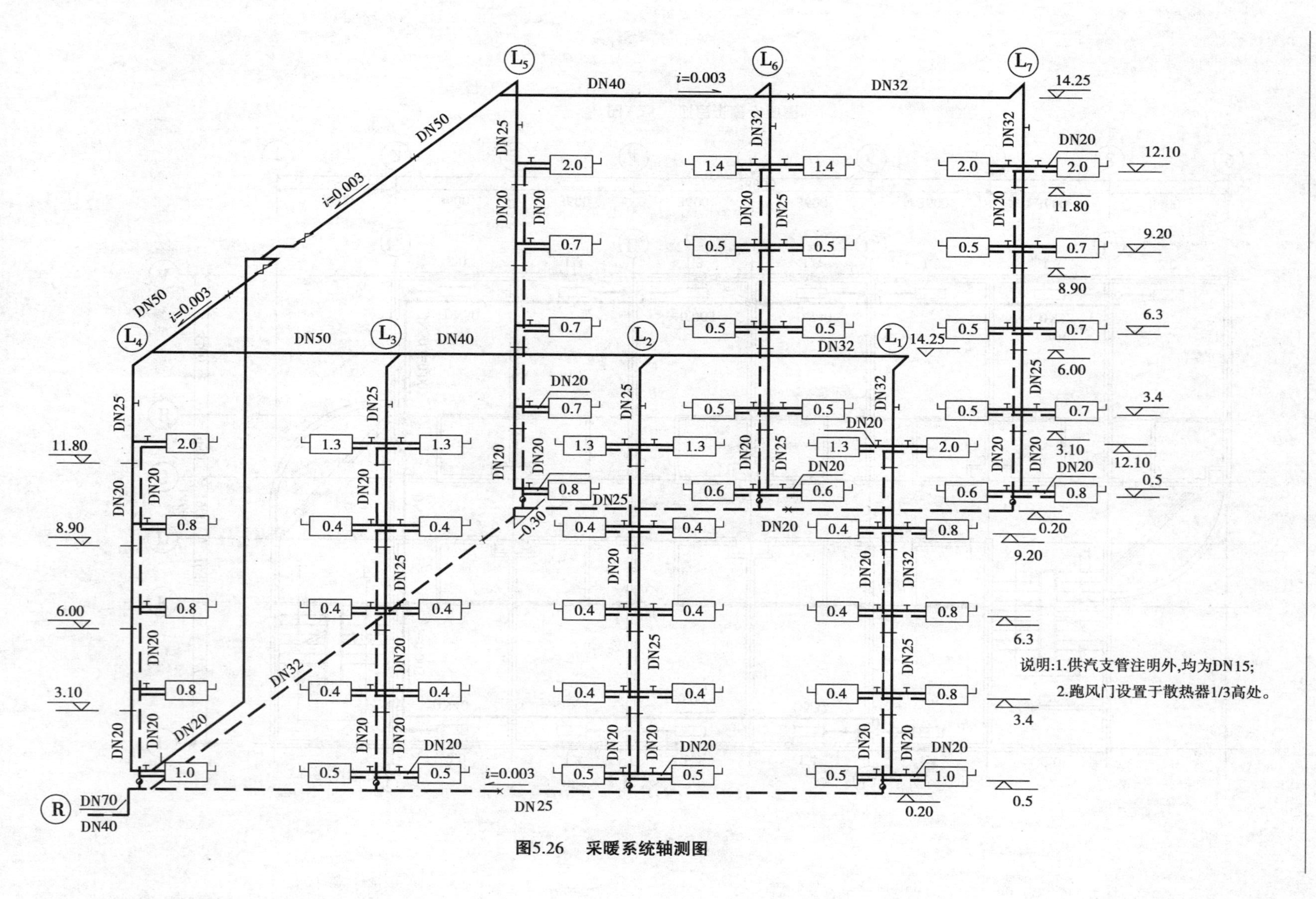

图5.26 采暖系统轴测图

4)施工图预算编制

(1)采暖工程施工图预算书封面(略)

(2)编制说明(略)

(3)安装工程预算表

工程预算表

序号	定额号	项目名称	单位	工程量	序号	定额号	项目名称	单位	工程量
1	8-517	铝串片散热器 350×80×400	片	15	24	8-330	减压阀 T43H-16 DN32	组	1
2	8-517	铝串片散热器 350×80×500	片	14	25	8-243	疏水器 S17H-16 DN25	个	7
3	8-517	铝串片散热器 350×80×600	片	3	26	8-344	疏水器 SF-1 DN20	组	2
4	8-517	铝串片散热器 350×80×700	片	6	27	8-23	室外钢管(焊接)DN≤32	10 m	2.71
5	8-517	铝串片散热器 350×80×800	片	8	28	8-24	室外钢管(焊接)DN40	10 m	0.5
6	8-517	铝串片散热器 350×80×1 000	片	2	29	8-25	室外钢管(焊接)DN50	10 m	0.3
7	8-518	铝串片散热器 350×80×1 300	片	5	30	8-26	室外钢管(焊接)DN65	10 m	0.2
8	8-518	铝串片散热器 350×80×1 400	片	3	31	8-27	室外钢管(焊接)DN80	10 m	0.3
9	8-518	铝串片散热器 350×80×2 000	片	4	32	8-28	室外钢管(焊接)DN100	10 m	0.1
10	8-302	手动放风阀 DN10	个	60	33	8-178	室内管道一般管架制作安装	100 kg	0.4
11	8-98	焊接钢管 DN15	10 m	16.29	34	11-51	管道刷防锈漆第1遍	10 m^2	3.47
12	8-99	焊接钢管 DN20	10 m	15.25	35	11-51	管道刷防锈漆第1遍	10 m^2	1.64
13	8-100	焊接钢管 DN25	10 m	5.17	36	11-52	管道刷防锈漆第2遍	10 m^2	1.64
14	8-101	焊接钢管 DN32	10 m	5.25	37	11-56	管道刷银粉漆第1遍	10 m^2	3.47
15	8-110	焊接钢管 DN40	10 m	1.82	38	11-57	管道刷银粉漆第2遍	10 m^2	3.47
16	8-111	焊接钢管 DN50	10 m	2.08	39	11-119	金属结构一般钢结构刷防锈漆第1遍	100 kg	0.4
17	8-112	焊接钢管 DN65	10 m	2.3	40	11-122	金属结构一般钢结构刷银粉漆第1遍	100 kg	0.4
18	8-241	截止阀 J11T-16K DN15	个	51	41	11-123	金属结构一般钢结构刷银粉漆第2遍	100 kg	0.4
19	8-242	截止阀 J11T-16K DN20	个	10	42	11-242	玻璃布白布面刷冷底子油第1遍	10 m^2	3.19
20	8-243	截止阀 J11T-16K DN25	个	4	43	11-1687	硬质瓦块安装管道 ϕ<57 mm	m^3	0.41
21	8-244	截止阀 J11T-16K DN32	个	3	44	11-1688	硬质瓦块安装管道 ϕ<57 mm	m^3	0.23
22	8-245	截止阀 J11T-16K DN40	个	1	45	11-2153	防潮层保护层安装玻璃布管道	10 m^2	3.19
23	8-246	闸阀 Z15T5-10K DN50	个	2	46	11-2159	防潮层保护层安装油毡纸管道	10 m^2	3.19

(4)工程量计算表

工程量计算表

建设单位:＿＿＿＿＿＿　　　　　　　　　　　　　　第＿＿＿＿页 共＿＿＿＿页

单位工程:＿＿＿＿＿＿　　　　　　　　　　　　　　＿＿＿＿年＿＿＿＿月＿＿＿＿日

分部分项工程名称	轴线位置	计算式	计量单位	数量
		(一)采暖导管(干管)计算		
		热力人口		
		DN65		
		水平管:2.2+4.5=6.70		
		立管:14.25+1.60=15.85		
		顶层水平管:0.45		
		计:23 m		
		供汽管由顶层平面图量测:		
		DN50　13.6+7.20=20.8		
		DN40　7.2×2=14.40		
		DN32　7.2×2=14.40		
		凝水管由底层平面图量测:		
		DN40　2.0+1.6+0.2=3.80		
		DN32　6.30+13.40+0.3=20.0		
		DN25　6.30+7.20=13.50		
		DN20　7.20×2=14.40		
		小计:DN65	m	23.00
焊接钢管		DN50	m	20.80
		DN40	m	18.20
		DN32	m	34.40
		DN25	m	13.50
		DN20	m	14.40
		(二)立管计算		
		供汽管:		
		炉片进水口距地面高度、灯叉弯、抱弯		
	L_1	DN32　14.24-6.00-0.60+0.2+0.1×2=8.04		
		DN25　2.90+0.1=3.0		
		DN20　2.90+0.1=3.0		
	L_2	DN25　14.24-3.10-0.6+0.2+0.1×3=11.04		
		DN20　2.9+0.1=3.0		
	L_3	DN25　14.24-6.0-0.6+0.2+0.1×2=8.04		
		DN20　(2.9+0.1)×2=6.0		
	L_4	DN25　14.24-11.8-0.6+0.2=2.04		
		DN20　11.8+0.6-0.8+0.1×4=12.0		

续表

分部分项工程名称	轴线位置	计算式	计量单位	数量
	L_5	同 L_4		
		DN25 2.04		
		DN20 12.00		
		DN32 14.24 − 11.8 − 0.6 + 0.2 = 2.04		
		DN25 11.8 + 0.6 − 0.8 + 0.1 × 4 = 12.00		
	L_6 L_7	同 L_1		
		DN32 8.04		
		DN25 3.0		
		DN20 3.0		
		凝水管:(所有立管管径相同)		
		DN20 11.80 + 0.35 − 0.20 + 0.2 + 0.1 × 4 = 12.55		
		地面距炉片回水口高度		
		12.55 × 7 = 87.85		
		小计:DN32	m	18.12
		DN25	m	38.17
		DN20	m	126.85
		(三)支管计算		
		本工程炉片均居窗中安装,其支管可按下面公式计算:		
		$M = a + b - c$		
		式中:M 为支管长,a 为轴线至窗边尺寸		
		b 为$\frac{1}{2}$窗宽,c 为$\frac{1}{2}$炉片长		
		供汽管支管		
	L_1	DN20		
		底层:$M = 1.05 + 1.5 \div 2 - 1.0 \div 2 + 0.1 = 1.40$		
		二层:$M = 1.05 + 0.75 - 0.4 + 0.1 = 1.50$		
		五层:$M = 1.05 \times 2 + 1.5 - 1.0 - 0.65 + 0.1 \times 2 = 2.15$		
	L_4	底层:$M = 1.05 - (0.12 + 0.10) + 0.75 - 0.5 + 0.1 = 1.18$	m	
		式中:0.12 为半砖墙厚,0.10 为立管距墙边尺寸		
		二层:$M = 1.05 - (0.12 + 0.10) + 0.75 - 0.4 + 0.1 = 1.28$		
	L_5	底层:$M = 1.05 - (0.12 + 0.10) + 0.75 - 0.4 + 0.1 = 1.28$		
		二层:$M = 1.05 - (0.12 + 0.10) + 0.75 - 0.35 + 0.1 = 1.33$		
	L_7	底层:$M = 1.05 + 0.75 - 0.4 + 0.1 = 1.50$		
		顶层:$M = 1.05 + 0.75 - 1.0 + 0.1 = 0.90$		
		小计:11.24 m		
		DN15		
	L_1	底层:$M = 1.05 + 0.75 - 0.25 + 0.1 = 1.65$		
		二层:$M = 1.05 + 0.75 - 0.2 + 0.1 = 1.70$		

续表

分部分项工程名称	轴线位置	计算式	计量单位	数量
		三、四层:$M=(1.05\times2+1.5-0.4-0.2+0.1\times2)\times2$ $=6.40$		
	(L_2)	底层:$M=1.05\times2+1.5-0.5+0.1\times2=3.30$ 二~四层:$M=(1.05\times2+1.5-0.4+0.1\times2)\times3=10.2$ 顶层:$M=1.05+1.05+1.5-1.3+0.1\times2=2.50$		
	(L_3)	同(L_2) $3.30+10.20+2.50=16.0$		
	(L_4)	三、四层:$M=[1.05-(0.12+0.10)+0.75-0.4+0.1]\times2=2.56$ 顶层:$M=1.05-(0.12+0.10)+0.75-1.0+0.1=0.68$		
	(L_5)	三、四层: $M=[1.05-(0.12+1.10)+0.75-0.35+0.1]\times2=2.66$ 顶层:$M=0.68$		
	(L_6)	底层:$M=2\times1.05+1.5-0.6+0.1\times2=2.80$ 二~四层:$M=(2\times1.05+1.5-0.5+0.1\times2)\times3=9.90$ 顶层:$M=2\times1.05+1.5-1.4+0.1\times2=2.40$		
	(L_7)	底层:$M=1.05+0.75-0.3+0.1=1.60$ 二~四层: $M=[2\times1.05+1.5-(0.35+0.25)+0.1\times2]\times3=9.60$ 顶层:$M=1.05+0.75-0.7+0.1=1.20$ 计:75.83 凝水管:均为 DN15,工程量同供汽支管, 即:$11.24+75.83=87.07$ 小计:DN20　11.24 DN15　$75.83+87.07=162.90$		
		总计:DN65	m	23.00
		DN50	m	20.80
		DN40	m	18.20
		DN32　$34.4+18.12=52.52$	m	52.52
		DN25　$13.5+38.17=51.67$	m	51.67
		DN20　$14.40+126.85+11.24=152.49$	m	152.49
		DN15	m	162.90
Z15T-10K DN50			个	2
J11T-16K DN15		50+1	个	51
J11T-16K DN20			个	10
J11T-16K DN25			个	4
J11T-16K DN32			个	3
J11T-16K DN40		热力入口	个	1
J11T-16K DN70		热力入口	个	1
减压阀 DN32		热力入口	组	1
减压阀 DN25			组	1

续表

分部分项工程名称	轴线位置	计算式	计量单位	数量
疏水器 DN20		热力入口	组	2
铝串片散热器		炉片长 400	片	15
		炉片长 500	片	14
		炉片长 600	片	3
		炉片长 700	片	6
		炉片长 800	片	8
		炉片长 1 000	片	2
		炉片长 1 300	片	5
		炉片长 1 400	片	3
		炉片长 2 000	片	4
穿墙套管（按比穿墙管管径大 2 号计）		(一)供汽干管		
		墙厚加 0.04 m		
		DN80　8 处　0.28×8＝2.24		
		DN65　4 处　0.28×4＝1.12		
		DN50　4 处　0.28×4＝1.12		
		(二)凝水干管		
		DN32　4 处　0.28×4＝1.12		
		DN40　3 处　0.28×3＝0.84		
		DN50　1 处　0.28		
		DN65　1 处　0.28		
		(三)总供汽管		
		DN100　1 处　0.28		
		(四)支管		
		DN32　2 处　0.28×2＝0.56		
		DN25　48 处　0.28×48＝13.44		
		(五)穿楼板套管		
		DN32　40 处　0.30×40＝12		
		DN40　12 处　0.30×12＝3.6		
		DN50　4 处　0.30×4＝1.2		
		计:DN100	m	0.30
		DN80	m	2.24
		DN65	m	1.40
		DN50	m	2.60
		DN40	m	4.44
		DN32	m	13.68
		DN25	m	13.44

续表

分部分项工程名称	轴线位置	计　算　式	计量单位	数量
管道支架 制作安装		管径大于32 mm的管道应计算支架,本工程共需设25处 按每处0.4 m计,支架长度0.4×25=10 m 按图集选用支架为L50×5角钢 则工程是为:3.796 kg/m×10 m=37.69 kg≈0.04 t	t	0.04
管道矿棉保温层		由《建筑设备安装图册》CN44查得 保温层厚度:≤DN50　$\delta=25$　DN=70　$\delta=30$ DN65　0.23×0.99=0.23 DN50　0.21×0.67=0.14 DN40　0.18×0.58=0.10 DN32　0.23×0.53=0.17 计:0.64 其中:>DN50 　　<DN50	m^3 m^3	0.23 0.41
保温管道刷防锈漆二度		DN65　0.23×23.72=5.46 DN50　0.21×18.85=3.96 DN40　0.18×15.08=2.72 DN32　0.23×13.27=4.25 计:16.40	m^2	16.40
保护层: 油毡保护层 玻璃丝布保护层 玻璃丝布外刷冷底子油		按图集规定保温层外应用油毡及玻璃丝布做保护层,并在玻璃丝布上刷冷底子油1道 DN65　0.23×42.57=9.79 DN50　0.21×34.56=7.26 DN40　0.18×30.79=5.54 DN32　0.23×28.98=9.27 计:31.90	m^2	31.90
非保温管刷防锈漆1道,银粉2道		DN32　0.21×13.27=2.79 DN25　0.52×10.52=5.47 DN20　1.52×8.40=12.77 DN15　1.63×8.40=13.69 计:34.72	m^2	34.72
支架油漆			kg	40
散热器上放风阀			只	60
散热器托钩			副	60

思考题

5.1　简述建筑给水系统和排水系统的一般组成。

5.2　简述建筑采暖系统的组成。

5.3　阀门型号与套用定额有何关系？

5.4　试述给水工程和排水工程施工图的组成及其主要内容。怎样识读给排水工程施工图？

5.5　给排水工程的工程量计算应遵循哪些规则？

5.6　采暖工程与给排水工程的工程量计算规则有哪些相同之处和不同之处？

5.7　卫生器具的工程量计算有什么特点？

5.8　给排水、采暖工程工程量清单项目设置有哪些内容？

6

通风空调工程施工图预算

6.1　通风空调工程系统概述

6.1.1　通风空调系统的组成

通风空调系统形式是多样的，需综合考虑建筑物的用途、性质、环境品质的需求、技术经济的合理性等多方面的因素。建筑物的环境控制就是通过通风空调系统中的能量转换、热质传递、介质输配及调节控制等功能部件，应用通风空调技术来实现。

1）空气系统

空气系统主要是指在一般民用与工业建筑室内环境控制中，用空气这种介质来承担室内冷、热、湿负荷，并实现正常通风换气的各种通风系统或空气调节系统。空气系统按照空气驱动与处理设备的集中程度可以分为：集中式空调系统、半集中式空调系统和局部式空调系统。

空气系统主要由空气驱动与处理设备、风道、空气采集或分配构件（风口）、调节阀等组成。其中，空气驱动与处理设备是空气系统的核心部分，包括各种空调器、空调用风机盘管、通风机等。

2）水系统

暖通空调工程常采用冷热水做介质，通过水系统将冷、热源产生的冷、热量输送给换热器、空气处理设备等，并最终将这些冷热量供应至用户。按使用对象不同，暖通空调水系统可分为：热水系统、冷冻水系统、冷却水系统和冷凝水系统。

水系统的主要组成部分：冷热源（冷热水机组、热水锅炉等）、输配系统（水泵、供回水管道及附件）、末端设备（散热器、表冷器、空气加热器、风机盘管等）。

水系统主要有以下几种类型：重力循环和机械循环系统，闭式和开式系统，定水量和变水量系统，一次泵和二次泵系统。

水系统的管线结构常用的形式有单管式系统和多管式系统，同程式系统和异程式系统。

3）冷剂系统

冷剂系统是指直接利用制冷工质作为冷热传输介质，实现空气热湿处理，并满足室内供冷、供暖要求的空调系统。这种系统主要借制冷剂相变过程传递冷热量，能量效率较高，设备布置灵活，管道占用空间少。

目前，常用的系统形式是独立式空调机组方式和变频控制（VRV）系统。独立式空调机组由制冷系统、通风机、热交换器和控制装置等部件组成，空气的冷却、加热、去湿、加湿、过滤等处理都在一套紧凑的装置内完成。小容量机组一般无需配风管，以局部式系统形式加以应用。容量较大的机组则配设风道系统。变频控制（VRV）系统由室外机、室内机、冷媒管道系统和控制系统所组成。

6.1.2 通风空调工程施工图

1）风系统施工图

在施工图设计阶段，风系统设计文件应包括：图纸目录、设计与施工说明、设备表、平面图、剖面图、系统图和详图等。其中平面图包括建筑物各层的送风、回风、新风、除尘、防火排烟系统等的平面图。各平面图包括风管道、阀门、风口等平面布置，风管及风口尺寸，各种设备的定位尺寸，设备部件的名称规格等内容。剖面图标明风管、风口、设备等与建筑梁、板、柱、地面的尺寸关系，以及对应于平面图的管道、设备、零部件的尺寸、标高等。系统图则标注介质流向、管径和标高，设备、部件等的位置。

2）水系统施工图

水系统施工图主要包括：图纸目录、设计与施工说明、平面图、系统图、局部设施和详图等。其中平面图标明建筑物各层主要轴线编号，供回水管道平面布置，立管位置及编号，底层供回水管道进出口与轴线位置尺寸和标高。系统图标明管道走向、管径、坡度、进出口标高、各系统编号和室内外标高差等。当建筑物有局部供回水设施时，应有其平面、剖面及详图，或注明引用的详图、标准图等。

3）空调设备安装施工图

空调设备包括空调主机及末端设备。空调设备施工图包括以下内容：图纸目录、设计与施工说明、平面图、剖面图、系统图、流程图、设备和材料表等。其中：

①平面图：主要有制冷机房平面图，空调机房平面图，新风机组与末端设备平面图等，这些平面图中均标注设备的轮廓位置与编号，设备和基础距离墙或轴线的尺寸，以及管道附件的位置。

②剖面图：制冷机房、空调机房剖面图主要标注通风机、电动机、加热器、冷却器、风口及各种阀门部件的竖向位置及尺寸，以及制冷设备的竖向位置及尺寸等。

③系统图:应标注管道的管径、坡度、坡向及有关标高,设备、部件等的位置。

④流程图:将空气处理设备、通风管路、冷热源管路、自动调节及检测系统连接成一个整体的通风空调系统,表达了系统的工作原理及各环节的有机联系。

⑤设备和材料表:列出工程中所选用的设备和材料规格、型号、数量,作为建设单位采购、订货的依据。

6.2 通风空调工程安装工艺

6.2.1 风管安装工艺

1)风管材料

风管材料应坚固耐用,表面光滑,易于制造且价格便宜。可用作风管材料的有钢板、不锈钢板、铝板、塑料板、玻璃钢板、复合材料板等。

薄钢板是常用的风管材料,它分普通钢板和镀锌钢板两种,一般通风空调系统采用厚度为0.5~1.5 mm的钢板。聚氯乙烯板也可作为风管材料,它具有表面光洁、不积尘、耐腐蚀等特点,在净化空调工程中有时被采用,但其造价和施工安装费用大。

需要移动的风管常用柔性材料制作成各种软管,如塑料管、橡胶管和金属软管等。

普通钢板风管和配件的板材厚度应符合表6.1的规定。

表6.1 通风工程中普通钢板风管板材厚度/mm

风管直径或长边尺寸	圆形风管	矩形风管		除尘系统风管
		中压低压系统	高压系统	
100~320	0.5	0.5	0.8	1.5
340~450	0.6	0.6	0.8	1.5
480~630	0.8	0.6	0.8	2.0
670~1 000	0.8	0.8	0.8	2.0
1 120~1 250	1.0	1.0	1.0	2.0
1 320~2 000	1.2	1.0	1.2	3.0
2 500~4 000	1.2	1.2	1.2	按设计要求

钢板风管和配件的板材连接:当钢板厚度≤1.2 mm时,宜采用咬接;>1.2 mm时,宜采用焊接;镀锌钢板施工时应注意使镀锌层不受破坏,宜采用咬接或铆接。若对严密性有较高要求时,咬口缝可加锡焊,也可在咬口缝处涂抹密封胶。

不锈钢板风管壁厚≤1 mm时,宜采用咬接;>1 mm时,宜采用氩弧焊或电弧焊焊接,不得采用气焊。

铝板有较好的抗化学腐蚀性能及机械性能,故常用于防爆通风系统。当铝板厚度>1.5 mm时,可采用气焊或氩弧焊接。铝及铝合金与铁、铜等金属接触时会产生电化学腐蚀。因此,铝板风管应尽量采用铝制法兰连接;若用普通角钢法兰时,应镀锌或做防腐绝缘处理,铆接时应采用铝铆钉。

中、低压系统硬聚氯乙烯风管和配件板材厚度应符合表6.2的规定。

表6.2 中、低压系统硬聚氯乙烯风管和配件板材厚度/mm

风管直径	壁厚	风管长边尺寸	壁厚
≤320	3.0	≤320	3.0
320~630	4.0	320~500	4.0
630~1 000	5.0	500~800	5.0
1 000~2 000	6.0	800~1 250	6.0
		1 250~2 000	8.0

2)标准风管的规格及重量估算表

常用圆形钢板风管规格及质量估算见表6.3,常用矩形低速风管规格及质量估算见表6.4。

表6.3 常用圆形钢板风管规格及质量估算表

外径 D/mm	质量/[kg·(10m)$^{-1}$]		外径 D/mm	质量/[kg·(10m)$^{-1}$]	
	不保温	保温		不保温	保温
100	13	36	560	140	252
120	15	43	630	158	283
160	20	57	700	176	313
180	23	62	800	202	358
200	25	68	900	227	402
220	42	88	1 000	252	445
250	47	100	1 120	282	498
280	53	112	1 250	377	618
320	60	127	1 400	422	692
360	68	142	1 600	483	790
400	75	157	1 800	542	888
450	85	175	2 000	603	990
500	95	193			

3)风管连接

在大多数空调工程中,风管与风管之间、风管与部件及配件之间,主要采用法兰连接。

风管的连接长度,应按风管的壁厚、法兰与风管的连接方法、安装的施工空间和吊装方法等因素决定。为了安装方便,在条件允许的情况下,尽量在地面上进行连接,一般可接至10~12 m长,风管连接时不允许将可拆卸的接口装设在墙或楼板内。

用法兰连接的空调通风系统,其法兰垫料厚度为 3 ~ 5 mm。法兰的垫料可按下列要求选用:

①输送空气温度低于 70 ℃的风管,应用橡胶板、闭孔海绵橡胶板或其他闭孔弹性材料。

②输送空气或烟气温度高于 70 ℃的风管,应用石棉橡胶板等。

③输送产生凝结水或含有蒸汽的潮湿空气的风管,应用橡胶板或闭孔海绵橡胶板等。

在风管穿过需要封闭的防火、防爆的墙体或楼板时,应设预埋管或防护套管,其钢板厚度不应小于 1.6 mm。风管与防护套管之间应用不燃且对人体无害的柔性材料封堵。

表 6.4 常用矩形低速风管规格及质量估算表

外边长 $A \times B$ /mm	质量/[kg·(10m)$^{-1}$]		外边长 $A \times B$ /mm	质量/[kg·(10m)$^{-1}$]	
	不保温	保温		不保温	保温
120×120	20	105	320×320	68	233
160×120	22	118	400×200	77	260
160×160	25	132	400×250	78	263
200×120	25	132	400×320	87	288
200×160	28	143	400×400	97	316
200×200	32	157	500×200	83	280
250×120	45	162	500×250	90	298
250×160	50	177	500×320	98	323
250×200	52	190	500×400	108	353
250×250	60	208	500×500	120	388
320×160	53	187	630×250	140	380
320×200	58	201	630×320	152	408
320×250	62	217	630×400	165	440

4)风管支架

风管的支架要根据现场支持构件的具体情况和风管的重量,用圆钢、扁钢、角钢等制作。制作风管支架既要节约钢材,又要保证其强度,以防止变形。支架安装的数量按下列 7 项要求确定:

①不保温风管水平安装。圆形风管直径(或矩形风管大边长)<400 mm 时,支架间距<4 m;否则<3 m;垂直安装时,间距≤4 m,但层高>4 m 时,每根立管不少于 2 个;支架安装高度宜在地板面以上 1.5 ~ 1.8 m 的法兰处。

②保温风管支架间距可按不保温风管支架间距乘以 0.85 的系数采用。

③风管转弯处两端应加支架。

④穿楼板和穿屋面处的竖风管支架只起导向作用,因此,此处的支架应为固定支架。

⑤风管始端与风机、空调箱及其他振动设备连接的风管,其接头处应设固定支架。

⑥干管上有较长支管时,在支管上必须设置支、吊、托架,以免干管因承受支管的重量而破坏。

⑦除了弯头处和起点处的支、吊架,其余活动支、吊架应沿风管均匀布置,力求做到整齐划一。

5)风管局部构件

①弯头:气流流过弯头时,由于气流与管壁的冲击和惯性会形成涡流,气流将发生偏转甚至旋转,从而造成能量局部损失。减小弯头局部阻力的方法是尽量用弧弯管代替直角弯。如矩形风管的弯管可采用内弧形或内斜线矩形弯管。当边长≥500 mm 时,应设置导流叶片。弯头的导流叶片分单叶片式和双叶片式两种。

②三通:三通有合流三通和分流三通两种。

为了减少三通的局部阻力或消除合流时可能产生的引射作用,应使 2 个支管与总管的气流速度相等,即 $V_1 = V_2 = V_3$(V_1,V_2 为 2 支管气流速度,V_3 为总管气流速度。)此时,支管与总管断面积之间的关系式为:$F_1 + F_2 = F_3$(F_1,F_2 为 2 支管截面积,F_3 为总管截面积。)

③渐扩管和渐缩管:风管布置有时会遇到断面突然扩大或突然收缩的情况。突扩或突缩时,流体断面突然变化,这样气流与构件四壁不断发生冲撞并产生涡流而造成阻力。为了减少管道断面变化而造成的阻力,应尽可能地采用渐扩管和渐缩管。

6)风管保温

通风管道及设备所用的保温材料应具有较低的导热系数、质轻、难燃、耐热性能稳定、吸湿性小并易于成型等特点。常用的保温材料有:玻璃棉、泡沫塑料、岩棉、蔗渣碎粒板、木丝板、橡塑发泡管材及板材等。保温方法多采用粘贴法及钉贴法。

粘贴法主要是将保温板粘贴在风管外壁上,胶黏剂可采用乳胶、101 胶、酚醛树脂等,然后包扎玻璃丝布,布面刷调和漆。钉贴法是目前经常采用的一种保温方法,首先将保温钉粘贴在风管外壁上,黏结 12 ~ 24 h 后将保温板紧压在风管上,露出钉尖。保温钉黏结保温,若无特殊设计要求时,保温钉黏结密度可按表 6.5 确定。钉距 ≤450 mm,保温钉与风管边距离≤75 mm。

表 6.5　保温钉黏结密度/(只·m^{-2})

保温材料名称 \ 黏结部位	风管侧、下面	风管上面
岩棉保温板	20	12
玻璃棉保温板	12	9

6.2.2　通风部件安装工艺

通风部件是与通风管道配套的、通风工程不可缺少的各种部件,包括风口、风阀、排气罩、风帽和其他部件等。

1)风口

送风口是把处理过的空气送到某个房间或指定场所的装置,所送出的气流具有方向性,并且把周围的空气诱导混合后渐次减速,气流的温度也逐渐趋近室温。由于方向性和诱导性因送风口的形状而异,因此送风口的类型须根据系统的需要和场所的特点设计而定。

回风口的回风气流没有送风气流那样的方向性,与诱导性也没有关系,因此没有送风口那样多的种类,通常是结合装修采用格栅形、矩形、多孔形等。

新风口通常在外墙上安装,可增加防雨隔栅。

目前,国内市场上的风口、散流器,除了进口产品和特殊场合使用的采用模具冲压或注塑制成的以外,大部分都是用铝合金型材通过氩气保护焊制成的。

风口型号表示方法如下:

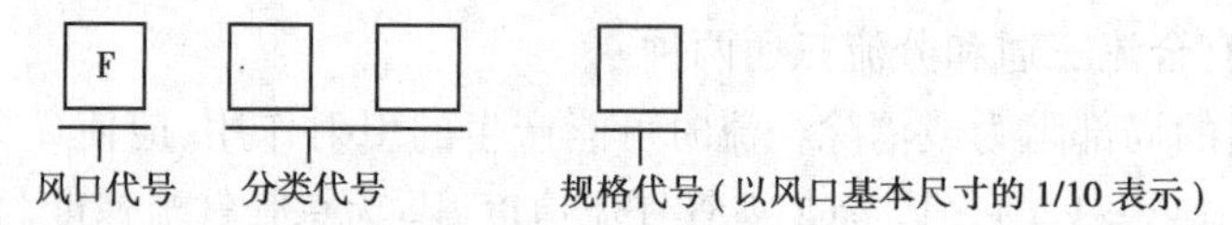

风口的分类代号如表6.6所示。

表6.6 风口的分类代号表

序号	风口名称	分类代号	序号	风口名称	分类代号
1	单层百叶风口	DB	11	圆形喷口	YP
2	双层百叶风口	SB	12	矩形喷口	JP
3	圆形散流器	YS	13	球形喷口	QP
4	方形散流器	FS	14	旋流风口	YX
5	矩形散流器	JS	15	网板风口	WB
6	圆盘形散流器	PS	16	椅子风口	YZ
7	条缝风口	TF	17	灯具风口	DZ
8	格栅风口	KS	18	箅孔风口	BK
9	插板风口	CB	19	孔板风口	KB
10	洁净风口	JJ			

例如:FDB-2012,表示单层百叶风口,规格为200 mm×120 mm;

FYS-32,表示圆形散流器,规格为ϕ320。

2)阀门

①蝶阀:蝶阀按其断面形状不同,分圆形、方形和矩形三种;按其调节方式分为手柄式和拉链式两类。它由短管、阀板和调节装置3部分组成。

②对开式多叶调节阀:对开式多叶调节阀分手动式和电动式两种。这种调节阀装有2~8个叶片,每个叶片的长轴端部装有摇柄,连接各摇柄的连动杆与调节手柄相连。如果将调节手柄取消,把连动杆与电动执行机构相连,就是电动式多叶调节阀。

③三通调节阀:三通调节阀有手柄式和拉杆式两种。该调节阀适用于矩形直通三通和裤叉管,不适用于直角三通。

④防火阀:防火阀分为直滑式、悬吊式和百叶式3种。防火阀的尺寸根据全国通用标准图T356-2有:Ⅰ型为(320~500)mm×(320~500)mm;Ⅱ型为(630~800)mm×(630~800)mm;

Ⅲ型为1 000 mm×1 000 mm以上。

⑤止回阀:在正常情况下,风机开启后,止回阀阀板在风压作用下会自动打开;风机停止运行后,阀板自动关闭。全国通用标准图T303-1适用于风管风速≥8 m/s的情况,阀板采用铝制,其质量轻,启闭灵活,能防火花、防爆。止回阀除根据管道形状不同而分为圆形和矩形外,还可按照在风管上的位置分为垂直式和水平式。

3)消声器

消声设备的种类和结构形式很多,最简单的阻抗消声器是在通风管道或弯头内衬贴吸声材料,前者称管式消声器,后者称消声弯头。抗性消声器是利用管道内声学特性特变的界面,把部分声波向声源处反射回去,它由扩张室及连接管串联组成。复合型消声器有阻性、抗性复合消声器和阻性、共振复合消声器两种,它是阻抗消声器与抗性消声器的结合。

消声器在系统内的配置一般不应少于2个,风机进出口各1个。送回风系统应设置同等性能和数量的消声器。在气流速度不变的情况下,消声器不必过长,不超过4 000 mm。

消声器的安装应尽可能与机房隔离,若配置在空调机房内会引起消声短路而起不到应有的消声作用。

4)风帽及罩类

常用风帽有伞形风帽、筒形风帽和锥形风帽三种形式。伞形风帽分圆形和矩形两种,适用于一般机械通风系统,可用钢板或硬聚氯乙烯塑料板制作;筒形风帽适用于自然通风系统,一般还需在风帽下装滴水盘;锥形风帽适用于除尘系统及非腐蚀性有毒系统,一般用钢板制作。

风帽泛水是用来防止雨水渗入风管内的部件。当通风管穿出屋面时,不管施工图是否标出,必须安装风帽泛水。风帽泛水分圆形和方形两种。

罩类是通风系统中的风机皮带防护罩、电动机防雨罩及装在排风系统中的侧吸罩、排气罩、回转罩等。通风机的传动装置外露部分应设防护罩,安装在室外的电动机必须设置防雨罩,不管施工图是否注明,都应按规定设置。

6.2.3　通风空调设备安装工艺

1)通风机安装工艺

风机是输送气体的动力装置。在通风和空调工程中常用的风机有离心式、轴流式、混流式和贯流式等几种。风机的主要性能参数是:流量、风压、轴功率、效率和转速。

风机应固定在隔振基座上,以增加其稳定性。隔振基座可用钢筋混凝土板或型钢加工而成,其质量通常取风机质量的1～3倍(一般的型钢结构)。

当室内或周围环境对设备产生的噪声有严格要求时,除对风机进行减振降噪处理外,还应作消声、隔声处理。通常根据风机的类型和大小做隔声罩。隔声罩由钢或玻璃钢制的隔声板拼接而成,罩体留出风机进出风口和检修门,其他部位全部封闭。为了排除电机运转时散出的热量,可在罩体顶部安装排气管。

2)风机盘管安装工艺

风机盘管按结构形式分为立式(L)、卧式(W)、挂壁式(G)、卡式(D)等;按安装形式可分为明装(M)、暗装(A);按水系统安装方式可分为两管制、三管制和四管制。

风机盘管型号表示如下:

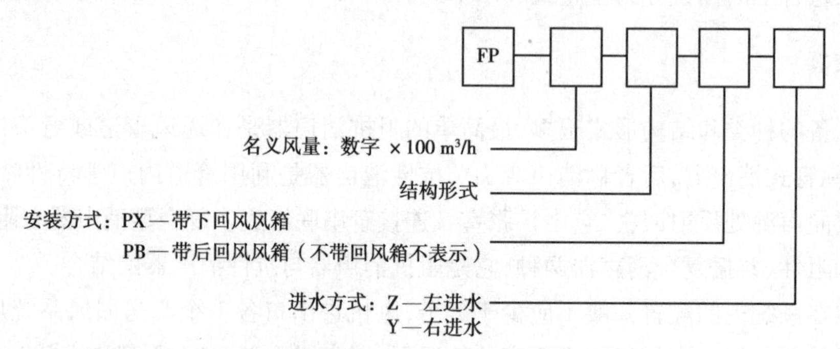

风机盘管结构形式代号如表6.7所示。

表6.7 风机盘管结构形式代号

代号	WA	WM	LA	LM	KM	BG	WH
名称	卧式暗装	卧式明装	立式暗装	立式明装	吸顶式	壁挂式	卧式暗装高静压型

例如:FP-3.5WA-Z表示风机盘管,名义风量350 m^3/h,卧式暗装,左进水。

风机盘管的自动控制是靠调节风量和水量来实现的。风量控制和水量控制都是根据室内温度检测器的显示,风量调节靠对开关或回转比例的控制来实现,水量调节靠控制电动三通阀(或电动二通阀)以控制热交换器交换水量的开关来实现。由于电动三通阀或电动二通阀在节能方面比三速开关优势明显,在实际中被广泛应用。

电动阀型号表示如下:

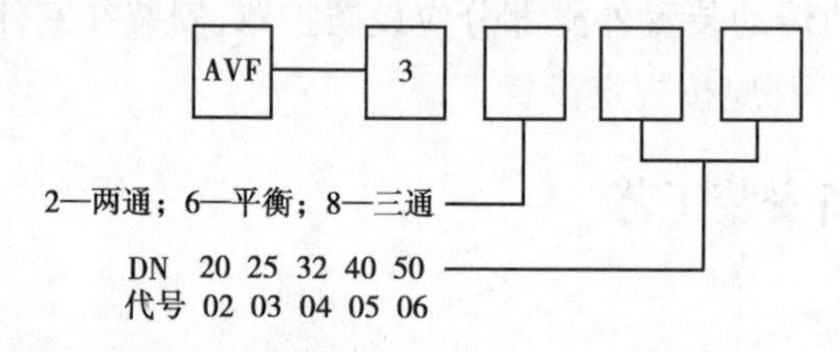

例如:型号AVF-3203表示电动二通调节阀,口径为DN25。

风机盘管在安装时除了要注意机组的水平度以外,还应注意:

①连接机组的管道(包括供回水管、凝结水管及阀件)要保温,否则在夏季供冷时管道上会产生结露现象。

②供回水管道上应安装闸阀或截止阀,以调节水量及在检修时切断水源。供回水管道与风机盘管宜采用承压顶管连接,软管的承压能力与风机盘管相同。

③风机盘管本身带有手动放气阀,但在水系统的最高点还应当装设自动或手动放气阀,在水系统的最低处应安装放水阀。

④塑料PVC凝结水管尺寸以外径为控制基准,其刚性比金属管差,故管道支撑间距与金

属管不同。表6.8表示塑料管材水平管和立管的支撑间距。

PVC管道之间的连接宜采用胶黏剂黏结,PVC管与金属管配件的连接应采用螺纹连接或法兰连接。

表6.8　塑料管(PVC)水平管和立管支撑间距

塑料管外径/mm		20	25	32	40	50	63
对应公称直径/mm		15	20	25	32	40	50
支撑间距/mm	水平管	500	550	650	800	950	1 100
	立管	900	1 000	1 200	1 400	1 600	1 800

3)组合式空调机组安装工艺

组合式空调机组是具有多种处理功能并可在现场进行组装的大型空气处理设备。它通过设在机组内的过滤器、热交换器、喷水室、消声器、加湿器、除湿器和风机等设备,完成对空气的过滤、加热、冷却、加湿、去湿、消声、喷水处理、新风处理等功能。组合式空调机组也称为装配式空气调节机组。

组合式空调机组的基本形式有立式和卧式两种。国产组合式空调机组的基本参数可参见表6.9。

表6.9　国产组合式空调机组的基本参数(标准组合)

代号	名义风量/($m^3 \cdot h^{-1}$)	表冷器接管长度/mm	参考质量(6排)/kg	代号	名义风量/($m^3 \cdot h^{-1}$)	表冷器接管长度/mm	参考质量(6排)/kg
6.3	6 300	50	780	31.5	31 500	2×65	2 750
8.0	8 000	50	940	40.0	40 000	2×65	3 490
10.0	10 000	50	1 210	50.0	50 000	2×65	4 540
12.5	12 500	65	1 370	63.0	63 000	2×65	4 890
16.0	16 000	65	1 480	80.0	80 000	2×65	6 700
20.0	20 000	65	1 820	100	100 000	2×65	8 800
25.0	25 000	2×65	2 310	125	125 000	2×80	11 000

组合式空调机组一般是以分段的形式发货,每一个机段在工厂已组装完毕,可直接连接到水管或电气系统上。各机段的安装除了要符合质量验收规范外,还应注意以下几点:

①机组与风管用帆布管连接,帆布管外要刷防火涂料。

②机组的进出水管是螺纹管,在其连接管上应安装排气和放水装置。供回水管与机组通常采用承压软管连接。管道需单独设支吊架,不可支撑在机组上。凝结水排水管要做存水弯,避免空气进入,同时使排水顺畅。

③机组金属底座随机段一起发送,规格一般为10 mm×20 mm～70 mm×80 mm的槽钢。机组与基础之间宜垫有橡胶或其他减振材料。

6.3　工程量计算规则与计价表套用

6.3.1　通风空调工程计价表工程量计算规则

1)通风管道工程量计算规则

①风管制作安装工程量按展开面积计算,不扣除检查孔、测定孔、送风口、吸风口等所占面积,咬口重叠部分也不增加面积。

圆管展开面积：　$F = \pi DL$

矩形风管展开面积：　$F = 2(A + B)L$

式中　F——风管展开面积,m^2;

A,B——矩形管断面的2个边长,m;

D——圆形管直径,m;

L——管道中心线长度,m。

②风管长度包括管件长度,但不得包括部件长度。部分部件长度可参考表6.10所列值计取。

表6.10　部分风管部件长度表

序号	部件名称	部件长度/mm	序号	部件名称	部件长度/mm
1	蝶阀	150	4	圆形风管防火阀	$D+240$
2	止回阀	300	5	矩形风管防火阀	$B+240$
3	密闭式对开多叶调节阀	210			

③整个通风系统,如设计采用渐缩管均匀送风,则圆形风管按平均直径,矩形风管按平均周长计算,套相应定额时,即:人工费×2.50。

④支管长度以支管中心线与主管中心线交点为分界点。

⑤柔性软风管可由金属、涂塑化纤织物、聚酯、聚乙烯、聚氯乙烯、聚氯乙烯薄膜、铝箔等材料制成。柔性软风管安装按图示中心线长度以“m”为单位计算;柔性软风管阀门安装以“个”为单位套阀门定额。软管接口(帆布接口)按接头长度以展开面积计算,若使用人造革而不使用帆布接口时,可以换算,其换算方法是换价不换量。

⑥风管弯头导流叶片按叶片图示面积以“m^2”计量,不分单叶片或香蕉形双叶片,均套同一子目。导流叶片面积见表6.11。

表6.11　导流叶片面积表

风管高/mm	500	630	800	1 000	1 250	1 600	2 000
导流片/m^2	0.170	0.216	0.273	0.425	0.502	0.623	0.755
导流叶片片数/片	4	4	6	7	8	10	12

⑦风管检查孔按质量计算,其质量可参考《通风空调工程计价表》。风管测定孔制作安装,按其型号以“个”为计量单位。

⑧塑料风管、复合型材料风管制作安装计价表所列直径为内径,周长为内周长。

2)部件工程量计算规则

①风管部件(包括调节阀、风口、风帽、罩类、消声器)制作与安装的工程量计算不同。标准部件的制作,应根据设计型号、规格,按《通风空调工程》计价表附录“国标通风部件标准重量表”计算,非标准部件按图示成品重量计算。部件的安装按图示规格尺寸(周长或直径)以“个”为计量单位,分别执行相应计价表项目。

②钢百叶窗及活动金属百叶风口的制作以“m^2”为单位,安装按规格尺寸以“个”为单位。

③钢板挡水板的制作安装按空调器断面面积计算。计算式如下:

$$挡水板面积 = 空调器断面积 \times 挡水板张数$$

④设备支架制作安装按图示尺寸以“kg”为计量单位。风机减振台座制作安装执行设备支架子目,子目内不包括减振器,应按设计规定另行计算。

3)通风空调设备安装工程量计算规则

①通风机安装不论离心式或轴流式,钢质或塑料质、不锈钢质,左旋或右旋均以“台”计量,按通风机形式和风机机号分别套用相应定额子目。

通风机减振台座制作安装,以“100 kg”计量,套用设备支架子目。

②各类除尘设备均按“台”计算工程量,以质量分档次套用定额。每台质量可查阅《通风空调工程》计价表附录。除尘设备安装不包括支架制作与安装,支架以“kg”计量,套用设备支架子目。

③空调器安装中除分段组装式空调器以“kg”为计量单位外,其余均以“台”为计量单位,以质量分档次套用定额。其定额内容包括吊顶式空调器、落地式空调器、壁挂式空调器、窗式空调器、风机盘管安装(吊顶式或落地式)。空调器本身的价值和应配备的地脚螺栓价值未计。

4)刷油和保温工程量计算规则

通风空调管道、设备刷油及绝热工程分别套用第11册《刷油、防腐蚀、绝热工程》计价表相应项目及工程量计算规则。

薄钢板风管刷油按其展开面积,以“10 m^2”为单位计算。风管部件刷油按其质量,以“100 kg”为单位计算。管道及设备绝热以“m^3”为单位计算。

表6.12及表6.13列出各种管径钢管的保温工程量及保温层表面积,供计算时查用。

5)水系统工程量计算规则

通风空调水系统工程中管道、阀门、低压器具等的安装套用第8册《给排水、采暖、燃气工程》计价表相应项目,工程量计算规则同第8册。

表 6.12　每 100 m 钢管保温工程量

单位：m^3

管径/mm	厚　度/mm								
	25	30	40	50	60	70	80	90	100
20	0.41	0.54	0.85	1.21	1.64	2.13	2.69	3.31	3.99
25	0.47	0.61	0.93	1.32	1.77	2.29	2.87	3.51	4.21
32	0.53	0.69	1.04	1.46	1 92	2.46	3.07	3.73	4.46
40	0.58	0.74	1.12	1.55	2.04	2.59	3.22	3.90	4.65
50	0.67	0.86	1.26	1.74	2.26	2.86	3.52	4.24	5.03
70	0.79	0.99	1.45	1.97	2.55	3.20	3.91	4.69	5.51
80	0.89	1.12	1.62	2.18	2.80	3.49	4.24	5.05	5.91
100	1.09	1.36	1.94	2.58	3.28	4.05	4.88	5.77	6.72
125	1.30	1.60	2.26	2.99	3.77	4.62	5.53	6.50	7.54
150	1.49	1.84	2.58	3.38	4.24	5.17	6.16	7.21	8.33
200	1.92	2.35	3.26	4.13	5.26	6.36	7.51	8.74	10.01
250	2.34	2.86	3.93	5.07	6.28	7.54	8.87	10.25	11.72
300	2.75	3.35	4.59	5.89	7.26	9.69	10.17	11.73	13.35
350	3.16	3.85	5.24	6.71	9.14	9.83	11.49	13 20	14.99
400	3.54	4.30	5.86	7.48	9.10	10.98	12.72	14.59	16.52

表 6.13　每 100 m 管道保温表面积

单位：m^3

管径/mm	厚　度/mm									
	0	25	30	40	50	60	70	80	90	100
20	8.40	24.11	27.25	33.54	39.82	46.10	52.39	58.67	64.95	71.24
25	10.52	26.23	29.37	35.66	41.94	48.22	54.57	60.79	67.07	73.36
32	13.27	28.98	32.12	38.41	44.77	50.97	57.26	63.54	69.82	76.11
40	15.08	30.79	33.93	40.21	46.65	52.79	59.00	65.35	71.63	77.91
50	18.85	34.56	37.69	43.98	50.27	58.55	62.83	69.11	75.40	31.68
70	23.72	39.43	42.57	48.85	55.14	61.41	62.70	73.93	80.17	86.55
80	27.80	43.51	46.65	52.94	59.22	65.50	71.79	78.07	84.35	90.94
100	35.81	51.52	54.66	60.95	67.23	73.51	79.80	86.08	92.36	98.65
125	43.89	59.69	62.83	69.12	75.40	81.68	87.96	94.25	100.53	106.81
150	51.84	67.54	70.69	76.97	83.25	89.54	95.82	102.10	108.39	144.67
200	68.80	84.51	87.65	93.93	100.22	106.50	112.78	119.07	125.35	131.63
250	85.77	101.47	104.62	110.90	112.18	123.46	129.75	136.03	142.31	148.60
300	102.10	111.81	120.95	127.23	133.52	139.80	146.08	152.37	158.66	64.93
350	118.43	134.15	137.29	143.57	149.85	156.14	162.42	168.70	174.99	181.27
400	133.83	149.54	152.68	158.96	165.25	171.53	177.81	184.10	190.38	96.66

6)冷热源设备安装工程量计算规则

各种制冷机房中压缩机、冷凝器、蒸发器、冷却塔等的安装，溴化锂吸收式制冷机组安装，风机、水泵等的安装套用机械设备安装工程中的第8～10、13章等的相应定额项目。

工业与民用中低压锅炉本体及附属、辅助设备的安装套用第3册《热力设备安装工程》中的相应定额项目。

套用定额时，应注意设备的类型、型号、质量、压力、容量、蒸发量、驱动方式等，以及设备安装工艺方面的特征，如固定形式、安装高度、跨距等。

6.3.2 计价表套用

通风空调工程施工图预算套用第9册《通风空调工程计价表》。第9册计价表共分为14章。套用计价表时，应注意以下问题。

1)换算系数

第9册计价表的总说明和章说明中有很多换算系数，在套用定额时要先阅读说明，正确换算。如第1章说明中有如下规定："项目中的法兰垫料，如设计要求使用材料品种不同者可以换算，但人工不变。使用泡沫塑料者每千克橡胶板换算为泡沫塑料0.125 kg；使用闭孔乳胶海绵者每千克橡胶板换算为闭孔乳胶海绵0.5 kg。"当该项目设计所用材料与计价表项目不同时，应根据要求进行换算。

【例6.1】 计价表项目9-5(单位10 m^2)，镀锌薄钢板矩形风管安装，风管周长800 mm以下。综合单价608.74元，其中人工费213.41元，材料费183.99元，机械费81.16元，管理费和利润130.18元。计价表项目中所用橡胶板材料的数量为1.84 kg，其单价为6.94元/kg。现设计要求垫料材料为闭孔乳胶海绵，试确定换算后的基价。

【解】 9-5(h)：$(608.74-1.84\times6.94+0.92\times27.66)$元$=621.42$元

(27.66元为闭孔乳胶海绵的单价)

所以，换算后的综合单价为621.42元。

其中，人工费213.41元，机械费81.16元，材料费196.67元。

2)拆分计算

通风空调安装工程计价表中，相当一部分子目的综合单价是制作、安装合在一起的。如果施工中需将制作、安装分别计算时，可按定额总说明中规定的百分比拆分计算，拆分比例见表6.14所示。

【例6.2】 某通风工程的任务是安装弧形声流式消声器(型号为T701-5，尺寸为800×800)20个，消声器由甲方供应成品，乙方安装，问乙方应收多少安装费？

【解】

①查计价表知：弧形声流式消声器的制作安装套用9-199项目(单位100 kg)，该项目综合单价为959.14元，其中：人工费260.44元，材料费306.28元，机械费233.55元，管理费和利润158.87元。

表 6.14　通风空调管道、部件的制作安装比例划分表

章　号	项　目	制作/%			安装/%		
		人工	材料	机械	人工	材料	机械
1	薄钢板通风管道制作安装	60	95	95	40	5	5
4	风帽制作安装	75	80	99	25	20	1
5	罩类制作安装	78	98	95	22	2	5
6	消声器制作安装	91	98	99	9	2	1
7	空调部件及设备支架制作安装	86	98	95	14	2	5
9	净化通风管道及部件制作安装	60	85	95	40	15	5
10	不锈钢板通风管道及部件制作安装	72	95	95	28	5	5
11	铝板通风管道及部件制作安装	68	95	95	32	5	5
12	塑料通风管道及部件制作安装	85	95	95	15	5	5
14	复合型风管制作安装	60	—	99	40	100	1

②查计价表附录知:型号为 T701-5,尺寸为 800 × 800 弧形声流式消声器的质量为 629 kg/个。因此,该安装项目工程量为:629 kg/个 ×20 个 =12 580 kg。

③由表 6.14 知,消声器制作、安装费比例:安装人工费占 9%,材料费占 2%,机械费占 1%。

④计算:

安装费 =(260.44 ×9% +306.28 ×2% +233.55 ×1%) ×125.80 元 =4 013.11 元

管理费和利润 =(260.44 ×9% ×125.80 ×61%)元 =1 798.71 元

(管理费率为 47%,利润率为 14%,计费基础:人工费)

合计 5 811.82 元,所以,乙方应收 5 811.82 元的安装费。

3)不同项目包含不同内容

不同材料的风管制作安装,在计价表的项目中包含的内容不完全相同。已包含的内容,其费用已综合在风管制作安装费中;未包含的内容,其费用需另外计算。表 6.15 列出了各种风管制作安装项目的区别,在执行计价表时需注意。

表 6.15　风管制作安装定额内容区别表

序号	项　目	定额包括的内容	定额不包括的内容	执　行
1	薄钢板风管制作安装	管件、法兰、加固框、吊托架制安		
2	不锈钢风管制作安装	管件制安	法兰、加固框、吊托架制安	本章法兰、吊托架子目
3	铝板风管制作安装	管件制安	法兰、加固框、吊托架制安	法兰执行本章子目,吊托架执行第 7 章子目
4	塑料风管制作安装	管件、法兰、加固框制安	吊托架制安	吊托架执行本章子目
5	玻璃钢风管制作安装	管件、法兰、加固框、吊托架制安		

4)关于计取有关费用的规定

①超高增加费:操作物高度距离楼地面6 m以上的工程应计算超高增加费,按人工费的15%计算。

②高层建筑增加费:高度在6层或20 m以上的工业与民用建筑的通风空调安装工程,可计取高层建筑增加费,用于对人工和机械费用的补偿。高层建筑增加费费率按下表计取:

层　数	9层以下(30 m)	12层以下(40 m)	15层以下(50 m)	18层以下(60 m)	21层以下(70 m)	24层以下(80 m)	27层以下(90 m)	30层以下(100 m)	33层以下(110 m)	6层以下(120 m)	40层以下
人工费/%	3	5	7	10	12	15	19	22	25	28	32
其中人工工资/%	33	40	43	40	42	40	42	45	52	57	59
机械费/%	67	60	57	60	58	60	58	55	48	43	41

③脚手架搭拆费:脚手架搭拆费按人工费的3%计算,其中人工工资占25%,材料费占75%。本系数为定额综合考虑系数,不论实际搭设与否,均不作调整。

④系统调整费:系统调整费按系统工程人工费的13%计算,其中人工工资占25%。系统调整费中包括调试人工、仪器、仪表折旧、消耗材料等费用。其中人工费是指使用本册定额中的所有项目的人工费合计,不包括使用其他各册定额子目的人工费。

⑤安装与生产同时进行增加的费用:按人工费的10%计算,全部为人工降效费用。

⑥在有害身体健康的环境中施工增加的费用:按人工费的10%计算,全部为人工降效费用。

5)第11册计价表关于计取有关费用的规定

①超高增加费:本册超高增加费的计取条件为操作物至楼地面或操作地点的距离达6 m以上时,人工、机械分别乘以下表系数。

高度/m	<20	<30	<40	<50	<60	<70	<80	>80
系　数	0.30	0.40	0.50	0.60	0.70	0.80	0.90	1.00

②厂区外1~10 km施工增加的费用:按超过部分的人工费和机械费乘以系数1.10计算。

③脚手架搭拆费:刷油工程按人工费的8%计算,其中人工工资占25%,材料占75%;防腐蚀工程按人工费的12%计算,其中人工工资占25%,材料占75%;绝热工程按人工费的20%计算,其中人工工资占25%,材料占75%。

6.4 工程量清单项目设置

通风空调工程工程量清单项目设置执行《建设工程工程量清单计价规范》(GB 50500—2013)附录G的规定,编码为0307。本附录分4节,共47个清单项目,包括通风空调设备及部件制作安装、通风管道制作安装、通风管道部件制作安装、通风工程检测和调试四个部分。

1)通风空调设备及部件制作安装工程量清单项目设置(见表6.16)

表6.16 通风空调设备及部件制作安装

项目编码	项目名称	项目特征	计量单位	工程内容
030701001	空气加热器 (冷却器)	1. 名称 2. 型号 3. 规格 4. 质量 5. 安装形式 6. 支架形式、材质	台	1. 本体安装、调试 2. 设备支架制作、安装
030701002	除尘设备			
030701003	空调器	1. 名称 2. 型号 3. 规格 4. 安装形式 5. 质量 6. 隔振垫(器)、支架形式、材质	台(组)	1. 本体安装或组装、调试 2. 设备支架制作、安装
030701004	风机盘管	1. 名称 2. 型号 3. 规格 4. 安装形式 5. 减振器、支架形式、材质 6. 试压要求	台	1. 本体安装、调试 2. 支架制作、安装 3. 试压
030701005	表冷器	1. 名称 2. 型号 3. 规格		1. 本体安装 2. 型钢制安 3. 过滤器安装 4. 挡水板安装 5. 调试及运转
030701006	密闭门	1. 名称 2. 型号 3. 规格 4. 形式 5. 支架形式、材质	个	1. 本体制作 2. 本体安装 3. 支架制作、安装
030701007	挡水板			
030701008	滤水器、溢水盘			
030701009	金属壳体			
030701010	过滤器	1. 名称 2. 型号 3. 规格 4. 类型 5. 框架形式、材质	1. 台 2. m^2	1. 本体安装 2. 框架制作、安装

续表

<table>
<tr><th>项目编码</th><th>项目名称</th><th>项目特征</th><th>计量单位</th><th>工程内容</th></tr>
<tr><td>030701011</td><td>净化工作台</td><td>1. 名称
2. 型号
3. 规格
4. 类型</td><td rowspan="3">台</td><td rowspan="3">本体安装</td></tr>
<tr><td>030701012</td><td>风淋室</td><td rowspan="2">1. 名称
2. 型号
3. 规格
4. 类型
5. 质量</td></tr>
<tr><td>030701013</td><td>洁净室</td></tr>
</table>

2)通风管道制作安装工程量清单项目设置(见表6.17)

表6.17 通风管道制作安装

<table>
<tr><th>项目编码</th><th>项目名称</th><th>项目特征</th><th>计量单位</th><th>工程内容</th></tr>
<tr><td>030702001</td><td>碳钢通风管道</td><td rowspan="2">1. 名称
2. 材质
3. 形状
4. 规格
5. 板材厚度
6. 管件、法兰等附件及支架设计要求
7. 接口形式</td><td rowspan="7">m²</td><td rowspan="5">1. 风管、管件、法兰、零件、支吊架制作、安装
2. 过跨风管落地支架制作、安装</td></tr>
<tr><td>030702002</td><td>净化通风管</td></tr>
<tr><td>030702003</td><td>不锈钢板通风管道</td><td rowspan="3">1. 名称
2. 形状
3. 规格
4. 板材厚度
5. 管件、法兰等附件及支架设计要求
6. 接口形式</td></tr>
<tr><td>030702004</td><td>铝板通风管道</td></tr>
<tr><td>030702005</td><td>塑料通风管道</td></tr>
<tr><td>030702006</td><td>玻璃钢通风管道</td><td>1. 名称
2. 形状
3. 规格
4. 板材厚度
5. 支架形式、材质
6. 接口形式</td><td rowspan="2">1. 风管、管件安装
2. 支吊架制作、安装
3. 过跨风管落地支架制作、安装</td></tr>
<tr><td>030702007</td><td>复合型风管</td><td>1. 名称
2. 材质
3. 形状
4. 规格
5. 板材厚度
6. 接口形式
7. 支架形式、材质</td></tr>
</table>

续表

项目编码	项目名称	项目特征	计量单位	工程内容
030702008	柔性软风管	1. 名称 2. 材质 3. 规格 4. 风管接头、支架形式、材质	m	1. 风管安装 2. 风管接头安装 3. 支吊架制作、安装
030702009	弯头导流叶片	1. 名称 2. 材质 3. 规格 4. 形式	1. m^2 2. 组	1. 制作 2. 组装
030702010	风管检查孔	1. 名称 2. 材质 3. 规格	1. kg 2. 个	1. 制作 2. 安装
030702011	温度、风量测定孔	1. 名称 2. 材质 3. 规格 4. 设计要求	个	1. 制作 2. 安装

3)通风管道部件制作安装工程量清单项目设置(见表6.18)

表6.18　通风管道部件制作安装

<table>
<tr><th>项目编码</th><th>项目名称</th><th>项目特征</th><th>计量单位</th><th>工程内容</th></tr>
<tr><td>030703001</td><td>碳钢阀门</td><td>1. 名称
2. 型号
3. 规格
4. 质量
5. 类型
6. 支架形式、材质</td><td rowspan="6">个</td><td>1. 阀体制作
2. 阀体安装
3. 支架制作、安装</td></tr>
<tr><td>030703002</td><td>柔性软风管阀门</td><td>1. 名称
2. 规格
3. 材质
4. 类型</td><td rowspan="5">阀体安装</td></tr>
<tr><td>030703003</td><td>铝蝶阀</td><td rowspan="2">1. 名称
2. 规格
3. 质量
4. 类型</td></tr>
<tr><td>030703004</td><td>不锈钢蝶阀</td></tr>
<tr><td>030703005</td><td>塑料阀门</td><td rowspan="2">1. 名称
2. 型号
3. 规格
4. 类型</td></tr>
<tr><td>030703006</td><td>玻璃钢蝶阀</td></tr>
</table>

续表

<table>
<tr><th>项目编码</th><th>项目名称</th><th>项目特征</th><th>计量单位</th><th>工程内容</th></tr>
<tr><td>030703007</td><td>碳钢风口、散流器、百叶窗</td><td>1. 名称
2. 型号
3. 规格
4. 质量
5. 类型
6. 形式</td><td rowspan="5">个</td><td>1. 风口制作、安装
2. 散流器制作、安装
3. 百叶窗安装</td></tr>
<tr><td>030703008</td><td>不锈钢风口、散流器、百叶窗</td><td rowspan="2">1. 名称
2. 型号
3. 规格
4. 质量
5. 类型
6. 形式</td><td rowspan="2">1. 风口制作、安装
2. 散流器制作、安装</td></tr>
<tr><td>030703009</td><td>塑料风口、散流器、百叶窗</td></tr>
<tr><td>030703010</td><td>玻璃钢风口</td><td rowspan="2">1. 名称
2. 型号
3. 规格
4. 类型
5. 形式</td><td>风口安装</td></tr>
<tr><td>030703011</td><td>铝及铝合金风口、散流器</td><td>1. 风口制作、安装
2. 散流器制作、安装</td></tr>
<tr><td>030703019</td><td>柔性接口</td><td>1. 名称
2. 规格
3. 材质
4. 类型
5. 形式</td><td>m^2</td><td>1. 柔性接口制作
2. 柔性接口安装</td></tr>
<tr><td>030703020</td><td>消声器</td><td>1. 名称
2. 规格
3. 材质
4. 形式
5. 质量
6. 支架形式、材质</td><td>个</td><td>1. 消声器制作
2. 消声器安装
3. 支架制作安装</td></tr>
<tr><td>030703021</td><td>静压箱</td><td>1. 名称
2. 规格
3. 形式
4. 材质
5. 支架形式、材质</td><td>1. 个
2. m^2</td><td>1. 静压箱制作、安装
2. 支架制作、安装</td></tr>
</table>

注:①碳钢阀门包括:空气加热器上通阀、空气加热器旁通阀、圆形瓣式启动阀、风管蝶阀、风管止回阀、密闭式斜插板阀、矩形风管三通调节阀、对开多叶调节阀、风管防火阀、各型风罩调节阀、人防工程密闭阀、自动排气活门等。

②塑料阀门包括:塑料蝶阀、塑料插板阀、各型风罩塑料调节阀。

③碳钢风口、散流器、百叶窗包括:百叶风口、矩形送风口、矩形空气分布器、风管插板风口、旋转吹风口、圆形散流器、方形散流器、流线型散流器、送吸风口、活动算式风口、网式风口、钢百叶窗等。

④柔性接口指:金属、非金属软接口及伸缩节。

⑤消声器包括:片式消声器、矿棉管式消声器、聚酯泡沫管式消声器、卡普隆纤维管式消声器、弧形声流式消声器、阻抗复合式消声器、微穿孔板消声器、消声弯头。

⑥通风部件图纸要求制作安装、要求用成品部件只安装不制作,这类特征在项目特征中应明确描述。

⑦静压箱的面积计算:按设计图示尺寸以展开面积计算,不扣除开口的面积。

4)通风工程检测、调试工程量清单项目设置(见表6.19)

表6.19　通风工程检测、调试

项目编码	项目名称	项目特征	计量单位	工程内容
030704001	通风工程检测、调试	系统	系统	1. 通风管道风量测定 2. 风压测定 3. 温度测定 4. 各系统风口、阀门调整
030704002	风管漏光试验、漏风试验	漏光试验、漏风试验设计要求	m^2	通风管道漏光试验、漏风试验

5)冷热源工程部分设备工程量清单项目设置(见表6.20)

表6.20　冷热源工程部分设备清单

<table>
<tr><th>项目编码</th><th>项目名称</th><th>项目特征</th><th>计量单位</th><th>工程内容</th></tr>
<tr><td>030108001</td><td>离心式通风机</td><td rowspan="3">1. 名称
2. 型号
3. 规格
4. 质量
5. 材质
6. 减振底座形式、数量
7. 灌浆配合比
8. 单机试运转要求</td><td rowspan="3">台</td><td rowspan="3">1. 本体安装
2. 拆装检查(按规范和设计要求)
3. 减振台座制作、安装
4. 二次灌浆
5. 单机试运转</td></tr>
<tr><td>030108002</td><td>离心式引风机</td></tr>
<tr><td>030108003</td><td>轴流通风机</td></tr>
<tr><td>030109001</td><td>离心式泵</td><td rowspan="4">1. 名称
2. 型号
3. 规格
4. 质量
5. 材质
6. 灌浆配合比
7. 单机试运转要求</td><td rowspan="4">台</td><td rowspan="4">1. 本体安装
2. 泵拆装检查(按规范和设计要求)
3. 电动机安装
4. 二次灌装
5. 单机试运转</td></tr>
<tr><td>030109002</td><td>旋涡泵</td></tr>
<tr><td>030109003</td><td>电动往复泵</td></tr>
<tr><td>030109004</td><td>柱塞泵</td></tr>
<tr><td>030113001</td><td>冷水机组</td><td rowspan="2">1. 名称
2. 型号
3. 质量
4. 制冷形式
5. 制冷量
6. 灌浆配合比
7. 单机试运转要求</td><td rowspan="2">台</td><td rowspan="2">1. 本体安装
2. 二次灌浆
3. 单机试运转</td></tr>
<tr><td>030113002</td><td>热力机组</td></tr>
</table>

续表

项目编码	项目名称	项目特征	计量单位	工程内容
030113004	冷风机	1. 名称 2. 规格 3. 质量 4. 灌浆配合比 5. 单机试运转要求	台	1. 本体安装 2. 二次灌浆 3. 单机试运转
030113011	冷凝器	1. 名称 2. 型号 3. 结构 4. 规格	台	本体安装
030113012	蒸发器		台	本体安装
030113017	冷却塔	1. 名称 2. 型号 3. 规格 4. 材质 5. 质量 6. 单机试运转要求	台	1. 本体安装 2. 单机试运转
030224001	成套整装锅炉	1. 结构形式 2. 蒸汽出率(t/h) 3. 热功率(MW) 4. 燃烧方式	台	1. 锅炉本体安装 2. 附属设备安装 3. 管道、阀门、表计安装 4. 非保温设备表面底漆修补和补刷面漆一遍
030817002	分、集汽(水)缸制作安装	1. 质量 2. 材质、规格 3. 安装方式	台	1. 制作 2. 安装

6.5 通风空调工程施工图预算编制实例

1)工程概况

本工程为3层混合结构宾馆服务楼,层高3.1 m。通风空调工程施工图详见图6.1～图6.8。

2)施工说明

①新风管采用镀锌薄钢板制作,咬口连接。风管的最大边<250 mm时,$\delta=0.5$ mm;风管的最大边为250～630 mm时,$\delta=0.75$ mm。卫生间通风器排风管采用$\phi100$镀锌钢管,$\delta=0.5$ mm。

②空调系统的供回水管，当管径≤DN40时，采用镀锌钢管，丝扣连接；当管径>DN40时，采用焊接钢管，焊接或法兰连接；空调系统的凝结水管、泄水管均采用镀锌钢管；集气罐排水管为DN15镀锌钢管。

③风管采用法兰连接，法兰之间衬以 $\delta=3$ mm厚石棉橡胶垫。

④风管支、吊架可在施工现场埋设，间距不大于3 m；水管支、吊架最大间距为2.5 m。

⑤风管采用聚苯乙烯板材保温，保温层厚度30 mm，外扎玻璃丝布1道。

⑥供、回水管及凝结水管用聚苯乙烯管壳保温，保温层厚度50 mm，外扎玻璃丝布1道。

⑦焊接钢管刷红丹防锈漆2道。

⑧钢制支、吊架等铁件应刷红丹防锈漆2道，调和漆1道。

⑨本说明及施工图中未详尽处，请参照产品样本及安装图集。

3）设备及主要材料用量

序号	名　称	型号或规格	数量	单位
1	变风量新风机组	$BFPX_4$-WSZ，冷量 4.16×10^4 kcal/h①，风量4 000 m^3/h	3	台
2	风机盘管	FP-6.3WA-Z FP-6.3WA-Y FP-6.3LM-X-Z	21 21 3	台 台 台
3	水集配器	D273　$L=1\,194$ mm D219　$L=810$ mm	1 2	只 只
4	集气罐	Ⅰ型　D100 Ⅱ型　D150	6 1	只 只
5	消声弯头	500×250	3	只
6	防火调节阀	500×250	3	只
7	防火调节阀	$\phi100$	42	只
8	方形散流器	SC4-1# 152×152（带调节阀）	12	只
9	手动对开多叶调节阀	630×500（T308-2）	3	只
10	格栅式回风口	760×200　铝合金（带过滤网）	42	只
11	双层百叶送风口	910×130（铝合金）	42	只
12	新风入口百叶	630×500（铝合金）	3	只
13	截止阀	J11T-16　DN15 J11T-16　DN20（风盘进出水管控制调节水量的阀门） J11T-16　DN32（预留阀门）	7 90 2	个 个 个
14	法兰闸阀	Z45T-10　DN50 Z45T-10　DN70 Z45T-10　DN100	12 3 2	个 个 个

① 1 kcal =4 ~18 kJ，下同。

4)通风空调工程施工图目录

见图6.1—图6.8。

5)通风空调工程施工图预算编制

(1)通风空调工程施工图预算书封面(略)

(2)编制说明

①编制依据:本工程预算按《全国统一安装工程预算定额》(某地区计价表)第6册、第8册、第9册、第10册、第11册编制,并按某省及某市的有关规定取费。

②本预算未考虑设计变更。

③主要材料价格:钢管、风管、阀门等按2012年某市材料预算价格执行,其余价格为厂方参考价。

④客房风机盘管主材价格中已含软接及水过滤器价格。

⑤预算总价中未包括主要材料及设备的价差,竣工决算时应另行计算。

(3)安装工程预算单(工料单价法计价)

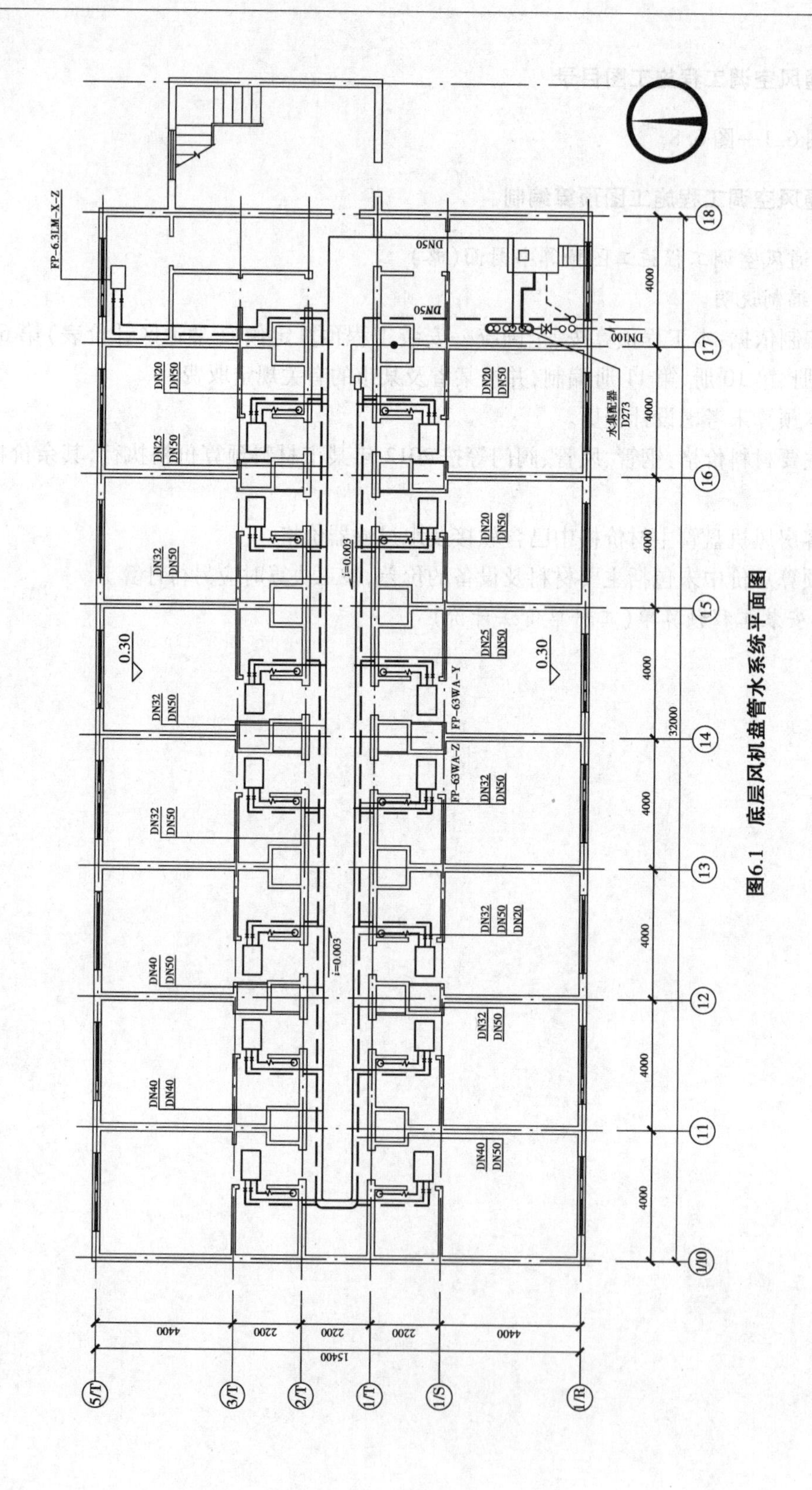

图6.1 底层风机盘管水系统平面图

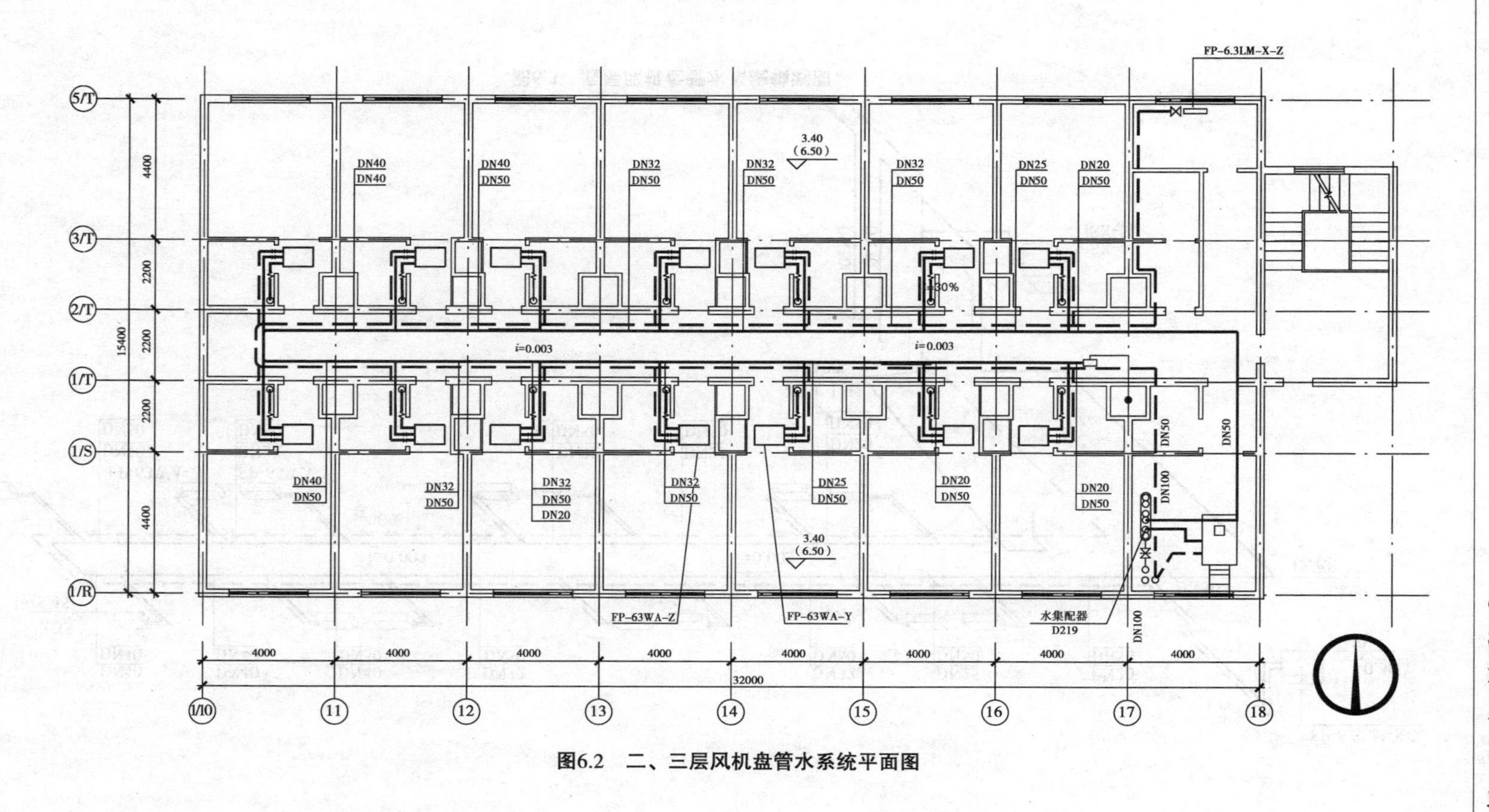

图6.2 二、三层风机盘管水系统平面图

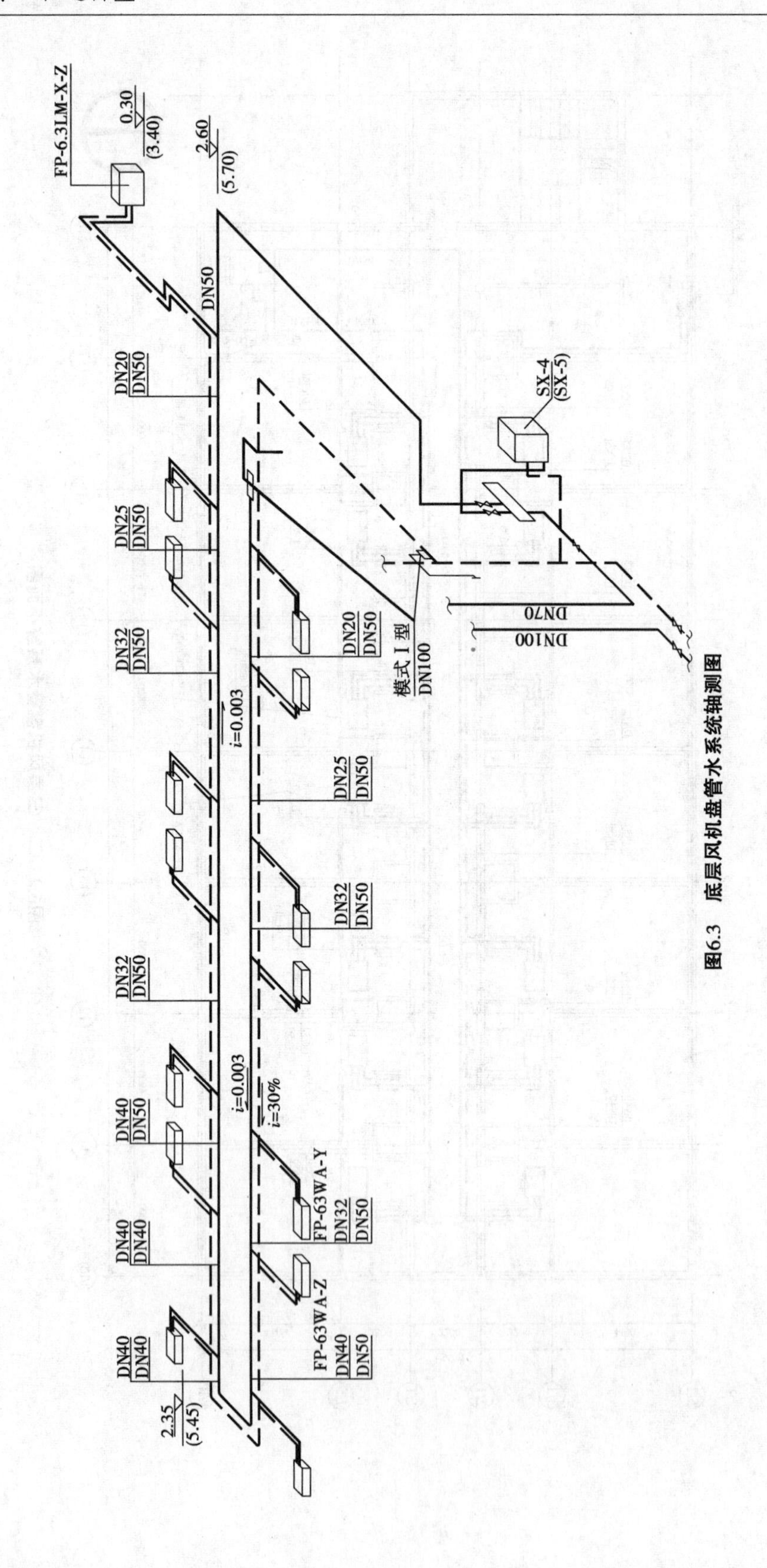

图6.3 底层风机盘管水系统轴测图

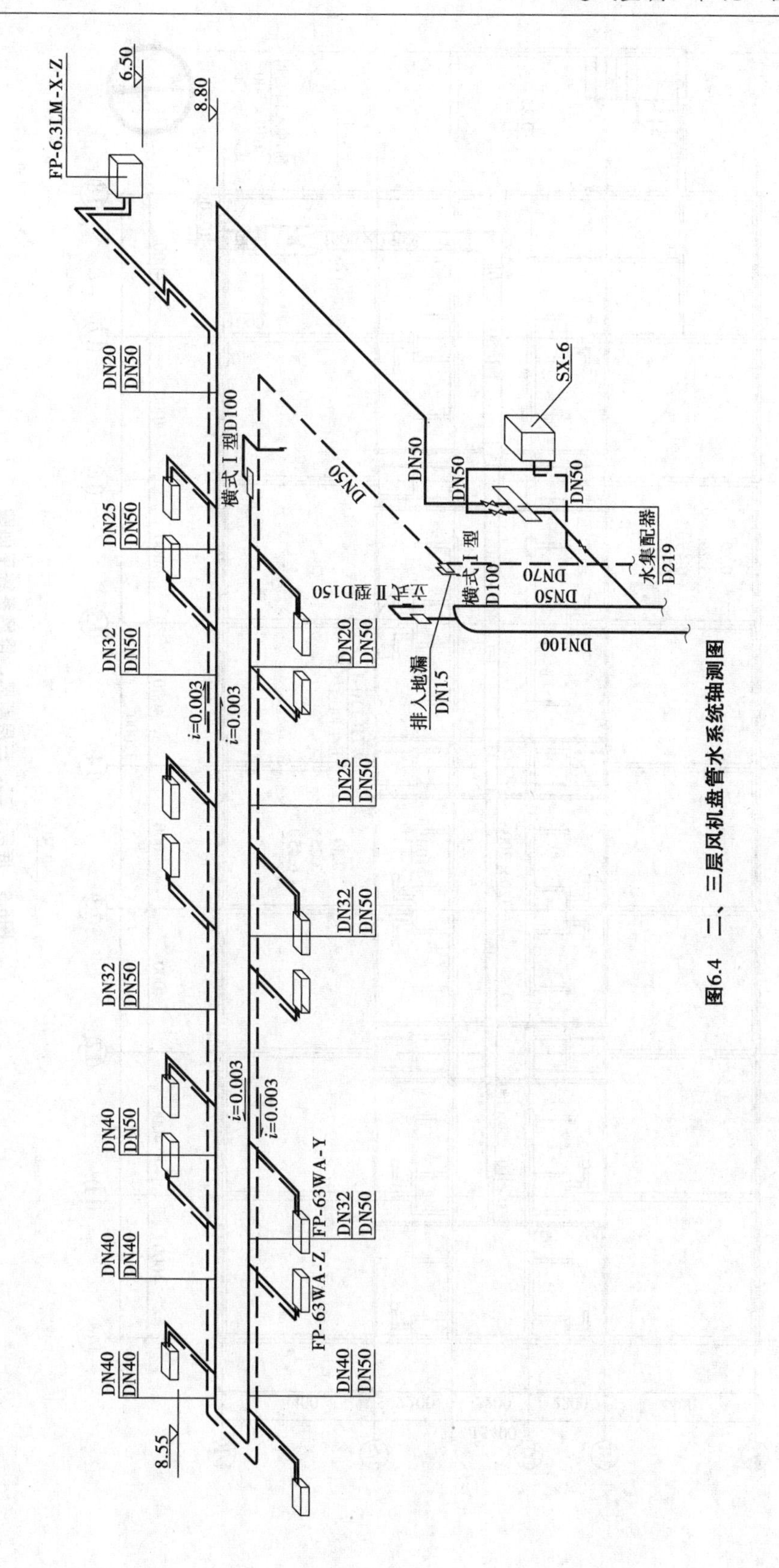

图6.4 二、三层风机盘管水系统轴测图

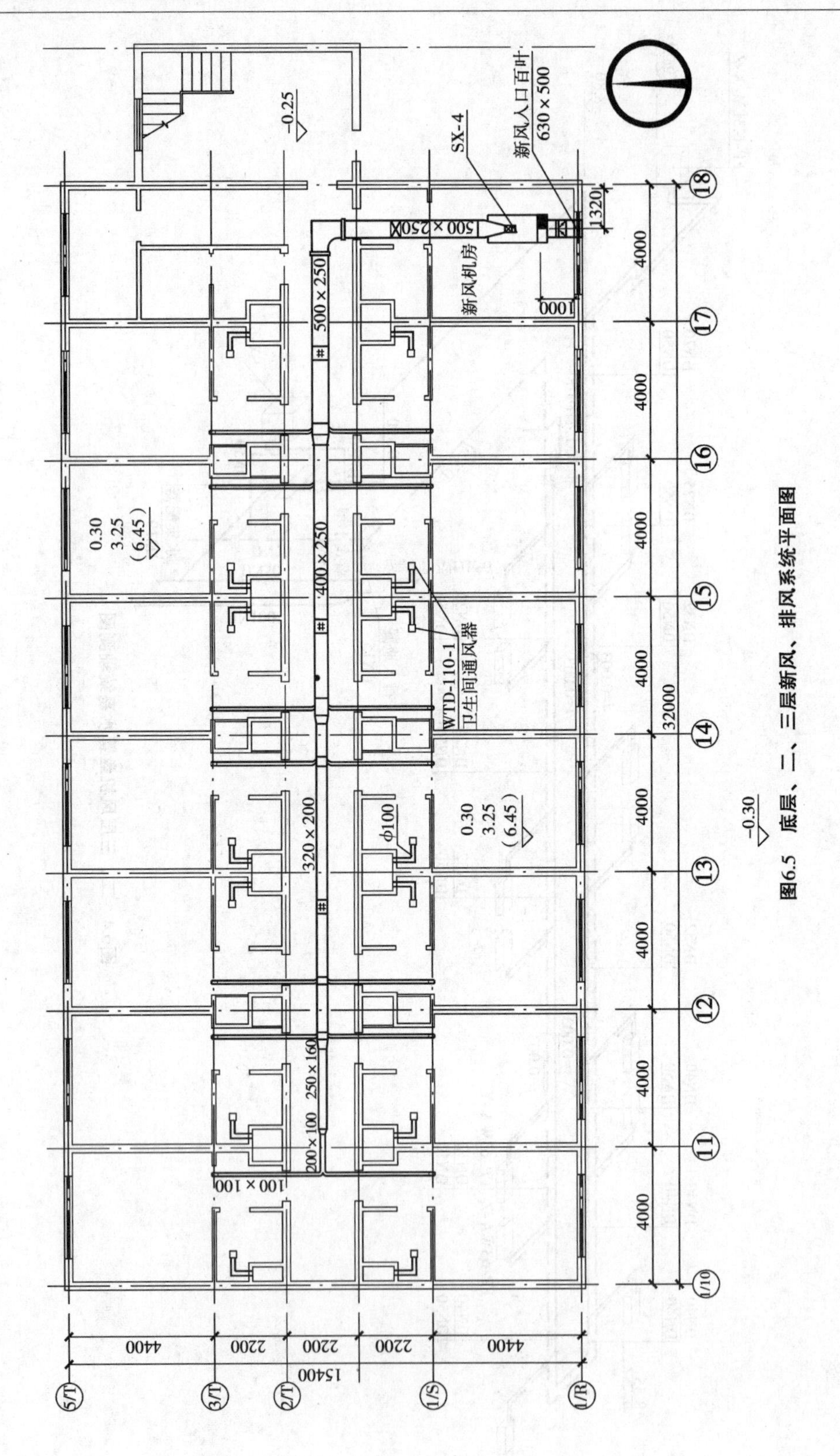

图6.5 底层、二、三层新风、排风系统平面图

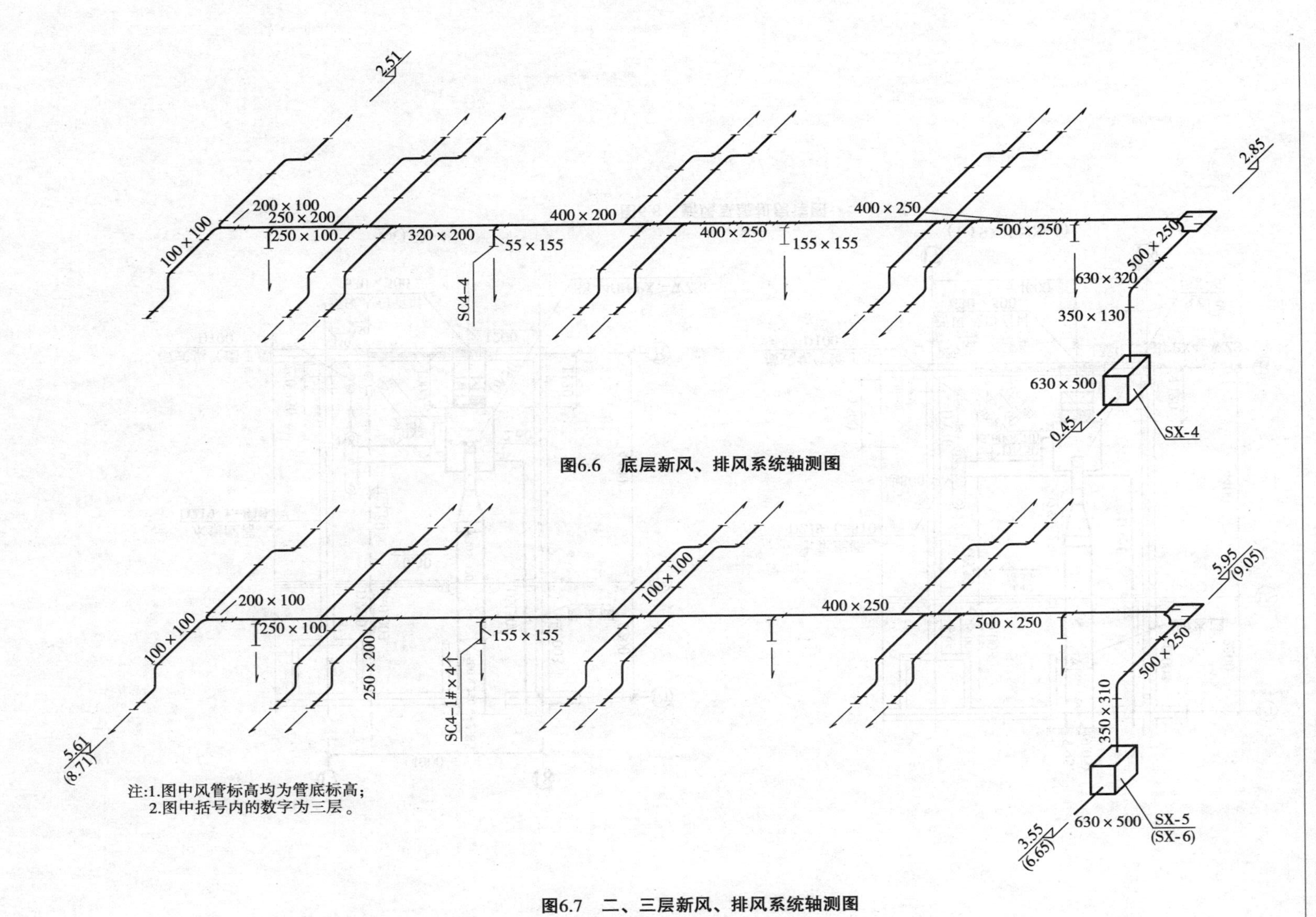

图6.6　底层新风、排风系统轴测图

注:1.图中风管标高均为管底标高;
2.图中括号内的数字为三层。

图6.7　二、三层新风、排风系统轴测图

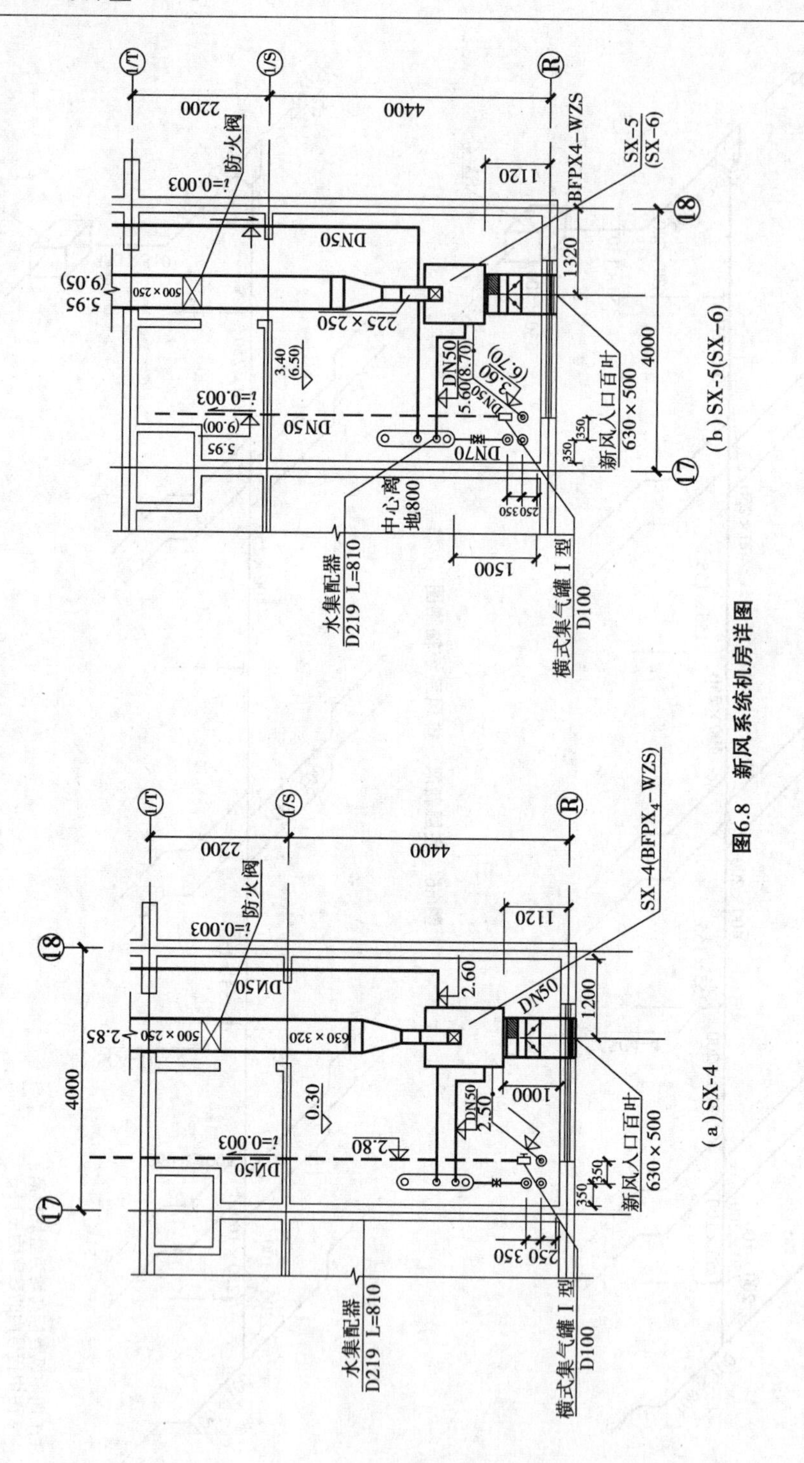

图6.8 新风系统机房详图

(4)工程量计算表

工程量计算表

建设单位:__________ 第____页共____页

工程名称:__________ ____年____月____日

分部分项工程名称	轴线位置	计算式	计量单位	数 量
DN15		集气罐排水管 [(1.6+1.2)+1.5]×3=12.90	m	12.90
DN20 镀锌管		(一)底层风盘水系统 供水管:3.70 回水管:3.50 泄水管:(2.2×14+1.6+0.4+4.5+1.3)+(2.60-0.3-0.2)=40.70 凝结水管:2.2×14+(2.6-0.3-0.2)=32.90 合计:80.80 (二)二、三层风盘水系统 同底层 80.80×2=161.60 合计:242.40	m	242.40
DN25 镀锌管		(一)底层风盘水系统 供水管:5.60 回水管:2.50 合计:8.10 (二)二、三层风盘水系统 同底层:8.10×2=16.20 合计:24.30	m	24.30
DN32 镀锌管		(一)底层风盘水系统 供水管:10.2 回水管:13.40 合计:23.60 (二)二、三层风盘水系统 同底层 23.60×2=47.20 合计:70.80	m	70.80
DN40 镀锌管		(一)底层风盘水系统 供水管:5.20×2+1.20 回水管:6.5+1.2×2+1.5=10.40 合计:22.00 (二)二、三层风盘水系统 同底层 22×2=44.00 合计:66.00	m	66.00
DN50 焊接钢管		(一)底层风盘水系统 供水管:[(2.60-0.3-0.8)+(2.50-0.3-0.8)+(2.50-0.3-0.2)+2.35+35.80]=43.05 (二)二、三层风盘水系统 同底层 43.05×2=86.100 合计:129.15	m	129.15
DN70 焊接钢管		供水管:(0.9+0.8)×3=5.10 立管:8.80-0.30=8.50 回水管立管(三层):3.10-1.40=1.70 合计:15.30	m	15.30
DN80 焊接钢管		回水立管:3.10	m	3.10

续表

分部分项工程名称	轴线位置	计算式	计量单位	数　量
DN100 焊接钢管		进户管 供水管:1.5 + 0.5 + (8.80 + 0.5) = 11.30 回水管:1.5 + 0.5 + (0.5 + 0.5 + 1.40) = 4.40 合计:15.70	m	15.70
截止阀 J11T-16　DN15		集气罐排水管上 底层:2,二层:2,三层:3 合计:7	个	7
截止阀 J11T-16　DN20		风盘进出水管控制调节水量的阀门:30 × 3 = 90	个	90
截止阀 J11T DN32		预留	个	2
闸阀 J45T-10DN50		新风机组进出水管上:2 × 3 = 6 供水管上:2 × 3 = 6 合计:12	个	12
闸阀 Z45T-10 DN70		每层 1 个	个	3
闸阀 Z45T-10DN100		入口处:2	个	2
软接　DN20		客房风机盘管处:14 × 2 × 3 = 84	个	84
水过滤器		14 × 3 = 42	只	42
卫生间通风器		14 × 3 = 42	只	42
消声弯头	成品安装	500 × 250:3 23 × 3 = 69	只 kg	3 69
集气罐制作安装		DN100:6,DN150:1 合计:7 个	个	7
水集配器制作安装		*D*219,*L* = 810 mm,单位质量 28.80 kg: 28.80 × 2 = 56.16 kg *D*273,*L* = 1 194,单位质量 51.89 kg 合计:108.05 kg	kg	108.05
新风机组		$BFPX_4$-WSZ,冷量 4.16×10^4 kcal/h	台	3
风机盘管(吊顶式)		FP-6.3　WA-Z:21,　FP-6.3　WA-Y:21 合计: 42	台	42
风机盘管(落地式)		FP-6.3　LM-X-Z:3	台	3
防火调节阀	成品安装	500 × 250:3 周长:(500 + 250) × 2 = 1 500 5.42 kg/只 × 3 只 = 16.26 kg	只 mm	3 1 500
圆形防火调节阀	成品安装	卫生间通风处,ϕ100:42 周长:100 × 3.14 = 314 3 kg/只 × 42 只 = 126 kg	只 mm	42 314
手动对开多叶调节阀	成品安装	630 × 500:3 周长:(630 + 500) × 2 = 2 260 12.63 kg/只 × 3 只 = 37.89 kg	只 mm	3 2 260
带调节阀方型散流器(铝合金)	安装	SC4-1#,152 × 152:4 × 3 = 12 周长:152 × 4 = 608	只 mm	12 608
铝合金格栅式回风口(带过滤网)	成品安装	760 × 200:14 × 3 = 42 周长:(760 + 200) × 2 = 1 920	只 mm	42 1 920

续表

分部分项工程名称	轴线位置	计算式	计量单位	数　量
铝合金双层百叶送风口	成品安装	910×130:42 周长:(910+130)×2=2 080	只 mm	42 2 080
铝合金新风入口百叶	成品安装	630×500　3 周长:(630+500)×2=2 260	只 mm	3 2 260
镀锌薄钢板矩形风管		底层、新风、排风系统平面(二、三层同底层)	m^2	64.92 115.80
	500×250	周长=(0.5+0.25)×2=1.5 m 5×2×1.5=15 m^2		
	400×250	周长=(0.4+0.25)×2=1.30 m 7.90×1.30=10.27 m^2		
	400×200	周长=(0.4+0.2)×2=1.20 m 5×1.20=6.0 m^2		
	320×200	周长=(0.32+0.2)×2=1.04 m 2.80×1.04=2.91 m^2		
	250×200	周长=(0.25+0.2)×2=0.90 m 2×0.90=1.80 m^2		
	250×160	周长=(0.25+0.16)×2=0.82 2.80×0.82=2.62 m^2		
	200×100	周长=(0.2+0.1)×2=0.60 1.0×0.60=0.60 m^2		
	100×100	周长=0.1×4=0.4 m 长度=2×8+(2.5×2+2.2+2.0)×3+(2.82−2.51)×14=47.94 m 47.94×0.4=19.18		
	155×155	周长=0.155×4=0.62 m (0.75×4)×0.62=1.86 合计:(一)周长800以下,δ=0.5 mm (0.60+19.18+1.86)×3(层)=64.92 (二)周长2 000以下,δ=0.75 mm (15.0+10.27+6.0+2.91+1.80+2.62)×3=38.60×3=115.80		
帆布软接头		(1)空调机组出风口处 $L=300$	m^2	41.35
	630×500	F=3(个)×(0.63+0.5)×2×0.3=2.03		
	350×310	F=3(个)×(0.35+0.31)×2×0.3=1.19 (2)风盘送风口处		
	760×120	$L=300$　(见风盘样本) F=(0.76+0.12)×2×0.3×42=22.18 (3)风盘回风口处		
	760×200	$L=200$　(见风盘样本) F=(0.76+0.2)×2×0.2×42=16.13 合计:41.35		
钢管除锈	DN50	1.292×18.85=24.35	m^2	34.46
	DN70	0.153×23.72=3.63		
	DN80	0.031×27.80=0.86		
	DN100	0.157×35.81=5.62 合计:34.46		
钢管刷红丹防锈漆2遍		工程量同除锈	m^2	34.46

续表

分部分项工程名称	轴线位置	计算式	计量单位	数 量
管道保温 聚苯乙烯瓦块	DN15 DN20 DN25 DN32 DN40 DN50 DN70 DN80 DN100	0.13×1.21=0.16 (2.424-1.221)×1.21=1.46 0.243×1.32=0.32 0.708×1.46=1.03 0.66×1.55=1.02 1.292×1.74=2.25 0.153×1.97=0.31 0.031×2.18=0.07 0.157×2.58=0.41 合计:7.03 其中 ϕ57 以下 6.24,ϕ133 以下 0.79	m^3	6.24 0.79
玻璃丝布保护层	DN15 DN20 DN32 DN40 DN50 DN70 DN80 DN100	0.13×39.82=5.18 (2.424-1.221)×39.82=47.90 0.243×41.94=10.19 0.708×44.77=31.70 0.66×46.65=30.79 1.292×50.27=64.95 0.153×55.14=8.44 0.031×59.22=1.84　0.157×67.23=10.56 合计:211.55	m^2	211.55
风管聚苯乙烯板材保温 $\delta=30$	500×250 400×250 400×200 320×200 250×200 250×160 200×100 100×100 155×155	(0.53+0.28)×2×(0.03+0.03×3.3%)×10=0.5 (0.43+0.28)×2×0.030 9×7.90=0.35 (0.43+0.23)×2×0.030 9×5.0=0.20 (0.35+0.23)×2×2.8×0.030 9=0.10 (0.28+0.23)×2×2×0.030 9=0.06 (0.28+0.19)×2×0.030 9×3.2=0.09 (0.23+0.13)×2×0.030 9×1=0.02 (0.13+0.13)×2×0.030 9×47.94=0.77 (0.185+0.185)×2×0.030 9×3=0.07 合计:2.16	m^3	2.16
风管玻璃丝布保护层	500×250 400×250 400×200 320×200 250×200 250×160 200×100 100×100 155×155	(0.56+0.31)×2×10=17.40 (0.46+0.31)×2×7.9=12.17 (0.46+0.26)×2×5.0=7.20 (0.38+0.26)×2×2.8=3.58 (0.31+0.26)×2×2=2.28 (0.319+0.22)×2×3.2=3.39 (0.26+0.16)×2×1.0=0.84 (0.16+0.16)×2×47.94=30.68 (0.215×4)×3.0=2.58 合计:80.12	m^2	80.12
圆形风管 ϕ100 $\delta=0.5$		卫生间通风器风管 (0.9+0.3)×14×3=63 63×3.14×0.10=19.78	m^2	19.78
管道支架制作、安装	DN40 DN50 DN70 DN80 DN100	DN32 以内定额已含管道支架制作安装 (66/2.5+1)×0.5=14.00 (129.15/2.5+1)×0.5=26.33 (15.3/2.5+1)×0.8=5.70 (3.1/2.5+1)×0.8=2.40 (15.7/2.5+1)×0.8=6.40 合计:54.83	kg	54.83
支架油漆		供回水管道支架,54.83 风管吊托支架按定额含量算得: 1.98×(0.89+20.64+2.93)=48.43 6.49×(40.42+2.15+1.35)=285.04 11.58×(35.66+1.33+1.93)=450.69 合计:838.99	kg	838.99

工程预算表

工程名称:宾馆服务楼(通风空调)　　　　单位:元

序号	定额号	项目名称	单　位	工程量	定额单价	其中			合　价	其中			主材费	
						人工费	材料费	机械费		人工费	材料费	机械费	单　价	合　价
1	8-87	镀锌钢管 DN15	10 m	1.29	68.37	47.58	20.79		88.20	61.38	26.81	0	10.20×4.45	58.55
2	8-88	镀锌钢管 DN20	10 m	24.24	68.90	47.58	21.32		1 670.14	1 153.34	516.80	0	10.20×5.79	1 431.57
3	8-89	镀锌钢管 DN25	10 m	2.43	83.82	57.20	25.75	0.87	203.68	138.99	62.57	2.11	10.20×8.66	214.65
4	8-90	镀锌钢管 DN32	10 m	7.08	86.46	57.20	28.39	0.87	612.14	404.98	201.0	6.16	10.20×12.0	866.59
5	8-91	镀锌钢管 DN40	10 m	6.6	94.93	68.12	25.94	0.87	626.54	449.59	171.2	5.74	10.20×15.5	1 043.46
6	8-103	焊接钢管 DN50	10 m	12.92	106.54	69.68	34.07	2.79	1 376.50	900.27	440.18	36.05	10.2×15.86	2 090.07
7	8-105	焊接钢管 DN70	10m	1.53	122.81	75.40	43.99	3.42	187.90	115.36	67.30	5.23	10.2×21.58	336.78
8	8-105	焊接钢管 DN80	10 m	0.31	122.81	75.40	43.99	3.42	38.07	23.37	13.64	1.06	10.2×30.88	97.64
9	8-106	焊接钢管 DN100	10 m	1.57	168.93	85.54	73.58	9.81	265.22	134.30	115.52	15.40	10.2×35.26	564.65
10	8-241	截止阀 J11T-16DN15	个	7	5.65	2.60	3.05		39.55	18.20	21.35	0	1.01×9.00	63.63
11	8-242	截止阀 J11T-16DN20	个	90	5.65	2.60	3.05		508.50	234.00	274.5	0	1.01×13.00	1 181.7
12	8-244	截止阀 J11T-16DN32	个	2	9.79	3.90	5.89		19.58	7.80	11.78	0	1.01×28.00	56.56
13	8-258	闸阀 J45T-10DN50	个	12	83.02	12.74	56.52	13.76	996.24	152.88	678.24	165.12	1.0×101.6	1 219.2
14	8-260	闸阀 J45T-10DN70	个	3	158.98	19.50	115.13	24.35	476.94	58.50	345.39	73.05	1.0×140.93	422.79
15	8-261	闸阀 J45T-10DN100	个	2	195.81	24.18	143.04	28.59	391.62	48.36	286.08	57.18	1.0×184.63	369.26
16	8-241	风机盘管软接	个	84	5.65	2.60	3.05		474.60	218.40	256.2	0	30.00	2 520.0
17	8-241	水过滤器	个	42	5.65	2.60	3.05		237.30	109.20	128.1	0	60.00	2 520.0
18	8-178	一般管架制作安装	100 kg	0.55	844.97	263.64	146.62	434.71	517.12	161.35	89.73	266.04	106.0×3.00	194.62
19	9-1	圆形风管 $\delta=0.5$	10 m^2	1.98	497.47	341.41	100.57	55.49	984.99	675.99	199.13	109.87	11.38×28.0	630.91
20	9-5	矩形风管周长<800 $\delta=0.5$	10 m^2	6.49	478.56	213.41	183.99	81.16	3 818.91	1 703.01	1 468.24	647.66	11.38×28.0	2 542.75

续表

序号	定额号	项目名称	单位	程量	定额单价	其中			合价	其中			主材费	
						人工费	材料费	机械费		人工费	材料费	机械费	单价	合价
21	9-6	矩形风管周长<2 000 δ=0.75	10 m^2	11.58	368.23	155.38	170.30	42.55	4 628.65	1 953.13	2 140.67	534.85	11.38×33.0	4 720.54
22	9-41	帆布软接头	m^2	41.35	160.27	48.20	105.19	6.88	6 656.01	2 001.75	4 368.54	285.73		
23	9-196	消声弯头制作安装	100 kg	0.69	573.63	263.72	345.79	227.84	395.80	0.69	238.59	157.21		
24	9-230	卫生间通风器	台	42	3.51	3.51			147.42	147.42	42.00	0	120.00	5 040.0
25	9-240	变风量新风机组	台	3	545.88	542.88	3.00		1 637.64	1 628.64	9.00	0	90 000.0	270 000.0
26	9-245	风机盘管安装吊顶式	台	42	99.75	29.02	62.13	8.60	4 189.5	1 218.84	2 609.46	361.2	3 000.00	126 000
27	9-246	风机盘管安装落地式	台	3	26.25	23.63	2.62		78.75	70.89	7.86	0	3 600.00	10 800
28	9-84	对开多叶调节阀安装 周长<2 800 mm	个	3	19.38	10.53	8.85		58.14	31.59	26.55	0	500.00	1 500
29	9-88	防火阀安装　周长<2 200 mm	个	3	13.41	4.91	8.50		40.23	14.73	25.5	0	650.00	1 950
30	9-88	圆形防火调节阀安装 周长<2 200 mm	个	42	13.41	4.91	8.50		563.22	206.22	357	0	620.00	26 040
31	9-136	格栅式回风口安装 周长<2 500 mm	个	42	22.56	15.91	5.62	1.03	947.52	668.22	236.04	43.26	200.00	8 400
32	9-136	双层百叶送风口安装	个	42	22.56	15.91	5.62	1.03	947.52	668.22	236.04	43.26	260.00	10 920
33	9-136	新风入口百叶安装	个	3	22.56	15.91	5.62	1.03	67.68	47.73	16.86	3.09	250.00	750
34	9-148	带调节阀方形散流器 *SC4*-1#152×152	个	12	10.87	8.42	2.45		130.44	101.04	29.4	0	140.00	1 680
35	11-1	钢管除锈	10 m^2	3.446	11.35	7.96	3.39		39.11	27.43	11.68	0		
36	11-51	钢管刷红丹防锈漆第1遍	10 m^2	3.446	7.73	6.32	1.41		26.64	21.78	4.86	0		
37	11-52	钢管刷红丹防锈漆第2遍	10 m^2	3.446	7.58	6.32	1.26		26.12	21.78	4.34	0		
38	11-7	支架除锈	100 kg	8.39	17.59	7.96	2.50	7.13	147.58	66.78	20.98	59.82		
39	11-117	支架刷油红丹防锈漆第1遍	100 kg	8.39	13.65	5.38	1.14	7.13	114.52	45.14	9.56	59.82		

40	11-118	支架刷油红丹防锈漆第2遍	100 kg	8.39	13.27	5.15	0.99	7.13	111.34	43.21	8.31	59.82		
41	11-126	刷调和漆第1遍	100 kg	8.39	12.62	5.15	0.34	7.13	105.88	43.21	2.85	59.82		
42	11-1954	聚苯乙烯板材保温	m^3	2.16	819.47	419.09	356.31	44.07	1 770.05	905.23	769.63	95.19	1 200.00	2 592.0
43	11-1687	聚苯乙烯瓦块保温 ϕ57 内	m^3	6.24	200.06	142.97	50.17	6.92	1 248.37	892.13	313.06	43.18	1 200.00	7 488.0
44	11-1695	聚苯乙烯瓦块保温 ϕ133 内	m^3	0.79	124.15	72.54	44.69	6.92	98.08	57.31	35.31	5.47	1 200.00	948.0
45	11-2153	玻璃丝布保护层	10 m^2	29.17	11.11	11.00	0.11		324.08	320.87	3.21	0		
46	6-2896	集气罐制作	个	7	37.75	16.88	12.56	8.31	264.25	118.16	87.92	58.17	0.3×160.0	336.0
47	6-2901	集气罐安装	个	7	6.80	6.80			47.60	47.60	7	0		
48	6-2889	水集配器制作	100 kg	1.08	249.96	83.16	78.46	88.34	269.96	89.81	84.74	95.41	93.18×30.0	3 019.03
49	6-2892	水集配器安装	个	3	112.66	103.82	2.56	6.28	337.98	311.46	7.68	18.84		
		合　计							38 953.82	18 540.28	17 088.42	3 374.82		500 608.95

6.6 通风空调工程工程量清单计价编制实例

工程量清单计价采用综合单价法计价,并遵循工程量清单的编制原则和编制方法。本节以本章第五节工程为实例,说明通风空调工程工程量清单计价的编制方法和编制步骤。

工程量计算执行《工程量清单计价规范》所规定的计算规则,因本题涉及的项目中工程量计算规则与定额计价工程量计算规则基本相同,所以不再单独列出工程量计算表,可参见本章第五节工程量计算表。主材费的计算也可参见相应列表所示。

1)分部分项工程量清单

工程名称:某宾馆服务楼通风空调工程　　　　第＿＿页共＿＿页

序　号	项目编码	项目名称	计量单位	工程数量
1	031001001001	镀锌钢管 DN15	m	12.9
2	031001001002	镀锌钢管 DN20	m	242.4
3	031001001003	镀锌钢管 DN25	m	24.3
4	031001001004	镀锌钢管 DN32	m	70.8
5	031001001005	镀锌钢管 DN40	m	66.0
6	031001002001	焊接钢管 DN50	m	129.2
7	031001002002	焊接钢管 DN70	m	15.3
8	031001002003	焊接钢管 DN80	m	3.1
9	031001002004	焊接钢管 DN100	m	15.7
10	031003001001	截止阀 J11T-16DN15	个	7
11	031003001002	截止阀 J11T-16DN20	个	90
12	031003001003	截止阀 J11T-16DN32	个	2
13	031003002001	闸阀 J45T-10DN50	个	12
14	031003002002	闸阀 J45T-10DN70	个	3
15	031003002003	闸阀 J45T-10DN100	个	2
16	031003007001	水过滤器	个	42
17	031004008001	卫生间通风器	台	42
18	030701003001	变风量新风机组	台	3
19	030701004001	风机盘管安装吊顶式	台	42
20	030701004002	风机盘管安装落地式	台	3
21	030702001001	圆形风管 $\delta=0.5$	m^2	19.8
22	030702001002	矩形风管制作安装 $\delta=0.5$	m^2	180.72
23	030703001001	对开多叶调节阀安装 周长 <2 800 mm	个	3
24	030703001002	防火阀安装 周长 <2 200 mm	个	3

续表

序号	项目编码	项目名称	计量单位	工程数量
25	030703001003	圆形防火调节阀安装 周长 <2 200 mm	个	42
26	030703007001	格栅式回风口安装 周长 <2 500 mm	个	42
27	030703007002	双层百叶送风口安装	个	42
28	030703007003	新风入口百叶安装	个	3
29	030703007004	带调节阀方形散流器 SC4-1#152 ×152	个	12
30	030703020001	消声弯头制作安装	kg	69.0
31	030817002001	集气罐制作安装	个	7
32	030817002002	水集配器制作安装	个	3
33	030704001001	通风工程检测、调试	系统	1

2)分部分项工程量清单计价表

工程名称:某宾馆服务楼通风空调工程　　　　第____页共____页

序号	项目编码	项目名称	计量单位	工程数量	金额/元	
					综合单价	合价
1	031001001001	镀锌钢管 DN15	m	12.9	9.739	125.63
2	031001001002	镀锌钢管 DN20	m	242.4	9.792	2 373.58
3	031001001003	镀锌钢管 DN25	m	24.3	11.871	288.47
4	031001001004	镀锌钢管 DN32	m	70.8	12.135	859.16
5	031001001005	镀锌钢管 DN40	m	66.0	13.649	900.83
6	031001002001	焊接钢管 DN50	m	129.2	23.26	3 005.19
7	031001002002	焊接钢管 DN70	m	15.3	33.23	508.42
8	031001002003	焊接钢管 DN80	m	3.1	35.67	110.58
9	031001002004	焊接钢管 DN100	m	15.7	28.41	446.04
10	031003001001	截止阀 J11T-16DN15	个	7	7.23	50.61
11	031003001002	截止阀 J11T-16DN20	个	90	7.23	650.70
12	031003001003	截止阀 J11T-16DN32	个	2	12.17	24.34
13	031003002001	闸阀 J45T-10DN50	个	12	90.79	1 089.48
14	031003002002	闸阀 J45T-10DN70	个	3	170.88	512.64
15	031003002003	闸阀 J45T-10DN100	个	2	210.56	421.12
16	031003007001	水过滤器	个	42	7.23	303.66
17	031004008001	卫生间通风器	台	42	5.65	237.30
18	030701003001	变风量新风机组	台	3	1 080.61	3 241.83
19	030701004001	风机盘管安装吊顶式	台	42	304.92	12 806.64

续表

序号	项目编码	项目名称	计量单位	工程数量	金额/元	
					综合单价	合价
20	030701004002	风机盘管安装落地式	台	3	304.92	914.76
21	030702001001	圆形风管 $\delta=0.5$	m^2	19.8	70.573	1 397.35
22	030702001002	矩形风管制作安装 $\delta=0.5$	m^2	180.72	105.83	19 125.60
23	030703001001	对开多叶调节阀安装 周长<2 800 mm	个	3	25.80	77.40
24	030703001002	防火阀安装 周长<2 200 mm	个	3	16.41	49.23
25	030703001003	圆形防火调节阀安装 周长<2 200 mm	个	42	16.41	689.22
26	030703007001	格栅式回风口安装 周长<2 500 mm	个	42	32.27	1 355.34
27	030703007002	双层百叶送风口安装	个	42	32.27	1 355.34
28	030703007003	新风入口百叶安装	个	3	32.27	96.81
29	030703007004	带调节阀方形散流器 SC4-1#152×152	个	12	16.01	192.12
30	030703020001	消声弯头制作安装	kg	69.0	9.98	9.98
31	030817002001	集气罐制作安装	个	7	58.99	412.93
32	030817002002	水集配器制作安装	个	3	284.24	852.72
33	030704001001	通风工程检测、调试 (19 570.75×13%)	系统	1	2 544.20	2 544.20
		合　计				57 029.22

3)分部分项工程人工费计价表

工程名称:某宾馆服务楼通风空调工程　　　　第____页共____页

序号	项目编码	项目名称	计量单位	工程数量	金额/元	
					人工费单价	人工费合价
1	031001001001	镀锌钢管 DN15	m	12.9	4.758	61.38
2	031001001002	镀锌钢管 DN20	m	242.4	4.758	1 153.34
3	031001001003	镀锌钢管 DN25	m	24.3	5.72	138.99
4	031001001004	镀锌钢管 DN32	m	70.8	5.72	404.98
5	031001001005	镀锌钢管 DN40	m	66.0	6.812	449.59
6	031001002001	焊接钢管 DN50	m	129.2	10.69	1 381.15
7	031001002002	焊接钢管 DN70	m	15.3	16.09	246.18
8	031001002003	焊接钢管 DN80	m	3.1	15.99	49.57
9	031001002004	焊接钢管 DN100	m	15.7	12.74	200.02

续表

序号	项目编码	项目名称	计量单位	工程数量	金额/元	
					人工费单价	人工费合价
10	031003001001	截止阀 J11T-16DN15	个	7	2.60	18.20
11	031003001002	截止阀 J11T-16DN20	个	90	2.60	234.00
12	031003001003	截止阀 J11T-16DN32	个	2	3.90	7.80
13	031003002001	闸阀 J45T-10DN50	个	12	12.74	152.88
14	031003002002	闸阀 J45T-10DN70	个	3	19.50	58.50
15	031003002003	闸阀 J45T-10DN100	个	2	24.18	48.36
16	031003007001	水过滤器	个	42	2.60	109.20
17	031004008001	卫生间通风器	台	42	3.51	147.42
18	030701003001	变风量新风机组	台	3	594.61	1 783.83
19	030701004001	风机盘管安装吊顶式	台	42	78.19	3 283.98
20	030701004002	风机盘管安装落地式	台	3	78.19	234.57
21	030702001001	圆形风管 $\delta=0.5$	m^2	19.8	34.141	675.99
22	030702001002	矩形风管制作安装 $\delta=0.5$	m^2	180.72	33.63	6 077.61
23	030703001001	对开多叶调节阀安装 周长 <2 800 mm	个	3	10.53	31.59
24	030703001002	防火阀安装 周长 <2 200 mm	个	3	4.91	14.73
25	030703001003	圆形防火调节阀安装 周长 <2 200 mm	个	42	4.91	206.22
26	030703007001	格栅式回风口安装 周长 <2 500 mm	个	42	15.91	668.22
27	030703007002	双层百叶送风口安装	个	42	15.91	668.22
28	030703007003	新风人口百叶安装	个	3	15.91	47.73
29	030703007004	带调节阀方形散流器 SC4-1#152×152	个	12	8.42	101.04
30	030703020001	消声弯头制作安装	kg	69. 0	2. 64	182.16
31	030817002001	集气罐制作安装	个	7	23.68	165.76
32	030817002002	水集配器制作安装	个	3	133.76	401.28
		小　计				19 404.49
33	030704001001	通风工程检测、调试人工费 （19 570.75×13%×25%）	系统	1	636.05	636.05
		合　计				20 040.54

4）措施项目清单计价表

工程名称：某宾馆服务楼通风空调工程　　　　第＿＿页，共＿＿页

序号	项目名称	金　额/元
1	脚手架搭拆费 20 040.54×5%	1 002.03
2	现场安全文明施工措施费 557 638.17×1.6%	8 922.21
3	临时设施费 557 638.17×1%	5 576.38
4	检验试验费 557 638.17×0.15%	836.46
	合　计	16 337.08

5）其他项目清单计价表

工程名称：某宾馆服务楼通风空调工程　　　　第＿＿页，共＿＿页

序号	项目名称	计量单位	金额/元	备　注
1	暂列金额			
2	暂估价			
2.1	材料暂估价			
2.2	专业工程暂估价			
3	计日工			
4	总承包服务费			
	合　计			

6）单位工程费用汇总表

工程名称：某宾馆服务楼通风空调工程　　　　第＿＿页，共＿＿页

序号	项目名称	金　额/元
1	分部分项工程量清单计价合计	557 638.17
	其中：主材费	500 608.95
2	措施项目清单计价合计	16 337.08
3	其他项目清单计价合计	0.00
4	规　费	15 899.12
	① 建筑安全监督管理费 （557 638.17＋16 337.08）×0.19%	1 090.55
	② 社会保障费 （557 638.17＋16 337.08）×2.2%	12 627.46
	③住房公积金 （557 638.17＋16 337.08）×0.38%	2 181.11
5	税　金	20 291.68
6	合　计	610 166.05

7）分部分项工程量清单综合单价分析表（部分）

序号	项目编码	项目名称	工程内容	定额编号	单位	数量	综合单价	综合单价组成				
								人工费	材料费	机械费	管理费	利润
1	030701003001	变风量新风机组			台	3	1 080.61	594.61	115.9	7.38	279.46	83.25
			①变风量新风机组安装	9-240	台	3	877.03	542.88	3.00		255.15	76.00
			②帆布软接头	9-41	m^2	3.22	189.67	48.20	105.19	6.88	22.65	6.75
		小 计	∑ 数量×单价				3 241.83	1 783.84	347.71	22.15	838.38	249.74
		每台综合单价及组成	小计值÷3				1 080.61	594.61	115.9	7.38	279.46	83.25
2	030702001002	矩形风管制作安装			m^2	180.72	105.83	33.63	26.62	25.12	15.81	4.71
			①矩形风管周长<800 $\delta=0.5$	9-5	10 m^2	7.388	608.74	213.41	183.99	81.16	100.30	29.88
			②矩形风管周长<2 000 $\delta=0.75$	9-6	10 m^2	13.178	463.01	155.38	170.30	42.55	73.03	21.75
			③一般管架制作安装	8-178	100 kg	7.36	1 005.79	263.64	146.62	434.71	123.91	36.91
			④聚苯乙烯瓦块保温 $\phi57$ 内	11-1687	m^3	2.16	287.28	142.97	50.17	6.92	67.20	20.02
			⑤玻璃丝布保护层	11-2153	10 m^2	8.012	17.82	11.00	0.11		5.17	1.54
			⑥支架刷油红丹防锈漆第1遍	11-117	100 kg	7.36	16.93	5.38	1.14	7.13	2.53	0.75
			⑦支架刷油红丹防锈漆第2遍	11-118	100 kg	7.36	16.41	5.15	0.99	7.13	2.42	0.72
			⑧刷调和漆第1遍	11-126	100 kg	7.36	15.76	5.15	0.34	7.13	2.42	0.72
		小 计	∑ 数量×单价				19 126.21	6 077.01	4 810.08	4 540.19	2 856.20	850.73
		每 m^2 综合单价及组成	小计值/180.72				105.83	33.63	26.62	25.12	15.81	4.71

注:①矩形风管周长<800 $\delta=0.5$,材料净用量64.92 m^2,定额耗量指标为每10 m^2 用量11.38 m^2,则实际消耗量 $=6.492\times11.38=73.88$ m^2。

②矩形风管周长<2 000 $\delta=0.75$,材料净用量115.80 m^2,定额耗量指标为每10 m^2 用量11.38 m^2,则实际消耗量 $=11.58\times11.38=131.78$ m^2。

思考题

6.1 简述通风空调系统的组成。

6.2 风管的安装有哪些工艺要求?

6.3 通风管道工程量计算遵循哪些规则?

6.4 通风空调设备安装工程量计算有什么特点?

6.5 通风空调管道、设备刷油及绝热工程工程量计算遵循哪些规则?

6.6 套用第9册《通风空调工程计价表》时通常应注意哪些规定?

6.7 通风空调工程清单项目设置主要有哪些内容?

6.8 通风空调工程综合单价如何确定?

7 消防工程施工图预算

7.1 消防工程系统概述

建筑消防系统通常由火灾自动报警系统和自动灭火系统构成。其中,自动灭火系统又可分为水灭火系统、气体灭火系统、泡沫灭火系统等。

1) 火灾自动报警系统

火灾自动报警系统通常是指由触发装置、火灾报警装置、火灾警报装置及电源组成的通报火灾发生的全套设备。其基本组成见图7.1。

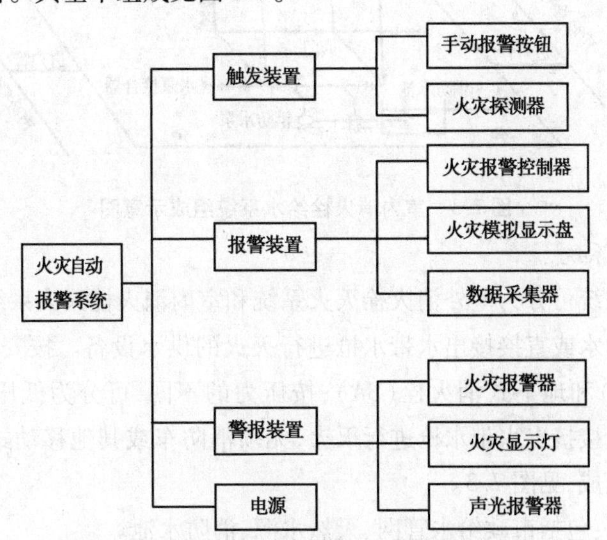

图7.1 火灾自动报警系统基本组成框图

火灾自动报警系统的形式决定于火灾报警控制器的类别和建筑物的复杂程度。目前,国内主要采用区域报警系统、集中报警系统和控制中心报警系统。图7.2为集中报警系统原理图。

火灾自动报警系统的布线方式有总线制和多线制。总线制是指系统间信号采用四总线或二总线进行传输的布线方式,其连接导线较少,安装、使用、调试方便,适用于大、中型火灾报警系统;多线制是指系统间信号按各自回路进行传输的布线方式,其连接导线较多,仅适用于小型火灾报警系统,目前使用较少。

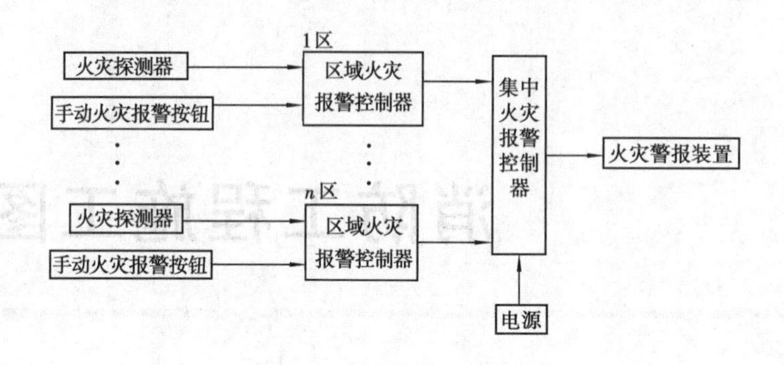

图7.2　集中报警系统原理框图

2)水灭火系统

常用的水灭火系统有消火栓灭火系统、闭式自动喷水灭火系统、雨淋喷水灭火系统、水幕系统等。

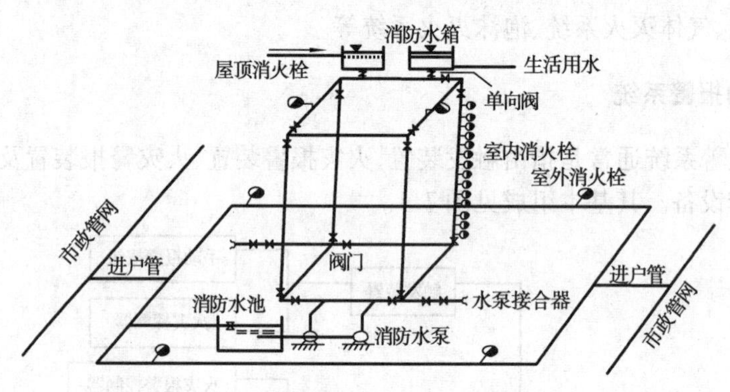

图7.3　室内消火栓给水系统组成示意图

(1)消火栓灭火系统

消火栓灭火该系统可分为室外消火栓灭火系统和室内消火栓灭火系统。室外消火栓是设置于室外供消防车用水或直接接出水带水枪进行灭火的供水设备。按安装方式的不同,可分为地上式消火栓(SS)和地下式消火栓(SA);按压力的不同,可分为低压消火栓和高压消火栓。高压消火栓可直接接出水带水枪进行灭火,无须消防车或其他移动式消防水泵加压。室内消火栓灭火系统组成,见图7.3。

①消防供水水源:包括市政给水管网、天然水源、消防水池。

②消防供水设备:包括消防水箱、气压给水设备、消防水泵、水泵接合器(临时供水设备)等。消防水箱通常应储存10 min的消防用水量,常用的消防水箱容积分别为18,12 ,6 m^3。气压给水设备主要包括增压泵。对于高层建筑,当水箱的设置高度不能满足消火栓给水系统

的要求时,应设置增压泵来确保火灾初期消火栓给水系统的水压要求。水泵接合器由闸阀、安全阀、接合器组成,其作用是当室内消防水泵发生故障或室内消防用水量不能满足灭火需要时,消防车从室外消火栓或消防水池取水,通过水泵接合器将水送到室内管道,补充灭火用水量。

③室内消防给水管网:包括进水管、水平干管、消防竖管等,其管材多采用镀锌钢管。一般建筑的消防给水宜与生产、生活给水管道合并,也可采用单独的消防给水系统。对于高层民用建筑与工业建筑,其室内消防给水应采用独立的系统。

④室内消火栓:设在消火栓箱内,由水枪、水带、消火栓三部分组成。消火栓是具有内扣式接口的球形阀式龙头,一端与消防管相连,另一端与水龙带相连,直径分别为 50 mm,65 mm。同一建筑物内应尽量采用同一规格的室内消火栓,以便于维护保养和替换使用。

(2)闭式自动喷水灭火系统

闭式自动喷水灭火系统是一种能够自动探测火灾并自动启动喷头灭火的固定灭火系统,具有安全可靠、结构简单、使用期长、灭火费用低、便于集中管理和分区控制等特点,是目前应用最广泛的一种固定灭火系统。按其管网工作状况,可分为湿式自动喷水灭火系统、干式自动喷水灭火系统、干湿式自动喷水灭火系统和预作用自动喷水灭火系统。

①湿式自动喷水灭火系统:由闭式喷头、管道系统、水流指示器、湿式报警装置和供水设施等组成(见图 7.4)。因其供水管路和喷头内始终充满有压水,且控制阀门为湿式报警阀,故称为湿式自动喷水灭火系统。

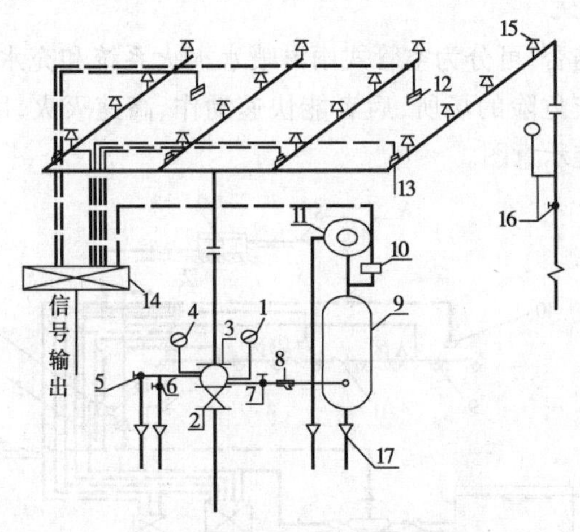

图 7.4 湿式喷水灭火系统示意图

1—阀前压力表;2—控制阀;3—湿式报警阀;4—阀后压力表;5—放水阀;6—试警铃阀;7—警铃管截止阀;8—过滤器;9—延迟器;10—压力继电器;11—水力警铃;12—火灾探测器;13—水流指示器;14—火灾报警控制箱;15—闭式喷头;16—末端检验装置;17—排水漏斗(或管,或沟)

②干式自动喷水灭火系统:它是在湿式自动喷水灭火系统的基础上发展起来的,适用于寒冷和高温场所安装的自动喷水灭火系统。由于其管路和喷头内平时处于充气状态,故称为干式自动喷水灭火系统,主要由闭式喷头、管道系统、充气设备、干式报警装置和供水设施组成(见图 7.5)。

干式与湿式两种自动喷水灭火系统无本质区别,只是在喷头动作后有一个排气过程。另

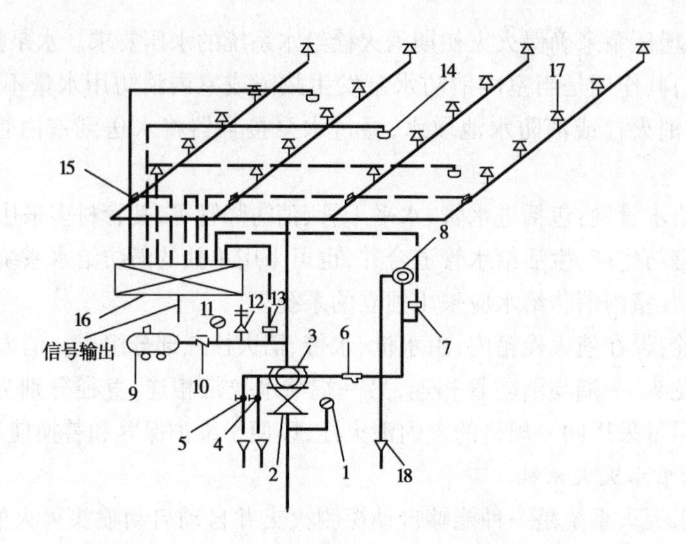

图 7.5 干式自动喷水灭火系统组成示意图

1—阀前压力表;2—控制阀;3—干式报警阀;4—放水阀;5—试警铃阀;
6—过滤器;7—压力继电器;8—水力警铃;9—空压机;10—止回阀;
11—压力表;12—安全阀;13—压力开关;14—火灾探测器;15—水流指示器;
16—火灾报警控制箱;17—闭式喷头;18—排水漏斗(或管,或沟)

外,系统增设了一套充气设备,投资成本稍高,且管网要保证一定气压,日常管理较复杂。

(3)雨淋喷水灭火系统

按其淋水管网充水与否,可分为空管式雨淋喷水灭火系统和充水式雨淋喷水灭火系统两类。前者用于有一般火灾危险的场所,后者能快速动作、高速灭火,用于有特殊危险的场所。图 7.6 为雨淋喷水灭系统示意图。

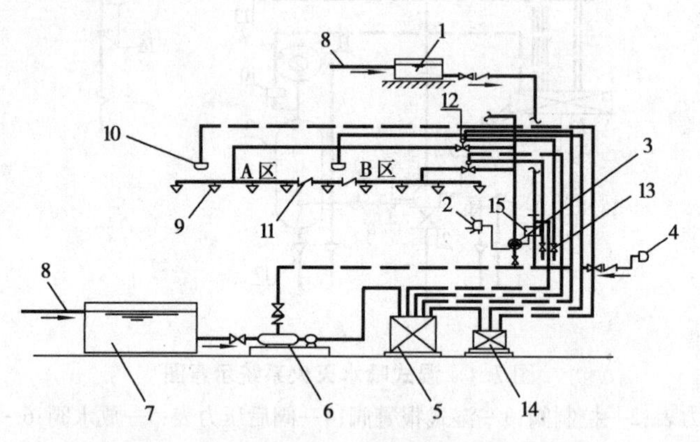

图 7.6 电动启动的雨淋喷水灭火系统示意图

1—高位水箱;2—水力警铃;3—湿式报警阀;4—水泵接合器;5—控制箱;
6—水泵;7—水池;8—进水管;9—开式喷头;10—火灾探测器;11—止回阀;
12—雨淋阀;13—手动阀;14—报警装置;15—压力开关

常用的有电动启动雨淋喷水灭火系统。该系统由火灾探测器发出火警信号,由报警控制器启动电磁阀,打开雨淋阀的放水管,使雨淋阀开启。

(4)水幕系统

水幕系统不直接用来扑灭火灾,而是用于防火隔断或防火分区及局部降温保护,多与防火幕或防火卷帘配合使用。其开启装置可采用自动或手动两种形式,采用自动开启装置时应同时设有手动开启装置。该系统由水幕喷头、管道系统、雨淋阀、电磁阀、高位水箱、报警装置和供水设施等组成。

3)气体灭火系统

气体灭火系统对于扑救可燃气体、可燃液体、电器火灾及一些忌水场合的火灾具有一定的优势。目前,主要有二氧化碳、卤代烷、氮气和烟雾等气体灭火系统,其机理主要是冷却、窒息、隔离和化学抑制。

气体灭火系统主要由贮存容器、容器阀、选择阀、单向阀、压力开关、安全阀和卸压装置、喷头和管道系统等组成,见图7.7。

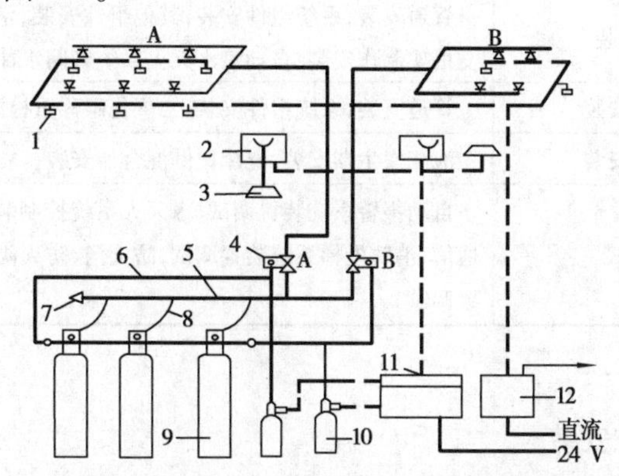

图7.7　组合分配型二氧化碳灭火系统原理图

1—探测器;2—手动按钮启动装置;3—报警阀;4—选择阀;
5—集流管;6—操作管;7—安全阀;8—连接管;9—贮存容器;
10—启动用气容器;11—报警控制装置;12—检测盘

4)泡沫灭火系统

根据泡沫灭火剂发泡性能的不同,泡沫灭火系统分为低倍数泡沫、中倍数泡沫和高倍数泡沫灭火系统。这三类泡沫灭火系统又根据喷射方式(液上、液下)、灭火范围(全淹没式、局部应用式)、设备与管道的安装方式(固定式、半固定式、移动式)组成各种形式的泡沫灭火系统。

低倍数泡沫灭火系统主要用于扑救原油、汽油、煤油、甲醇等B类火灾,适用于炼油厂、化工厂、油库、燃油锅炉房等区域的灭火。高倍数泡沫灭火系统和中倍数泡沫灭火系统与低倍数泡沫灭火系统相比,具有发泡倍数高、灭火速度快、水渍损失小的特点,可以有效地控制液化石油气、液化天然气的流淌火灾,主要用于A类、B类火灾灭火。

泡沫灭火系统主要由泡沫比例混合器、泡沫发生器、泡沫喷头和空气泡沫枪等组成。

7.2 工程量计算规则与计价表套用

7.2.1 消防工程计价表工程量计算规则

消防工程计价套用《消防及安全防范设备安装工程》的消防工程计价表,见表7.1。

表7.1 消防工程计价表

序 号	分部工程	分项工程名称表
1	火灾自动报警系统安装	探测器安装,按钮安装,模块(接口)安装,报警控制器安装,联动控制器安装,报警联动一体机安装,重复显示器、警报装置、远程控制器安装,火灾事故广播安装,消防通信、报警备用电源安装
2	水灭火系统安装	管道安装,系统组件安装,其他组件安装,消火栓安装,气压罐安装,管道支吊架制作安装,自动喷水灭火系统管网水冲洗
3	气体灭火系统安装	管道安装,系统组件安装,二氧化碳称重检漏装置安装,系统组件试验
4	泡沫灭火系统安装	泡沫发生器安装,泡沫比例混合器安装
5	消防系统调试	自动报警系统装置调试,水灭火系统控制装置调试,火灾事故广播、消防通信、消防电梯系统装置调试,防火门、防火阀等装置调试,气体灭火系统装置调试

1)火灾自动报警系统安装

①探测器安装:点型探测器安装包括:接线盒、底座、装饰圈和探测器安装(接线盒和底座的安装在穿管布线时应事先埋入),其工程量以“只”为单位计算,包括所有安装内容及本体调试。在工程量统计时应按多线制和总线制的不同,并区别探测器感烟、感温、感光及可燃气体等的不同类型分别套用定额;线型探测器有缆式线型(热敏电缆为本体)和空气管式差温式探测器(敏感元件空气管为 $\phi38\times0.5$ 紫铜管)等。在工程量计算时不分线制和保护形式,并综合了正弦、环绕、直线等安装方式,以“m”为单位计算。与探测器连接的模块和终端需另行计算。

②按钮安装:按钮通常安装在墙上距地面高度1.5 m处,其工程量计算不分型号和规格及安装方式,均以“只”为单位计算。

③模块(接口)安装:模块分为控制模块和报警模块。前者仅起控制作用(亦称为中继器),后者只起监视、报警作用,均以“只”为单位计算其安装工程量。

④报警控制器安装:多线制和(总线制)报警控制器安装,应按其不同安装方式(壁挂式和落地式),区别其不同的控制点数,分别以“台”为单位计算。这里的“点数”是指报警控制器所带报警器件(探测器、报警按钮、模块等)的数量。

⑤联动控制器安装:该工程量计算规则同报警控制器,只是这里的“点数”是指联动控制器所带联动设备的状态控制和状态显示的数量,或者是控制模块的数量。

⑥报警联动一体机安装:该工程量计算应按其不同安装方式(壁挂式和落地式),区别其

不同控制点数,分别以台为单位计算。这里的"点数"是指报警联动一体机所带报警器件与联动设备的状态控制和状态显示,或控制模块的数量。

⑦重复显示器、警报装置、远程控制器安装:该工程量计算不分规格、型号、安装方式,按多线制和总线制划分,分别以台为单位计算。警报装置分声光报警和警铃报警两种形式,均以"台"为单位计算工程量。远程控制器按其控制回路数以"台"为单位计算工程量。

⑧消防专用通信系统安装:火灾事故广播、消防通信、报警备用电源等安装均以其数量为单位计算。

火灾自动报警系统传输线路应采用穿金属管、硬塑料管、半硬塑料管或封闭式线槽保护方式布线,配管配线的要求应符合《火灾自动报警系统施工及验收规范》,工程量的计算规则参见《电器设备安装工程》。

2)水灭火系统安装

①管道安装:水灭火系统管道一般采用镀锌钢管,可采用沟槽式管件连接、螺纹连接和法兰连接。其工程量计算应区别其不同材质、连接方式和公称直径,分别以"m"为单位计算,不扣除阀门、管件及各种组件所占长度。螺纹连接镀锌钢管的主材为钢管及钢管接头,法兰连接镀锌钢管的主材为钢管、钢管接头及法兰,其耗量应按定额耗量计算。其中管件数量见表7.2。

表7.2 镀锌钢管(螺纹连接)管件含量表 单位:10 m

项目	名称	公称直径/mm						
		25	32	40	50	70	80	100
管件含量/(个/10 m)	四通	0.02	1.20	0.53	0.69	0.73	0.95	0.47
	三通	2.29	3.24	4.02	4.13	3.04	2.95	2.12
	弯头	4.92	0.98	1.69	1.78	1.87	1.47	1.16
	管箍		2.65	5.99	2.73	3.27	2.89	1.44
	小计	7.23	8.07	12.23	9.33	8.91	8.26	5.19

镀锌钢管安装定额也适用于镀锌无缝钢管,其对应关系见表7.3。

表7.3 镀锌钢管与无缝钢管尺寸对应关系表

公称直径/mm	15	20	25	32	40	50	70	80	100	150	200
无缝钢管外径/mm	20	25	32	38	45	57	76	89	108	159	219

②系统组件安装:喷头安装的工程量计算应区别其不同的安装部位(无吊顶和有吊顶),分别以"个"为单位计算,其主材为喷头。

湿式报警装置安装应区别其不同公称直径,成套产品以"组"为单位计算。主材为湿式报警装置和法兰。其他适用于雨淋、干湿两用及预作用报警装置安装均执行湿式报警装置安装定额。湿式报警装置成套产品的安装内容见表7.4,其每"组"安装费均包括了表中所列内容。

温感式水幕装置安装应区别其不同公称直径,分别以"组"为单位计算。但给水三通至喷头、阀门间管道的主材数量按设计管道中心长度加损耗另列项计算,喷头数量按设计数量另加损耗计算。

水流指示器、减压孔板安装,区别其不同的公称直径,均以“个”为单位计算。在多层或大型建筑的自动喷水灭火系统上,一般在每一层或每个分区的干管上或支管的始端安装一个水流指示器。减压孔板和相应的节流装置的安装用于均衡各层管段的流量,当管径≥50 mm时需设置,通常安装于管道内水流转弯处下游一侧的直管上,且与转弯处的距离不小于管径的2倍。

表7.4 湿式报警装置成套产品安装内容表

序号	项目名称	型号	包括内容
1	湿式报警装置	ZSS	湿式阀、蝶阀、装配管、压力表、试验阀、试验管流量计、过滤器、延时器、水力警铃、截止阀、漏斗、压力开关等
2	干湿两用报警装置	ZSL	两用阀、蝶阀、装配管、加速器、压力表、试验阀、试验管流量计、挠性接头、过滤器、延时器、水力警铃、截止阀、漏斗、压力开关等
3	电动雨淋报警装置	ZSY1	雨淋阀、蝶阀、装配管、压力表、试验阀、流量表、注水阀、电磁阀、气压开关、手动试压器、水力警铃、截止阀等
4	预作用报警装置	ZSU	干式报警阀、蝶阀、压力表、流量表、截止阀、注水阀、止回阀、试验阀、装配管、电磁阀、气压开关、手动试压器、水力警铃、试压电磁阀、漏斗、过滤器等
5	室内消火栓	SN	消火栓箱、消火栓、水枪、水龙带、水龙带接扣、挂架、消防按钮
6	室外消火栓	地上式 SS 地下式 SX	地上式消火栓、法兰接管、弯管底座; 地下式消火栓、法兰接管、弯管底座或消火栓三通
7	消防水泵接合器	地上式 SQ 地下式 SQX 墙壁式 SQB	消防接口本体、止回阀、安全阀、闸阀、弯管底座、放水阀; 消防接口本体、止回阀、安全阀、闸阀、弯管底座、放水阀; 消防接口本体、止回阀、安全阀、闸阀、弯管底座、放水阀、标牌

末端试水装置通常设在报警阀组控制的最不利点即喷头处(见图7.4),由试水阀、压力表及试水接头组成。其工程量计算时应区别不同公称直径,分别以“组”为单位计算。其中压力表及连接管已包含在材料消耗定额中,阀门作为主材另计。

③消火栓安装:室内消火栓安装的工程量计算,应按单栓和双栓,分别以“套”为单位计算。室内消火栓安装时,栓口应朝外,其中心距地面为1.2 m。

室外消火栓安装的工程量计算,应区分不同规格、工作压力和覆土深度以“套”为单位计算。室外地上式消火栓根据是否设有检修阀门和阀门井室分为Ⅰ型和Ⅱ型。地上式消火栓Ⅰ型安装:消火栓下部直埋,通过消火栓三通与给水干管连接。地上式消火栓Ⅱ型安装:消火栓下部直埋,设有检修阀门和阀门井室,通过弯头和消火栓三通与给水干管连接。室外消火栓安装根据管道覆土深度分为浅装和深装。浅装:消火栓安装在支管上且管道覆土深度 $H \leqslant 1$ m。深装:消火栓安装在支管上且管道覆土深度 $H > 1$ m。

消防水泵接合器安装应按水泵接合器安装的不同形式(地下式、地上式、墙壁式),区别其不同公称直径(DN100或DN150),分别以“套”为单位计算。

④隔膜式气压水罐(气压罐)安装:气压罐主要用于满足系统的压力要求,即保证系统最不利点喷头的最小工作压力,所以又称为稳压气压水罐。气压罐安装的工程量计算,应按其不同公称直径,分别以“台”为单位计算。其中气压罐和法兰为主材。

⑤管道支吊架制作与安装:管道支吊架制作与安装的工程量均以“kg”为单位计算。一般

规定每段配水干管上应设置一活动支架，相邻两喷头间的管段上至少应设一个吊架。

⑥自动喷水灭火系统管网水冲洗：自动喷水灭火系统管网水冲洗的工程量计算，应区别其管道的不同公称直径，分别以“m”为单位计算。

3）气体灭火系统安装

本章定额及计算规则适用于工业与民用建筑中设置的二氧化碳灭火系统、卤代烷 1211 灭火系统和卤代烷 1301 灭火系统中的管道、管件、系统组件等的安装。

①管道安装：管道安装（无缝钢管）的工程量计算，应按其不同材质和连接形式（螺纹连接和法兰连接），区别其管道的不同公称直径，分别以“m”为单位计算。无缝钢管安装定额中均不包括钢制管件连接内容，应按设计用量另执行“钢制管件”定额。

螺纹连接的不锈钢管、铜管及管件安装时，按无缝钢管和钢制管件安装相应定额乘以系数 1.2。

②系统组件安装：喷头安装的工程量计算，应区别其不同公称直径，分别以“个”为单位计算。

选择阀安装的工程量计算，应按选择阀的不同规格和连接方式分别以“个”为单位计算。

贮存装置安装的工程量计算，应按其不同规格，分别以“套”为单位计算。其“套”的安装内容包括：贮存容器和驱动气瓶的安装固定、支框架安装、系统组件安装（集流管、容器阀、单向阀、高压软管）、安全阀安装、驱动装置安装及氮气增压。

③二氧化碳称重检漏装置安装：二氧化碳称重检漏装置以“套”为单位计算工程量，“套”包含了泄漏报警开关、配重、支架安装内容。

④系统组件试验：系统组件包括选择阀、单向阀及高压软管等。试验按水压强度试验和气压严密性试验分别以“个”为单位计算。

4）泡沫灭火系统安装

本章定额及计算规则适用于高、中、低倍数固定式或半固定式泡沫灭火系统的发生器及泡沫比例混合器安装。

①泡沫发生器安装：可按不同型号以“台”为单位计算，法兰和螺栓按设计规定另行计算。

②泡沫比例混合器安装：应按不同型号以“台”为单位计算。法兰和螺栓按设计规定另行计算。

5）消防系统调试

①自动报警系统装置调试：该系统包括各种探测器、报警按钮、报警控制器，分别不同点数以“系统”为单位计算。调试费中包含了调试前对系统各装置的逐个单机通电检查。

②水灭火系统控制装置调试：应根据其控制点的不同数量，以“系统”为单位计算。调试范围包括消火栓、自动喷水、卤代烷、二氧化碳等固定灭火系统的控制装置。

③火灾事故广播、消防通信、消防电梯系统装置调试：除消防电梯的调试工程量以“部”为单位计算，事故广播、消防通信的调试工程量均以“只”为单位计算。

④系统装置调试：包括电动防火门、防火卷帘门、正压送风阀、排烟阀、防火阀控制。电动防火门、防火卷帘门均以“处”为单位计算，每樘为 1 处；正压送风阀、排烟阀、防火阀均以“处”

为单位计算,1 个阀为 1 处。

⑤气体灭火系统装置调试:该系统装置调试范围由驱动瓶起始至气体喷头终止。气体灭火系统装置调试内容包括模块喷气试验和储存容器的切换试验。气体灭火系统装置调试的工程量,应区别试验容器的不同规格(L),分别以“个”为单位计算。

7.2.2 计价表套用

1)火灾自动报警系统

火灾自动报警系统通常由探测系统、联动控制系统、消防专用通信系统、显示打印系统等组成,计算工程量时应分区域、分系统、分楼层逐项计算,最后将型号规格、敷设条件、安装方式均相同的工程量汇总,并执行计价表相应子目。

2)室内消防工程

室内消防工程若既包括消火栓灭火系统又包括自动喷水灭火系统,则工程量计算应按各系统分别进行,计价表套用应按规定执行,此时应注意各系统的分界。

消防泵房安装包括水泵至泵间外墙皮之间的管路、阀门、水泵安装项目。其中管道、管件、阀门安装执行第 6 册计价表相应子目,水泵安装执行第 1 册计价表相应子目。

消火栓灭火系统安装包括从泵间外墙皮始至整个消火栓系统的管路、阀门、消火栓安装项目。其中消火栓管道、室外给水管道安装及水箱制作安装执行第 8 册计价表相应子目,消火栓安装执行第 7 册计价表相应子目。

自动喷水灭火系统安装包括从泵间外墙皮始至整个自动喷水灭火系统的管路、阀门、报警装置、喷头等安装项目,均执行第 7 册计价表相应子目。计算管路时可按照水流方向由干管到支管分别计算,计算组件时可按系统或楼层进行数量统计。统计时对于报警装置等成套产品所包含的内容应熟悉,避免重复计算。

3)气体灭火系统的工程量计算步骤

第 1 步,启动气瓶至储存装置、储存装置至选择阀部分:该部分主要计算贮存装置的套数、二氧化碳称重检漏装置的套数、气体驱动装置管道长度、选择阀的个数。注意贮存装置的“套”包括了贮存容器、驱动气瓶、支框架、集流管、容器阀、单向阀、高压软管、安全阀、驱动装置等内容,不要重复套用定额。

第 2 步,选择阀至管网末端部分:该部分主要计算管路长度及气体喷头个数。

第 3 步,系统组件试验:主要计算选择阀、单向阀及高压软管等的个数。

计价表套用时还应遵循以下规则:

①第 7 册第 3 章“气体灭火系统安装”相应项目均适用于卤代烷 1211 和 1301 灭火系统,若采用二氧化碳灭火系统,则按卤代烷灭火系统相应子目乘以系数 1.20。

②气体灭火系统管道穿过墙壁、楼板时应安装套管,穿墙套管长度应和墙厚相等,穿楼板套管长度应高出地面 50 mm。套管安装应执行第 6 册计价表相应子目。

③管道支吊架制作安装执行第 2 章“水灭火系统安装”的相应项目。

④由于灭火剂的不断开发，已出现很多新品种，但因没有统一的国家标准和规范，所以在计价表中无法编入。发生时可根据系统的设置和工作压力参照相应子目执行。

4）自动控制泡沫灭火系统

该系统一般由自动报警系统和泡沫灭火系统两部分组成，工程量计算时应区分2个系统分别计算。计算泡沫灭火系统工程量的步骤：

第1步，计算水池至比例混合器部分的管道长度及相关设备。

第2步，计算泡沫液贮罐至比例混合器部分的管道长度及相关设备。

第3步，计算比例混合器至泡沫发生器部分的管道长度及相关设备。

泡沫灭火系统的管道、管件、法兰、阀门、管道支架等的安装及管道系统水冲洗、强度试验、严密性试验等执行第6册计价表相应子目。泡沫喷淋系统的管道、组件、气压水罐、管道支吊架等的安装执行第7册第2章"水灭火系统安装"相应项目。

5）关于计取有关费用的规定

①超高增加费：操作高度以5 m为界，超过5 m时，其超过部分（5 m处至操作高度）的定额人工费应乘以相应系数，见表7.5。

表7.5　超高系数

标高/m	±8	±12	±16	±20
超高系数	1.10	1.15	1.20	1.25

②高层建筑增加费：高度在6层或20 m以上的工业与民用建筑的消防工程，用于对人工和机械费用的补偿。高层建筑增加费费率，见表7.6。

表7.6　高层建筑增加费费率

层　数	<9层（30 m）	<12层（40 m）	<15层（50 m）	<18层（60 m）	<21层（70 m）	<24层（80 m）	<27层（90 m）	<30层（100 m）	<33层（110 m）	<36层（120 m）	<40层
按人工费的百分比/%	10	15	19	23	27	31	36	40	44	48	54
其中人工工资/%	10	14	21	21	26	29	31	35	39	41	43
机械费/%	90	86	79	79	74	71	69	65	61	59	57

③脚手架搭拆费：按人工费的5%计算，其中人工工资占25%，材料占75%。

④安装与生产同时进行增加的费用：按人工费的10%计算，全部为人工降效费用。

⑤在有害身体健康的环境中施工增加的费用：按人工费的10%计算，全部为人工降效费用。

6）消防系统调试

调试费基本上按相应定额基价的60%计算，其中调试费用占70%，配合检测、验收费用占30%。

在工程结算时,施工单位应提供调试和检测报告,否则,不予结算该项费用。如系统调试是建设单位委托厂家调试,则施工单位在配合厂家调试时,收取定额系统调试费的18%作为配合费。

7.3 工程量清单项目设置

消防工程工程量清单项目设置执行《建设工程工程量清单计价规范》(GB 50500—2013)附录I的规定,编码为0309。本附录分5节,共50个清单项目,包括水灭火系统、气体灭火系统、泡沫灭火系统、火灾自动报警系统、消防系统调试五个部分。

1)水灭火系统

水灭火系统工程量清单项目设置,见表7.7。

表7.7 水灭火系统

项目编码	项目名称	项目特征	单位	工程内容
030901001	水喷淋钢管	1. 安装部位	m	1. 管道及管件安装 2. 钢管镀锌及二次安装 3. 压力试验 4. 冲洗 5. 管道标志
030901002	消火栓钢管	2. 材质、规格 3. 连接形式 4. 钢管镀锌设计要求 5. 压力试验及冲洗设计要求 6. 管道标志设计要求		
030901003	水喷淋(雾)喷头	1. 安装部位 2. 材质、型号、规格 3. 连接形式 4. 装饰盘材质、型号	个	1. 安装 2. 装饰盘安装 3. 严密性试验
030901004	报警装置	1. 名称 2. 型号、规格	组	安装
030901005	温感式水幕装置	1. 型号、规格 2. 连接形式	组	安装
030901006	水流指示器	1. 规格、型号 2. 连接形式	个	
030901007	减压孔板	1 材质、规格 2. 连接形式		
030901008	末端试水装置	1. 规格 2. 组装形式	组	
030901009	集热板制作安装	1. 材质 2. 支架形式	个	1. 制作、安装 2. 支架制作、安装

续表

项目编码	项目名称	项目特征	单位	工程内容
030901010	室内消火栓	1. 安装方式 2. 型号、规格 3. 附件材质、规格	套	1. 箱体及消火栓安装 2. 配件安装
030901011	室外消火栓			1. 安装 2. 配件安装
030901012	消防水泵接合器	1. 安装部位 2. 型号、规格 3. 附件材质、规格		1. 安装 2. 附件安装
030901013	灭火器	1. 形式 2. 规格、型号	具(组)	设置
030901014	消防水炮	1. 水炮类型 2. 压力等级 3. 保护半径	台	1. 本体安装 2. 调试

在编制工程量清单时，首先应区分消火栓灭火系统和自动喷水灭火系统，再分别计算各系统的工程量，并列出各系统的工程量清单或工程量清单计价表。

水灭火系统清单项目的工程量计算规则同计价表工程量计算规则，但在进行综合单价计算时，凡是工程内容超过一项的项目，其综合单价则包含了计价表中的各项目费用。如消防水箱制作安装项目，其工程内容有4项，则消防水箱综合单价应包含消防水箱制作、消防水箱安装、支架制作安装及消防水箱除锈刷油4项费用，该4项费用均从计价表中获得。

2)气体灭火系统

气体灭火系统工程量清单项目设置，见表7.8。

表7.8 气体灭火系统

项目编码	项目名称	项目特征	单 位	工程内容
030902001	无缝钢管	1. 介质 2. 材质、压力等级 3. 规格 4. 焊接方法 5. 钢管镀锌设计要求 6. 压力试验及吹扫设计要求 7. 管道标志设计要求	m	1. 管道安装 2. 管件安装 3. 钢管镀锌及二次安装 4. 压力试验 5. 吹扫 6. 管道标志
030902002	不锈钢管	1. 材质、压力等级 2. 规格 3. 焊接方法 4. 压力试验及吹扫设计要求 5. 管道标志设计要求	m	1. 管道安装 2. 压力试验 3. 吹扫 4. 管道标志

续表

项目编码	项目名称	项目特征	单　位	工程内容
030902003	不锈钢管管件	1. 材质、压力等级 2. 规格 3. 焊接方法	个	管件安装
030902004	气体驱动装置管道	1. 材质、压力等级 2. 规格 3. 焊接方法 4. 压力试验及吹扫设计要求 5. 管道标志设计要求	m	1. 管道安装 2. 压力试验 3. 吹扫 4. 管道标志
030902005	选择阀	1. 材质 2. 型号、规格 3. 连接形式	个	1. 安装 2. 压力试验
030902006	气体喷头	1. 材质 2. 型号、规格 3. 连接形式		喷头安装
030902007	贮存装置	1. 介质、类型 2. 型号、规格 3. 气体增压设计要求	套	1. 贮存装置安装 2. 系统组件安装 3. 气体增压
030902008	称重检漏装置	1. 型号 2. 规格		1. 安装 2. 调试
030903009	无管网气体灭火装置	1. 类型 2. 型号、规格 3. 安装部位 4. 调试要求		

3)泡沫灭火系统

泡沫灭火系统工程量清单项目设置,见表7.9。

表7.9　泡沫灭火系统

项目编码	项目名称	项目特征	单　位	工程内容
030903001	碳钢管	1. 材质、压力等级 2. 规格 3. 焊接方法 4. 无缝钢管镀锌及二次安装设计要求 5. 压力试验、吹扫设计要求 6. 管道标志设计要求	m	1. 管道安装 2. 管件安装 3. 无缝钢管镀锌及二次安装 4. 压力试验 5. 吹扫 6. 管道标志
030903002	不锈钢管	1. 材质、压力等级 2. 规格 3. 焊接方法 4. 压力试验、吹扫设计要求 5. 管道标志设计要求		1. 管道安装 2. 压力试验 3. 吹扫 4. 管道标志
030903003	铜管			

续表

项目编码	项目名称	项目特征	单　位	工程内容
030903004	不锈钢管钢管管件	1. 材质、压力等级 2. 规格 3. 焊接方法	个	管件安装
030903005	泡沫发生器	1. 类型 2. 型号、规格 3. 二次灌浆材料	台	1. 安装 2. 调试 3. 二次灌浆
030903006	泡沫比例混合器			
030903007	泡沫液贮罐	1. 质量/容量 2. 型号、规格 3. 二次灌浆材料		

注:①泡沫灭火管道工程量计算,不扣除阀门、管件及各种组件所占长度以延长米计算。

②泡沫发生器、泡沫比例混合器安装,包括整体安装、焊法兰、单体调试及配合管道试压时隔离本体所消耗的工料。

4)火灾自动报警系统

火灾自动报警系统安装工程量清单项目设置,见表7.10。

表7.10　火灾自动报警系统

项目编码	项目名称	项目特征	单　位	工程内容
030904001	点型探测器	1. 名称 2. 规格 3. 线制 4. 类型	个	1. 探头安装 2. 底座安装 3. 校接线 4. 编码 5. 探测器调试
030904002	线型探测器	1. 名称 2. 规格 3. 安装方式	m	1. 探测器安装 2. 接口模块安装 3. 报警终端安装 4. 校接线 5. 调试
030904003	按钮	1. 名称 2. 规格	个	1. 安装 2. 校接线 3. 编码 4. 调试
030904004	消防警铃			
030904005	声光报警器			
030904006	消防报警电话插孔(电话)	1. 名称 2. 规格 3. 安装方式	个(部)	
030904007	消防广播(扬声器)	1. 名称 2. 功率 3. 安装方式	个	

续表

项目编码	项目名称	项目特征	单　位	工程内容
030904008	模块(模块箱)	1. 名称 2. 规格 3. 类型 4. 输出形式	个 (台)	1. 安装 2. 校接线 3. 编码 4. 调试
030904009	区域报警控制箱	1. 多线制 2. 总线制 3. 安装方式 4. 控制点数量 5. 显示器类型	台	1. 本体安装 2. 校接线、摇测绝缘电阻 3. 排线、绑扎、导线标志 4. 显示器安装 5. 调试
030904010	联动控制箱			
030904011	远程控制箱(柜)	1. 规格 2. 控制回路		
030904012	火灾报警系统控制主机	1. 规格、线制 2. 控制回路 3. 安装方式	台	1. 安装 2. 校接线 3. 调试
030904013	联动控制主机			
030904014	消防广播及对讲电话立机(柜)			
030904015	火灾报警控制微机(CRT)	1. 规格 2. 安装方式	台	
030904016	备用电源及电池主机(柜)	1. 安装 2. 调试	套	1. 名称 2. 容量 3. 安装方式

注:①消防报警系统配管、配线、接线盒均应按本规范附录D电气设备安装工程相关项目编码列项。

②消防广播及对讲电话主机包括功放、录音机、分配器、控制柜等设备。

③报警联动一体机按消防报警系统控制主机计算。

④点型探测器包括火焰、烟感、温感、红外光束、可燃气体探测器等。

编制工程量清单时,火灾自动报警系统工程量计算规则同计价表工程量计算规则,但在进行综合单价计算时,线型探测器的综合单价中应包括与探测器连接的模块和终端安装费,控制器的综合单价中应包括消防报警备用电源的安装费。

火灾事故广播、消防通讯项目工程量清单执行计价规范附录C.12(建筑智能化系统设备安装工程)有关内容。

【例7.1】 某一总线制火灾自动报警系统中安装了60 m的缆式线型定温探测器(正弦式安装),已知该线型探测器附带的接口模块和终端盒各为10只,试计算该线型定温探测器的综合单价。

【解】 (1)由表7.10和已知条件编制分部分项工程量清单计价如下表:

项目编码	项目名称	计量单位	工程数量	金额/元	
				综合单价	合　价
030904002001	线型探测器,正弦式安装	m	60	43.57	2 614.20

(2)编制分部分项工程量清单综合单价分析表:

线型探测器每10 m的定额主材耗量为13.20 m,所以该60 m的缆式线型定温探测器主材数量为79.20 m,主材单价为5元/m。

本例中管理费按人工费的47%计取,利润按人工费的14%计取。

分部分项工程量清单综合单价计算表

工程名称: 计量单位:m

项目编码:030705002001 工程数量:60

项目名称:线型探测器安装 综合单价:43.57元

序号	定额编号	工程内容	单位	数量	综合单价组成					小计
					人工费	材料费	机械费	管理费	利润	
1	7-11	线型探测器安装、校接线、调试	10 m	6	224.64	70.44		105.60	31.44	432.12
2	7-13	控制模块安装	只	10	378.60	68.90	14.60	177.90	53.00	693.00
3	7-15	报警终端安装	只	10	357.80	47.50	17.30	168.20	2.04	592.84
4		线型探测器主材费	m	79.200		396.00				396.00
5		控制模块和报警终端主材费	只	10.00		500.00				500.00
		合 计								2 613.96

5)消防系统调试

消防系统调试工程量清单项目设置,见表7.11。

表7.11 消防系统调试

项目编码	项目名称	项目特征	单位	工程内容
030905001	自动报警系统装置调试	点数 线制	系统	系统装置调试
030905002	水灭火系统控制装置调试			
030905003	防火控制装置联动调试	1.名称 2.类型	个	调试
030905004	气体灭火系统装置调试	1.试验容器规格 2.气体试喷、二次充药剂设计要求	组	1.模拟喷气试验 2.备用灭火器贮存容器切换操作试验 3.气体试喷 4.二次充药剂

注:①自动报警系统包括各种探测器、报警按钮、报警控制器组成的报警系统;按不同点数以系统计算。

②水灭火系统控制装置,是由消火栓、自动喷水灭火等组成的灭火系统装置;按不同点数以系统计算。

③气体灭火系统装置调试,是由七氟丙烷、IG541、二氧化碳等组成的灭火系统装置;按气体灭火系统装置的瓶组计算。

④防火控制装置联动调试,包括电动防火门、防火卷帘门、正压送风阀、排烟阀、防火控制阀等防火控制装置。

7.4 消防工程施工图预算编制实例

本工程为某地物流中心办公综合楼。建筑有5层,屋顶平面标高18.60 m,局部标高20.90 m。该综合楼给排水工程设计包括:给水系统、排水系统、热水系统、消火栓系统和自动喷淋系统。其中,给排水系统和热水系统的预算编制见本书第5章,本章着重讲述消火栓系统和自动喷淋系统的施工图预算编制程序和编制方法。该综合楼施工图详见图5.8—图5.21。

1)设计与施工说明

①该综合楼消防工程由消火栓灭火系统和自动喷淋灭火系统组成,消火栓灭火系统设计流量为室内15 L/s,室外25 L/s,自动喷淋灭水系统设计流量为20 L/s,火灾延续时间按1 h设计。

②该综合楼设为一个报警分区,设湿式报警阀1套,水流指示器4个,在走道、办公区、大厅设闭式喷头与吊顶齐平。喷头动作温度为68 ℃。

③消火栓灭火系统和喷淋灭火系统管道均采用热浸镀锌钢管及其配件,管径小于125 mm采用丝接,大于等于125 mm采用卡箍连接。

④消防管道上的阀门:闸阀采用Z41H-16C型闸阀,蝶阀采用D73F-16型对夹式蝶阀,止回阀采用H41T-16型止回阀。

⑤喷淋灭火系统安装完毕后,需进行管网水冲洗,此外还需对系统控制装置进行调试。

⑥湿式报警装置安装详见国标98S175-9。

⑦室内消防箱安装详见国标99S202-P5戊型,屋顶试验用消防箱安装详见国标99S 202-P10。消防箱内均设DN65长25 m衬胶水龙带1根,DN65×19水枪1支。屋顶试验用消防箱内还需设压力表1套。

2)施工图预算编制

(1)消防工程施工图预算书封面(略)

(2)预算编制说明(略)

(3)安装工程预算(工料单价法计价)

工程预算表

工程名称：物流中心办公综合楼(消防工程)　　　　单位:元

序号	定额号	项目名称	单位	工程量	定额单价	其　中			合　价	其　中			主材费	
						人工费	材料费	机械费		人工费	材料费	机械费	单　价	合　价
		一、消火栓系统												
1	8-93	热浸镀锌钢管 DN70	10 m	4.69	121.7	71.24	46.86	3.60	570.77	334.12	219.77	16.88	10.2×36.8	1 760.44
2	8-95	热浸镀锌钢 DN100	10 m	26.83	167.68	85.54	71.22	10.92	4 498.85	2 295.04	1 910.83	292.98	10.2×60.0	16 419.96
3	8-178	一般管架制作安装	100 kg	8.00	844.97	263.64	146.62	434.71	6 759.76	2 109.12	1 172.96	3 477.68	106.0×3.0	2 544.00
4	8-231	管道水冲洗(DN100 以内)	100 m	3.152	40.35	17.68	22.67		127.18	55.73	71.46	3.15		
5	8-259	D73F-16 型对夹式蝶阀 DN70	个	7	140.7	17.16	99.19	24.35	984.90	120.12	694.33	170.45	288.00	2 016.00
6	8-261	H41T-16 止回阀 DN100	个	4	195.81	24.18	143.04	28.59	783.24	96.72	572.16	114.36	270.00	1 080.00
7	8-261	Z41H-16C 型闸阀 DN100	个	4	195.81	24.18	143.04	28.59	783.24	96.72	572.16	114.36	580.00	2 320.00
8	8-261	D73F-16 型对夹式蝶阀 DN100	个	13	195.81	24.18	143.04	28.59	2 545.53	314.34	1 859.52	371.67	450.00	5 850.00
9	8-559	屋顶试验消防箱	个	1	123.46	78.00	1.83	43.63	123.46	78.00	1.83	43.63	5 000.00	5 000.00
10	8-561	热水箱	只	2	188.98	143.52	1.83	43.63	377.96	287.04	3.66	87.26	12 000.00	24 000.00
11	6-2949	刚性防水套管制作 DN150 以内	个	20	108.1	29.72	48.28	30.10	2 162.00	594.40	965.60	602.00	9.46 kg×4.50	851.40
12	6-2963	刚性防水套管安装 DN150 以内	个	20	73.72	17.08	56.64		1474.40	341.60	1 132.80	20.00		
13	7-106	室内消防箱	套	23	36.67	26.52	9.32	0.83	843.41	609.96	214.36	19.09	850.00	19 550.00
14	7-123	地上式水泵接合器 DN100	套	2	158.52	46.20	104.33	7.99	317.04	92.40	208.66	15.98	4 000.00	8 000.00
15	11-117	支架刷红丹漆	100 kg	8.00	13.65	5.38	1.14	7.13	109.20	43.04	9.12	57.04		
16	11-126	支架刷银粉漆	100 kg	8.00	12.62	5.15	0.34	7.13	100.96	41.20	2.72	57.04		
17	11-1695	管道保温 DN100	m^3	0.65	124.15	72.54	44.69	6.92	80.70	47.15	29.05	4.50	1.03 m^3×900	602.55
		小　计							22 642.60	7 556.69	9 640.99	5 468.08		89 994.35
		二、喷淋系统												
18	7-68	热浸镀锌钢管 DN32	10 m	54.80	55.49	41.78	8.52	5.19	3 040.85	2 289.54	466.90	284.41	10.2×16.5	9 222.84
19	7-69	热浸镀锌钢管 DN40	10 m	8.68	68.47	47.53	13.10	7.84	594.32	412.56	113.71	68.05	10.2×19.8	1 753.01
20	7-70	热浸镀锌钢管 DN50	10 m	2.72	69.54	49.50	13.05	6.99	189.15	134.64	35.50	19.01	10.2×21.5	596.50
21	7-71	热浸镀锌钢管 DN65	10 m	2.87	79.06	55.04	16.98	7.04	226.90	157.96	48.73	20.205	10.2×36.8	1 077.28
22	7-72	热浸镀锌钢管 DN80	10 m	3.55	91.27	64.53	18.77	7.97	324.01	229.08	66.63	28.29	10.2×45.0	1 629.45

续表

序号	定额号	项目名称	单位	工程量	定额单价	其中			合价	其中			主材费	
						人工费	材料费	机械费		人工费	材料费	机械费	单价	合价
		二、喷淋系统												
23	7-73	热浸镀锌钢管 DN100	10 m	9.53	95.39	72.72	15.59	7.08	909.07	693.02	148.57	67.47	10.2×60.0	5 832.36
24	7-74	热浸镀锌钢管 DN125	10 m	11.85	630.83	201.34	177.19	252.30	7475.34	2 385.88	2 099.70	2 989.76	10.2×72.0	8 702.64
25	7-74	热浸镀锌钢管 DN150	10 m	9.27	630.83	201.34	177.19	252.30	5 847.79	1 866.42	1 642.55	2 338.82	10.2×78.0	7 375.21
26	7-51	水力警铃 DN150	只	1	16.94	13.10	3.33	0.51	16.94	13.10	3.33	0.51	220	220.00
27	7-77	喷头 DN32	10 个	22.2	83.64	42.87	34.99	5.78	1 856.81	951.71	776.78	128.32	350	7 770.00
28	7-81	湿式报警阀 DN150	组	1	541.88	204.88	300.38	36.62	541.88	204.88	300.38	36.62	18 000	18 000.0
29	7-94	水流指示器 DN100	个	1	93.16	32.94	40.46	19.76	93.16	32.94	40.46	19.76	3 200	3 200.00
30	7-95	水流指示器 DN150	个	4	136.98	46.41	67.17	23.40	547.92	185.64	268.68	93.6	4 500	18 000.0
31	7-103	末端试水装置	组	1	88.46	36.48	49.72	2.26	88.46	36.48	49.72	2.26	2.02×32.0	64.64
32	7-123	地上式水泵接合器 DN100	套	2	158.52	46.20	104.33	7.99	317.04	92.4	208.66	15.98	4 000	8 000.0
33	7-131	支吊架制作安装	100 kg	5.30	460.65	196.69	143.39	120.57	2 441.45	1 042.46	759.97	639.02	106.0×3.0	1 685.40
34	7-132	管道水冲洗(DN50 以内)	100 m	6.62	146.56	55.93	80.46	10.17	970.23	370.26	532.65	67.33		
35	7-133	管道水冲洗(DN70 以内)	100 m	0.287	181.97	61.44	109.43	11.10	52.23	17.63	31.41	3.19		
36	7-134	管道水冲洗(DN80 以内)	100 m	0.355	209.96	61.44	136.95	11.57	74.54	21.81	48.62	4.11		
37	7-135	管道水冲洗(DN100 以内)	100 m	0.953	264.80	61.44	189.92	13.44	252.35	58.55	180.99	12.81		
38	7-136	管道水冲洗(DN150 以内)	100 m	2.112	457.62	75.14	365.29	17.19	966.49	158.70	771.49	36.31		
39	7-200	水灭火系统控制装置调试<200 点	系统	1	1 631.72	1 367.46	81.22	183.04	1 631.72	1 367.46	81.22	183.04		
40	8-261	控制阀 DN100	个	1	195.81	24.18	143.04	28.59	195.81	24.18	143.04	28.59	580	580.00
41	8-263	止回阀 DN150	个	3	321.65	36.66	253.23	31.76	964.95	109.98	759.69	95.28	460	1 380.00
42	8-263	截止阀 DN150	个	3	321.65	36.66	253.23	31.76	964.95	109.98	759.69	95.28	1 392	4 176.00
43	8-263	控制阀 DN150	个	4	321.65	36.66	253.23	31.76	1 286.60	146.64	1 012.92	127.04	1 392	5 568.00
44	11-117	支架刷红丹漆	100 kg	5.30	13.65	5.38	1.14	7.13	72.35	28.51	6.04	37.79		
45	11-126	支架刷银粉漆	100 kg	5.30	12.62	5.15	0.34	7.13	66.89	27.30	1.80	37.79		
		小　计							32 010.20	13 169.71	11 359.83	7 480.65		104 833.3
		合　计							54 652.80	20 726.40	21 000.82	12 948.73		194 827.7

(4)工程量计算表

工程量计算表

建设单位:________　　　　第____页 共____页

单位工程:________　　　　______年___月___日

分部分项工程名称	轴线位置	计算式	计量单位	数　量
		一、消火栓系统		
(1)底层消防干管	一层平面图, 消火栓系统图			
热浸镀锌钢管 DN100			m	105.00
热浸镀锌钢管 DN70			m	9.00
(2)立管				
热浸镀锌钢管 DN100	XL5,XL7		m	16.30
热浸镀锌钢管 DN100	XL6		m	20.10
热浸镀锌钢管 DN70			m	2.70
热浸镀锌钢管 DN100	XL1		m	15.60
热浸镀锌钢管 DN70			m	12.70
热浸镀锌钢管 DN100	XL 2		m	15.10
热浸镀锌钢管 DN70			m	10.90
热浸镀锌钢管 DN100	XL 3		m	32.80
热浸镀锌钢管 DN70			m	6.80
热浸镀锌钢管 DN100	XL4		m	20.40
热浸镀锌钢管 DN70			m	4.80
(3)五层环管	五层平面图 消火栓系统图			
热浸镀锌钢管 DN100			m	43.00
(4)支架、保温				
支架安装		支架采用 4×4 角钢,理论重量 3.44 kg/m;DN70 管段,每个消防箱一个支架,DN100 管段,按每 3 m 一个支架计算	kg	800.00
支架刷红丹漆			kg	800.00
支架刷银粉漆			kg	800.00
管道保温 DN100	管道长 25.00 m	保温厚度:$\delta=50$ DN100:25.00/100×2.58=0.65	m^3	0.65
(5)合计				
热浸镀锌钢管 DN100			m	268.30
热浸镀锌钢管 DN70			m	46.90
地上式水泵接合器 DN100			套	2
H41T-16 止回阀 DN100			个	4
Z41H-16C 型闸阀 DN100			个	4
D73F-16 型对夹式蝶阀 DN100			个	13

续表

分部分项工程名称	轴线位置	计算式	计量单位	数　量
一、消火栓系统				
D73F-16 型对夹式蝶阀 DN70			个	7
室内消防箱			套	23
屋顶试验消防箱			套	1
压力表			套	1
管道水冲洗(＜DN100)			m	315.20
刚性防水套管 DN150			个	2
穿楼板套管 DN150			个	18
支架安装			kg	800.00
支架刷红丹漆			kg	800.00
支架刷银粉漆			kg	800.00
管道保温 DN100			m^3	0.65
二、喷淋系统				
(1)底层喷淋管网	一层平面图 喷淋系统图			
热浸镀锌钢管 DN150			m	72.00
热浸镀锌钢管 DN125			m	63.50
热浸镀锌钢管 DN100			m	10.50
热浸镀锌钢管 DN80			m	6.50
热浸镀锌钢管 DN65			m	3.60
热浸镀锌钢管 DN50			m	2.80
热浸镀锌钢管 DN40			m	17.00
热浸镀锌钢管 DN32		160 + 0.5 × 77 = 198.50 (连接喷头之短管按 0.5 m 计)	m	198.50
(2)二层喷淋管网	二层平面图 喷淋系统图			
热浸镀锌钢管 DN150			m	1.60
热浸镀锌钢管 DN125			m	55.00
热浸镀锌钢管 DN100			m	7.30
热浸镀锌钢管 DN80			m	6.50
热浸镀锌钢管 DN65			m	3.60
热浸镀锌钢管 DN50			m	2.60
热浸镀锌钢管 DN40			m	48.00
热浸镀锌钢管 DN32		216 + 0.5 × 99 = 265.50	m	265.50
(3)三层喷淋管网	三层平面图 喷淋系统图			

续表

分部分项工程名称	轴线位置	计算式	计量单位	数量
二、喷淋系统				
热浸镀锌钢管 DN150			m	1.60
热浸镀锌钢管 DN100			m	26.50
热浸镀锌钢管 DN80			m	8.00
热浸镀锌钢管 DN65			m	7.20
热浸镀锌钢管 DN50			m	11.00
热浸镀锌钢管 DN40			m	11.00
热浸镀锌钢管 DN32		27+0.5×21=37.50	m	37.50
(4)四层喷淋管网	四层平面图 喷淋系统图			
热浸镀锌钢管 DN150			m	1.60
热浸镀锌钢管 DN100			m	29.00
热浸镀锌钢管 DN80			m	14.50
热浸镀锌钢管 DN65			m	6.80
热浸镀锌钢管 DN50			m	7.20
热浸镀锌钢管 DN40			m	7.20
热浸镀锌钢管 DN32		24.5+0.5×19=34.00	m	34.00
(5)五层喷淋管网	五层平面图 喷淋系统图			
热浸镀锌钢管 DN100			m	22.00
热浸镀锌钢管 DN65			m	7.50
热浸镀锌钢管 DN50			m	3.60
热浸镀锌钢管 DN40			m	3.60
热浸镀锌钢管 DN32		9.50+0.5×6=12.50	m	12.50
(6)喷淋立管	喷淋系统图			
热浸镀锌钢管 DN150		(20.90−0.80)−(5.00−0.80)	m	15.90
(7)合计				
热浸镀锌钢管 DN150			m	92.70
热浸镀锌钢管 DN125			m	118.50
热浸镀锌钢管 DN100			m	95.30
热浸镀锌钢管 DN80			m	35.50
热浸镀锌钢管 DN65			m	28.70
热浸镀锌钢管 DN50			m	27.20
热浸镀锌钢管 DN40			m	86.80
热浸镀锌钢管 DN32			m	548.00

续表

分部分项工程名称	轴线位置	计算式	计量单位	数量
二、喷淋系统				
地上式水泵接合器 DN100			套	2
止回阀 DN150			个	3
截止阀 DN150			个	3
湿式报警阀 DN150			个	1
水力警铃 DN150			个	1
水流指示器 DN150			个	4
水流指示器 DN100			个	1
压力表			套	2
喷头 DN32			个	222
控制阀 DN150			个	4
控制阀 DN100			个	1
支架安装			kg	530.00
支架刷红丹漆			kg	530.00
支架刷银粉漆			kg	530.00
管道水冲洗(<DN150)		92.70+118.50=211.20	m	211.20
管道水冲洗(<DN100)			m	95.30
管道水冲洗(<DN80)			m	35.50
管道水冲洗(<DN70)			m	28.70
管道水冲洗(<DN50)		27.20+86.80+548.00=662.00	m	662.00

思考题

7.1 水灭火系统安装工程量计算应遵循哪些规则?

7.2 水灭火系统安装工程套用定额有何特点?

7.3 气体灭火系统安装工程量计算应遵循哪些规则?

7.4 火灾自动报警系统安装套用定额需注意哪些问题?

7.5 消防系统调试主要包括哪些内容?

7.6 《消防及安全防范设备安装工程》计价表与《给排水、采暖、燃气工程》计价表中的管道安装工程工程量计算及定额套用有何区别?

7.7 消防工程工程量清单项目设置主要包括哪些内容?

8

电气工程施工图预算

8.1 电气工程系统概述

8.1.1 电气工程系统的组成

1)变配电系统一次设备

①变压器:变压器按散热方式的不同分为油浸式和干式两大类。一般在建筑物内的配电要求使用干式变压器。变压器型号表示如下:

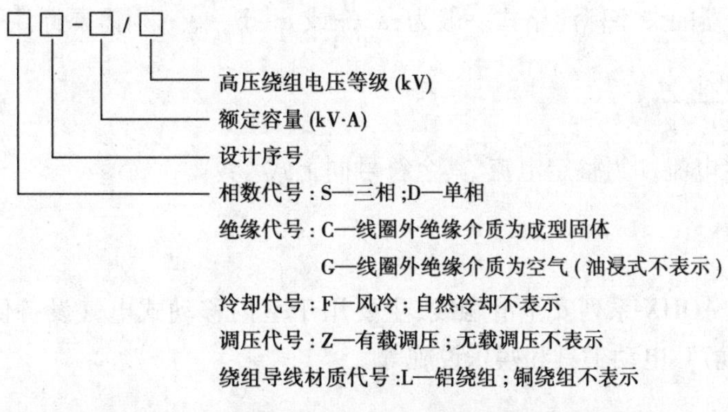

例如:SCL1-500/10,表示三相环氧树脂浇注干式铝绕组变压器,空气自冷式,无载调压,额定电压10/0.4 kV(高压侧额定电压为10 kV,低压侧额定电压为0.4 kV),额定容量500 kV·A。

②开关类设备:开关类设备主要有隔离开关、负荷开关和断路器。

③保护类设备:保护类设备主要有熔断器和避雷器。

④互感器:互感器分为电压互感器和电流互感器。

⑤高低压开关柜:高压开关柜体积较大,宽度900~1 200 mm,高度2 600~3 100 mm。一

台高压柜内只安装一两台开关设备,所以有断路器柜、互感器柜、电容器柜、仪表计量柜等。低压开关柜分为固定式和抽屉式。

⑥母线:变配电室中使用的母线分为软母线和硬母线。软母线主要用于大跨度空间的母线架设。变配电室中用得更多的是硬母线,按材质分为铜母线、铝母线和钢母线,按截面形状分为矩形母线、槽形母线、环形母线和超大截面的重型母线。一般变配电站常用的是铜或铝质的矩形母线(也称为带形母线)。矩形铜母线的型号为TMY,矩形铝母线的型号为LMY,M表示母线,Y表示硬质。

⑦箱式变电站:箱式变电站是由高压室、变压器室及低压室组成的组合型变电设备,各室自成一单元。其高压室通常装有负荷开关、熔断器、避雷器、接地开关及机械联锁装置等。变压器室通常安装容量为630 kV·A及其以下,电压为10/0.4 kV的干式变压器。低压室可装低压屏若干台。低压屏内安装有自动开关、计量仪表、进线和馈电回路等。

2)控制设备及低压电器

①变配电系统常用控制设备:该系统主要包括继电器、控制开关、仪表及信号设备等。

②配电箱(柜、屏):配电箱是连接电源与用电设备的中间装置,除了分配电外,还具有对用电设备进行控制、测量、指示及保护等功能。

控制设备及低压电器的文字标注:

①配电箱的文字标注格式一般为:$a\frac{b}{c}$或$a-b-c$,当需要标注引入线的规格时,则标注为:$a\frac{b-c}{d(e\times f)-g}$。

其中:a为设备编号,b为设备型号,c为额定功率,d为导线型号,e为导线根数,f为导线截面积,g为导线敷设方式及部位。

②开关及熔断器的文字标注格式一般为:$a\frac{b}{c/i}$或$a-b-c/i$,当需要标注引入线的规格时,则标注为:$a\frac{b-c/i}{d(e\times f)-g}$。

其中:c为额定电流,i为整定电流,其余符号同上式。

3)滑触线装置

常用滑触线为AQHX系列安全滑触线,主要用于室内移动式电气设备供电,如各种中小型容量起重机、电葫芦、电动工具和娱乐设施等。

4)电缆

(1)电缆型号

电缆按用途分为电力电缆、控制电缆、电信电缆、移动软电缆等。电缆按绝缘类别分为橡皮绝缘电缆、油浸纸绝缘电缆、塑料绝缘电缆。电缆型号由字母和数字排列组合而成,字母的排列顺序和数字含义见表8.1和表8.2。

表 8.1 电缆型号字母含义

类 别	导 体	绝 缘	内护套	外护层①
Z—纸绝缘电缆	T—铜② L—铝	Z—油浸纸	Q—铅套 L—铝套	02,03,20,21,22,23,30,31,32,33,40,41,42,43,441,241 等
YJ—交联聚乙烯电缆	T—铜② L—铝	YJ—交联聚乙烯	LW—皱纹铝套 V—聚氯乙烯 Y—聚乙烯 Q—铅套	22,23,32,33,42,43 等
V—塑料电缆	T—铜② L—铝	V—聚氯乙烯	V—聚氯乙烯	22,23,32,33,42,43 等
K—控制电缆	T—铜② L—铝	Y—聚乙烯 V—聚氯乙烯 X—橡皮 YJ—交联聚乙烯	Y—聚乙烯 V—聚氯乙烯 F—氯丁胶 Q—铅套 P—编织屏蔽	02,03,20,22,23,30,32,33

注:①数字含义详见表 8.2;②铜芯代表字母 T 一般省略不写。

表 8.2 数字表示的材料和意义

标 记	铠装层	标 记	外被层
0	无	0	无
1		1	纤维层
2	双钢带(24—钢带、粗圆钢丝)	2	聚氯乙烯套
3	细圆钢丝	3	聚乙烯套
4	粗圆钢丝(44—双粗圆钢丝)	4	

例如,ZQD02 表示铜芯油浸纸绝缘铅套聚氯乙烯护套电力电缆;YJV22(YJLV22)表示铜芯(铝芯)交联聚乙烯绝缘钢带铠装聚氯乙烯护套电缆;KXV 表示橡皮绝缘聚氯乙烯护套控制电缆。

(2)电缆的敷设方式

①电缆直接埋地敷设:直接埋地敷设必须使用铠装电缆。埋深一般≥0.7 m,且沟内应铺细沙,沟顶盖砖或盖保护板。

②电缆在排管内的敷设:为了避免检修电缆时开挖地面,电缆可敷设在地下的排管内。排管是预制好的混凝土块连续拼接,或者是多根硬塑料管排列而成。

③电缆在电缆沟内敷设:当平行敷设电缆根数较多时,可采用在电缆沟内敷设的方式。电缆沟用砖砌或用混凝土浇灌而成,沟内预埋电缆支架。电缆均放在支架上。

④电缆明敷设:电缆桥架是室内电缆明敷设的一种常用方式。电缆桥架按结构形式分为梯式桥架、托盘式桥架、槽式桥架和组合式桥架,按材质分为钢制桥架、玻璃钢制桥架和铝合金桥架。

(3)电缆附件

为了保证电缆连接后的整体绝缘性及机械强度,在电缆敷设时要使用电缆附件:在电缆连接时要使用电缆中间头,在电缆起止点要使用电缆终端头,电缆干线与支线连接时要使用分支头。

5)防雷及接地装置

民用建筑的防雷措施,原则上是以防直击雷为主要目的。防直击雷的装置一般由接闪器(避雷针、带、网)、引下线和接地装置3部分组成。

接闪器的设置可采用沿建筑物屋角、屋脊、女儿墙等易遭受雷击的部位装设避雷网(带)或避雷针或由其混合组成的接闪器的方法,并要求在整个屋面装设网格。避雷针宜采用圆钢或焊接钢管制成,避雷带和避雷网宜采用圆钢或扁钢。防雷装置的引下线不少于2根,并沿建筑物四周均匀或对称布置。接地装置是接地体(又称接地极)和接地线的总称。

6)10 kV 以下架空配电线路

低压架空线路主要由导线、电杆、横担、绝缘子、线路金具和拉线组成。

架空电力线路所用的导线有绝缘导线和裸导线两种。常用的绝缘导线有聚氯乙烯塑料导线和橡胶绝缘导线。裸导线有铜绞线、铝绞线和钢芯铝绞线,其型号分别为TJ,LJ,LGJ。架空线路的导线一般采用裸铝绞线,接近民用建筑的接户线才选用绝缘导线。电杆有钢筋混凝土杆、金属杆等,均宜采用定型产品。横担从材料上分有铁横担和瓷横担,常用的是镀锌角铁横担。绝缘子又称瓷瓶,用来固定导线,并使导线之间、导线与横担之间保持绝缘,其形式有针式绝缘子、蝶式绝缘子、悬式绝缘子等。线路金具是架空线路上所使用的各种金属部件的统称。拉线按用途和结构可分为普通拉线、转角拉线、人字拉线、四方拉线(十字拉线)、自身拉线(弓形拉线)等。

7)配管

管材可选择:电线管;焊接钢管;硬质聚氯乙烯管;半硬质阻燃管;刚性阻燃管;可挠性塑料管;可挠性金属管;套接紧定式镀锌钢导管(JDG);套接扣压式薄壁钢导管(KBG管)。

8)配线

(1)电线型号

电线按用途可分为户外架空线、户内电线;按绝缘层分为聚氯乙烯绝缘线、橡皮绝缘线;按电压等级分为0.25,0.5,0.75 kV。

①聚氯乙烯绝缘电线:主要适用于AC380 V及其以下的电气设备、用电设备的固定敷设。其型号和名称有:

BV(BLV),铜芯(铝芯)聚氯乙烯绝缘电线;

BVV(BLVV),铜芯(铝芯)聚氯乙烯绝缘聚氯乙烯护套圆形电线;

BVR,铜芯聚氯乙烯绝缘软电线;

BVVB,铜芯聚氯乙烯绝缘聚氯乙烯护套平行电线。

②橡皮绝缘电线:主要适用于交流额定电压500 V及其以下或直流1 kV及其以下的电气设备及照明装置。其型号和名称有:

BXF(BLXF),铜芯(铝芯)氯丁橡皮绝缘线(固定敷设用,尤其适用于户外);

BX(BLX),铜芯(铝芯)橡皮绝缘线(固定敷设用)。

③聚氯乙烯绝缘屏蔽电线:主要适用于交流额定电压300/300 V及其以下电器、仪表、电子设备及自动化装置。例如,AVP(RVP),铜芯聚氯乙烯绝缘屏蔽(软)电线;RVVP,铜芯聚氯乙烯绝缘屏蔽聚氯乙烯护套软电线。

(2)导线敷设基本方法

导线敷设方法按在建筑物内敷设位置的不同,分为明敷设和暗敷设;按在建筑结构上敷设位置的不同,分为沿墙、沿柱、沿梁、沿顶棚和沿地面敷设。导线敷设的方法也叫做配线方法,常用的配线方法有:瓷瓶配线,线槽配线,卡钉护套配线,钢索配线,线管配线。

(3)线路敷设方式及敷设部位文字符号

线路敷设方式和敷设部位分别见表8.3和表8.4。

表8.3 线路敷设方式文字符号

序 号	中文名称	符 号	序 号	中文名称	符 号
1	直接埋设	DB	7	穿电线管敷设	MT
2	电缆沟敷设	TC	8	穿硬塑料管敷设	PC
3	电缆桥架敷设	CT	9	穿阻燃半硬聚氯乙烯管敷设	FPC
4	穿金属软管敷设	CP	10	穿聚氯乙烯波纹电线管敷设	KPC
5	用钢索敷设	M	11	塑料线槽敷设	PR
6	金属线槽敷设	MR	12	穿焊接钢管敷设	SC

表8.4 线路敷设部位文字符号

序 号	中文名称	符 号	序 号	中文名称	符 号
1	沿或跨梁(屋架)敷设	AB	6	暗敷设在墙内	WC
2	暗敷在梁内	BC	7	沿顶棚或顶板面敷设	CE
3	沿或跨柱敷设	AC	8	暗敷设在屋面或顶板内	CC
4	暗敷设在柱内	CLC	9	吊顶内敷设	SCE
5	沿墙面敷设	WS	10	地板或地面下敷设	F

(4)导线及敷设方式在工程图上的表示方法、图形符号及文字符号

在施工图中配电线路的标注格式如下:a - b(c×d)e - f

其中:a为回路编号,b为导线型号,c为导线根数,d为导线截面积,e为敷设方式及穿管管径,f为敷设部位。

例如:WL1-BV(3×25+1×16)-SC40-WC

表示编号为WL1回路,用3根25 mm^2和1根16 mm^2铜芯聚氯乙烯绝缘导线,穿直径为40 mm的焊接钢管,沿墙内暗敷设。

9)照明器具

(1)照明器具的类型

电器照明设备主要包括灯具和各种开关等。

①灯具的安装主要有:吸顶式、壁式和悬吊式。

②开关形式主要有:跷板式、拉线式、节能开关、延时开关、调光开关等。

③插座形式主要有:单项明插座、三项明插座、单项暗插座、三项暗插座、防爆插座等。

(2)照明器具在工程图上的表示方法及图形符号

在施工图中照明器具的标注格式如下:

一般标注方法:$a-b\frac{c\times d\times L}{e}f$

灯具吸顶安装标注方法:$a-b\frac{c\times d\times L}{-}$

其中:a 为灯数,b 为型号或编号,c 为每盏照明灯具的灯泡数,d 为灯泡容量(W),e 为灯泡安装高度(m),f 为安装方式,L 为光源种类(IN 为白炽灯,FL 为荧光灯,Na 为钠灯,Hg 为汞灯,UV 为紫外线灯)。

照明灯具安装方式的文字符号见表 8.5。

表 8.5　灯具安装方式的文字符号

序　号	中文名称	符　号	序　号	中文名称	符　号
1	线吊式	SW	7	顶棚内安装	CR
2	链吊式	CS	8	墙壁内安装	WR
3	管吊式	DS	9	支架上安装	S
4	壁装式	W	10	柱上安装	CL
5	吸顶式	C	11	座装	HM
6	嵌入式	R			

10)常用动力设备的配电

民用建筑中的动力设备种类繁多,不同动力设备的供电可靠性要求也是不一样的。配电系统的层次一般不超过 2 ~ 3 级。一般而言,对于用电设备容量大或负荷性质重要时,宜采用放射式配电方式,对于用电设备容量不大或供电可靠性要求不高的各楼层配电点,宜采用分区树干式配电方式。

(1)空调动力设备的配电

在动力设备中,空调动力设备是最大的动力设备,它的容量大,设备种类多,包括空调制冷机组(或冷水机组、热泵)、冷却水泵、冷冻水泵、冷却塔风机、空调机、新风机、风机盘管等。

空调制冷机组的功率很大,大多在 200 kW 以上,有的超过 500 kW。因此,多采用放射式配电,从变电所低压母线直接引来电源到机组控制柜。

冷却水泵、冷冻水泵的台数较多,且留有备用水泵,单台设备容量在几十千瓦,多数采用降压启动。其配电一般采用两级放射式配电方式,从变电所低压母线引来一路或几路电源到机房动力配电箱,再由动力配电箱引出线至各泵的启动控制柜。

空调机、新风机的功率大小不一,分布范围比较大,可以采用多级放射式配电,在容量较小时,亦可采用链式配电方式或混合式配电方式,实际中应根据具体情况灵活考虑。

盘管风机为220 V单相用电设备,数量多,单机功率小,一般可以采用照明设备的供电方式,一个支路可以接若干个盘管风机,盘管风机也可以由插座供电。

(2)消防用电设备的配电

消防用电设备应采用专用(即单独的)供电回路,即由变压器低压出口处与其他负荷分开自成供电体系,以保证在火灾时切除非消防电源后能保证消防用电,确保灭火扑救工作的正常进行。配电线路应按防火分区来划分。

消防水泵、消防电梯、防烟排烟风机等设备应有2个电源供电,并且2个电源在末端切换。因此,对于消防泵、喷淋泵和消防电梯的配电采用放射式配电。对于正压风机、排烟风机,考虑到设备的功率比较小,且比较集中,可采用两级放射式配电,即从变电所低压母线引2路电源到双电源切换箱,再向各风机供电。

消防设备的配电线路可以采用普通电线电缆,穿在金属管或阻燃塑料管内,并应埋设在不燃烧结构内埋深3 cm。当采用明敷时,应在金属管或金属线槽上涂防火涂料。敷设在竖井内的线路,在采用不燃性材料作绝缘和护套的电缆电线时,可不用金属线槽作密封保护。

(3)电梯和自动扶梯的配电

电梯和自动扶梯是建筑物中重要的垂直运输设备,必须安全可靠。考虑到运行的轿厢和电源设备在不同的地点,维修人员不可能在同一地点观察到二者的运行情况,因此电梯应由专用回路供电。

电梯的电源一般引至机房电源箱。自动扶梯的电源一般引至高端地坑的扶梯控制箱。

(4)生活给水装置的配电

生活给水装置配电包括生活水泵的配电在内,一般从低压母线出口引出电源送至泵房动力配电箱,然后送至各泵控制设备。

8.1.2 电气工程施工图

1)电气工程施工图主要内容

电气图是一类比较特殊的图。它通常是指用图形符号、文字符号、带注释的围框或简化外形表示系统或设备中各组成部分之间相互关系及其连接关系的一种简图。

在电气工程施工图中,电气系统图、电路图、接线图、平面图是最主要的图。通常,系统图与平面图对应,电路图与接线图对应。在某些较复杂的电气工程中,为了补充和详细说明某一方面,还需要有一些特殊的电气图,如功能图、逻辑图、印制板电路图、曲线图等。

电气平面图主要表示某一电气工程中电气设备、装置和线路的平面布置。它一般是在建筑平面图的基础上绘制出来的。常见的电气工程平面图有线路平面图、变电所平面图、电力平面图、照明平面图、弱电系统平面图、防雷与接地平面图等。

电气系统图主要表示整个工程或其中某一项目的供电方式和电能输送的关系,亦可表示某一装置各主要组成部分的关系,如照明系统图、电话系统图等。

电路图主要表示系统或装置的电气工作原理,也称为电气原理图。电路图不能表明电器设备和元器件的实际安装位置和具体接线。

接线图主要用于表示电气装置内部各元件之间及其与外部其他装置之间的连接关系,可具体分为单元接线图、互连接线图、端子接线图、电线电缆配置图等。

2)电气工程施工图的识读

①阅读文字说明:文字说明包括图纸目录、施工说明、设备材料表和图例。阅读文字说明可了解设备型号及规格、表示方法、安装方式,弄清设计所包括的内容,以及图纸中提出的施工要求,以便于考虑与其他工种(土建、给排水、通风等)的配合问题,从总体上把握工程的概况。

②识读系统图:了解各个系统(如照明配电系统、动力配电系统、电话系统)的组成内容、总体(如全楼)与局部(如某楼层)之间的连接关系(即配线方式:放射式、树干式等),了解设备由哪些组成、有多少个出线回路、配线材料及其敷设方式等。

③结合系统图看各层平面图:先从系统的总进线端开始,到总配电箱(或电话分线箱等),再到各层分配电箱(或各层电话分线箱等),再从各层箱到具体的电气元件(如灯具、插座等)。应按照顺序一个回路、一个回路看。另外,电气平面图上只表示出电器设备的平面位置,因此,平面图上导线的连接只是水平方向上的,为了弄清导线在竖向上的分布,应结合施工说明及有关规范规定,搞清设备在竖向上的位置,才能最终正确确定导线的长度。

8.2 工程量计算规则与计价表套用

8.2.1 电气工程计价表工程量计算规则

1)变压器

①变压器安装,按不同容量以“台”为计量单位。干式变压器如果带有保护罩时,其定额人工和机械乘以系数1.2。

②变压器通过实验,判定绝缘受潮,才需进行干燥,所以只有需要干燥的变压器才能计取此项费用。

③变压器油过滤不论过滤多少次,直到过滤合格为止。工程量计算以“t”为计量单位,其具体计算方法如下:

a.变压器安装定额未包括绝缘油的过滤,需要过滤时,可按制造厂提供的油量计算。

b.油断路器及其他充油设备的绝缘油过滤,可按制造厂规定的充油量计算。计算公式为:

$$\text{油过滤数量} = \text{设备油重} \times (1 + \text{损耗率}) \tag{8.1}$$

2)配电装置

①配电装置的安装均以“台(个)”或“组”为计量单位。其中由于负荷开关安装与隔离开关安装基本相同,故未编定额项目,可执行同电压等级的隔离开关定额。

②高压成套配电柜的安装以“台”为计量单位。柜内设备按厂家已安装好,连接母线已配置,油漆已刷好来考虑。柜顶主母线、主母线与上闸引下线的配置安装、基础槽钢的安装、绝缘台的安装另套相应定额。

③组合型成套箱式变电站是一种小型户外成套箱式变电站,变压比一般为10/0.4 kV,可直接为小规模的工业和民用建筑供电。成套箱式变电站的内部设备生产厂已安装好,只需要外接高低压进出线。

3)母线及绝缘子

①支持绝缘子安装:分别按安装在户内、户外、单孔、双孔、四孔固定,以“个”为计量单位。

②穿墙套管安装:综合考虑了水平装设和垂直装设2种安装方式,对电流大小等也进行了综合考虑,计算时均以“个”为计量单位。

③软母线安装:指直接由耐张绝缘子串悬挂部分的安装,按软母线截面大小分别以“跨/三相”(每跨包括三相)为计量单位。导线跨距按每30 m一跨考虑,设计跨距不同时不做换算。导线、绝缘子、线夹、弛度调节金具等均按施工图设计用量加定额规定的损耗率计算。若施工图无规定用量,则可参照每跨母线6个耐张线夹、3个T形线夹、两端为单串绝缘子串考虑。

④软母线引下线是指由母线上T型线夹、并槽线夹、或终端耐张线夹到设备的一段连接线,每三相为1组,每组包括3根导线、6个接线线夹。软母线经终端耐张线夹引下与设备连接的部分均执行引下线定额,以“跨/三相”为计量单位,每三相为1组。

⑤跳线是指两跨软母线之间用跳线线夹、端子压接管或并槽线夹连接的引流线安装,每三相为1组。不论两侧的耐张线夹是螺栓式或压接式,均执行软母线跳线定额。

⑥设备连接线安装,指两设备间的连接。有用软导线、带形或管形导线等连接形式,这里专指用软导线连接,其他连接方式应另套相应的定额。

⑦组合软母线安装,按三相为1组计算。跨距(包括水平悬挂部分和两端引下部分之和)以45 m以内考虑,跨度的长与短不得调整。导线、绝缘子、线夹、金具按施工图设计用量加定额规定损耗率计算。软母线安装预留长度按表8.6计算。

表8.6　软母线安装预留长度　　单位:m/根

项　目	耐　张	跳　线	引下线、设备连接线
预留长度	2.5	0.8	0.6

⑧带型母线及带型母线引下线安装包括铜排、铝排,分别以不同截面和片数以“m/单相”为计量单位。母线和固定母线的金具均按设计量加损耗率计算。钢带型母线安装按同规格的铜母线定额执行,不得换算。母线伸缩接头及铜过渡板安装均以“个”为计量单位。

⑨槽型母线安装:以“m/单相”为计量单位,槽型母线与设备连接分别以连接不同的设备以“台”为计量单位。其中与发电机连接按6个头连接考虑,与变压器、断路器、隔离开关连接按3个头连接考虑。

⑩低压(指380 V以下)封闭式插接母线槽安装:不分铜导体和铝导体,一律按额定电流大小以“m”为计量单位,长度按设计母线轴线长度计算,分线箱以“台”为计量单位,分别以电

流大小按设计数量计算。

⑪重型母线安装:包括铜母线、铝母线安装,分别按截面大小以“t”为计量单位。硬母线配置安装预留长度按表8.7规定计算。

表8.7 硬母线配置安装预留长度 单位:m/根

序 号	项 目	预留长度	说 明
1	带形、槽型母线终端	0.3	从最后一个支持点算起
2	带形、槽型母线与分支线连接	0.5	分支线预留
3	带形母线与设备连接	0.5	从设备端子接口算起
4	多片重型母线与设备连接	1.0	从设备端子接口算起
5	槽型母线与设备连接	0.5	从设备端子接口算起

4)控制设备及低压电器

①控制设备及低压电器安装:均以“台”为计量单位,设备安装均未包括基础槽钢、角钢的制作安装,其工程量应按相应定额另行计算。

②各种屏、柜、箱、台安装定额,均未包括端子板的外部接线工作内容,应根据设计图纸中的端子规格、数量,另套“端子外部接线”定额,以“个”为计算单位。

③集中控制台安装定额适用于长度在2 m以上、4 m以下的集中控制(操作)台。2 m以下的集中控制台按一般控制台考虑,应分别执行定额。

④低压开关柜安装时,如是变配电装置的低压柜执行第4章“配电屏”,如是车间的低压柜执行第4章“落地式成套配电箱”。

⑤集装箱式配电室属于独立式的户外配电装置,内装各种控制、配电屏、柜。“集装箱式低压配电室”其外形像一个大型集装箱,内装6~24台低压配电箱(屏)。定额单位以质量计算,工作内容不包括二次接线、设备本身处理及干燥。

⑥盘柜配线分不同规格,以“m”为计量单位。盘、箱、柜的外部进出线预留长度按表8.8计算。盘柜配线计算公式:

$$各种盘、柜、箱板的半周长 \times 元器件之间的连接线根数。\tag{8.2}$$

表8.8 盘、箱、柜的外部进出线预留长度 单位:m/根

序 号	项 目	预留长度	说 明
1	各种箱、柜、盘、板、盒	高+宽	盘面尺寸
2	单独安装的铁壳开关、自动开关、刀开关、启动器、箱式电阻器、变阻器	0.5	从安装对象中心算起
3	继电器、控制开关、信号灯、按钮、熔断器等小电器	0.3	从安装对象中心算起
4	分支接头	0.2	分支线预留

⑦在控制(配电)屏上加装少量小电器、设备元件时,可执行“屏上辅助设备”子目,但定额中未包括现场开孔工作。

⑧配电箱制作定额不包括箱内配电板的制作和各种电气元件的安装及箱内配线。

5)蓄电池

蓄电池主要适用于变电所直流操作电源及建筑物应急照明用直流电源。作为不停电电源装置EPS或(UPS)的直流电源,当要求继续维持供电时间较短时,宜采用镉-镍蓄电池。

铅酸蓄电池和碱性蓄电池安装,分别按容量大小并以单位蓄电池“个”为计量单位,按施工图设计的数量计算工程量。定额内已包括了电解液的材料消耗,执行时不得调整。蓄电池充放电按不同用量以“组”为计量单位。

6)电机及滑触线安装

①发电机、调相机、电动机的电气检查接线,均以“台”为计量单位。直流发电机组和多台一串的机组,按单台电机分别执行定额。

②电气安装规范要求每台电机接线均需要配金属软管,设计有规定的按设计规格和数量计算,设计没有规定的,平均每台电机配相应规格的金属软管1.25 m和与之配套的金属软管专用活接头。

③电机检查接线定额中,除发电机和调相机外,均不包括电机干燥,发生时其工程量应按电机干燥定额另行计算。电机干燥应按实际干燥次数计算。在气候干燥、电机绝缘性能良好、符合技术标准不需要干燥时,则不计算干燥费用。实行包干的工程,按照规定由有关方面协商而定:低压小型电机3 kW以下按25%的比例考虑干燥;低压小型电机3 kW以上至220 kW按30%~50%考虑干燥;大中型电机按100%考虑一次干燥。

④与机械同底座的电机和装在机械设备上的电机安装执行《机械设备安装工程》的电机安装定额,独立安装的电机执行电机安装定额。

⑤滑触线安装以“100 m/单相”为计量单位,其附加或预留长度按表8.9规定计算。

表8.9 滑触线预留长度 单位:m/根

序号	项目	预留长度	说明
1	圆钢、铜母线与设备连接	0.2	从设备接线端子接口起算
2	圆钢、铜滑触线终端	0.5	从最后一个固定点起算
3	角钢滑触线终端	1.0	从最后一个支持点起算
4	扁钢滑触线终端	1.3	从最后一个固定点起算
5	扁钢母线分支	0.5	分支线预留
6	扁钢母线与设备连接	0.5	从设备接线端子接口起算
7	轻轨滑触线终端	0.8	从最后一个支持点起算
8	安全节能及其他滑触线终端	0.5	从最后一个固定点起算

⑥滑触线及支架安装按10 m以下标高考虑,如超过10 m,应按册说明计取超高增加费。支架及铁构件制作,执行本册第4章“铁构件制作”的有关定额。

7)电缆

①直埋电缆的挖、填土(石)方量,除特殊要求外,可按表8.10计算土方量。

表 8.10　直埋电缆的挖、填土(石)方量

项　目	电缆根数	
	1 ~ 2	每增加 1 根
每米沟长挖方量/m^3	0.45	0.153

注:①2 根以内的电缆沟,系按上口宽度 600 mm、下口宽度 400 mm、深度 900 mm 计算的常规土方量;
②每增加 1 根电缆,其宽度增加 170 mm。

②电缆沟盖板揭、盖定额:按每揭或每盖一次以延长米计算。如又揭又盖,则按两次计算。

③电缆保护管埋地敷设:土方量凡有施工图注明的,按施工图计算;无施工图注明的一般按沟深 0.9 m,沟宽按最外边的保护管两侧边缘外各增加 0.3 m 工作面计算。电缆保护管长度,除按设计规定长度计算外,遇有下列情况,规定增加保护管长度:横穿道路,按路基宽度两端各增加 2 m;垂直敷设时管口距地面增加 2 m;穿过建筑物外墙者,按基础外缘以外增加1 m;穿过排水沟,按沟壁外缘以外增加 1 m。

④电缆敷设:按单根延长米计算,如一个沟内(或架上)敷设 3 根各长 100 m 的电缆,电缆敷设长度应按 300 m 计算,依此类推。电缆敷设长度除了包括敷设路径的水平和垂直敷设长度以外,另按表 8.11 的规定增加预留长度。

表 8.11　电缆敷设预留长度

序　号	项　目	预留(附加)长度	说　明
1	电缆敷设驰度、波形弯度、交叉	2.5%	按电缆全长计算
2	电缆进入沟内或吊架时引上、下预留	1.5 m	规范规定最小值
3	变电所进线、出线	1.5 m	规范规定最小值
4	电力电缆终端头	1.5 m	检修余量最小值
5	电缆中间接头盒	两端各留 2.0 m	检修余量最小值
6	电缆进控制、保护屏及模拟盘等	高 + 宽	按盘面尺寸
7	电缆进入建筑物	2.0 m	规范规定最小值
8	高压开关柜及低压配电盘、箱	2.0 m	规范规定最小值
9	电缆至电动机	0.5 m	从电机接线盒起算
10	厂用变压器	3.0 m	从地坪起算
11	电缆绕过梁柱等增加长度	按实计算	按被绕物的断面情况计算增加长度
12	电梯电缆与电缆架固定点	每处 0.5 m	规范最小值

注:电缆附加及预留的长度是电缆敷设长度的组成部分,应计入电缆长度工程量之内。

⑤电缆终端头及中间头均以"个"为计量单位。电力电缆和控制电缆均按一根电缆有两个终端头考虑。中间电缆头设计有图示的,按设计确定;设计没有规定的,按实际情况计算(或按平均 250 m 一个中间头考虑)。

⑥桥架安装以"m"为计量单位。防火电缆桥架可按相应桥架定额人工乘以系数 1.20。

8)防雷及接地装置

①接地极制作安装以"根"为计量单位。其长度按设计长度计算,设计无规定时,每根按

2.5 m 计算。安装内容包括打入地下并与主接地网焊接。

②接地母线敷设,按设计长度以“m”为计算单位,其长度按施工图设计的水平和垂直长度另加3.9%的附加长度,计算主材费时另加规定的损耗。

③接地跨接线以“处”为计量单位,按规程规定凡需作接地的,每跨接一次按一处计算,户外配电装置构架均需接地,每副构架按1处计算。

④避雷针的制作和安装均以“根”为计量单位。长度、高度数量均按设计规定。避雷针所用的主材费另计。

⑤利用建筑物内主筋作接地引下线安装时,以“m”为计量单位,每一柱子内按焊接两根主筋考虑,如果焊接主筋数超过两根时,可按比例调整。

⑥断接卡子以“套”为计量单位,按设计规定装置的断接卡子数量计算。接地检查井内的断接卡子安装按每井一套计算,井的制作执行相应定额。

⑦避雷网安装的支架间距按1 m考虑,采用焊接,避雷线按主材考虑,混凝土墩考虑在现场浇制。高层建筑物屋顶的防雷接地装置应执行“避雷网安装”定额,电缆支架的接地线安装应执行“户内接地母线敷设”定额。

⑧钢铝窗接地是按采用Φ8圆钢一端和窗连接,一端与圈梁内主筋连接的方式考虑的,以“处”为单位(高层建筑6层以上的金属窗设计一般要求接地),按设计要求接地的金属窗数进行计算。柱子主筋与圈梁连接按“处”为单位,每处按2根主筋与2根圈梁钢筋分别按焊接考虑。

9)10 kV 以下架空配电线路

(1)工地运输

工地运输是指定额内未计价材料从集中材料堆放点或仓库运至岗位上的工程运输,分人力运输和汽车运输,以“t/km”为计量单位。计算公式如下:

$$\text{工程运输量} = \text{施工图用量} \times (1 + \text{损耗率}) \tag{8.3}$$

$$\text{预算运输量} = \text{工程运输量} + \text{包装物量} \tag{8.4}$$

不需要包装的可不计算包装物重量,具体计算按表8.12的规定:

(2)土石方量计算

①无底盘、卡盘的电杆坑,其挖方体积为:$V=0.8\times0.8\times h$。其中,h为坑深,m。

②电杆坑的马道土、石方量按每坑0.2 m^3计算。

③杆坑土质按一个坑的主要土质而定,如一个坑大部分为普通土,少量为坚土,则该坑应全部按普通土计算。冻土厚度大于300 mm,其挖方量按挖坚土定额乘以系数2.5,其他土层仍按其土质性质套用定额。

④土方量计算公式为:

$$V = h/6 \times [ab + (a + a_1) \times (b + b_1) + a_1 \times b_1] \tag{8.5}$$

式中 a,b——坑底宽,a,b = 盘底宽 $+2\times0.1$,0.1为工作面宽,m;

a_1,b_1——坑口宽,a_1,b_1 = 坑底宽 $+2\times h\times$ 放坡系数。

表 8.12　工程运输量计算

材料名称		单位	运输质量/kg	备　注
混凝土制品	人工浇制	m^3	2 600	包括钢筋
	离心浇制	m^3	2 860	包括钢筋
线　材	导　线	kg	$W\times1.15$	有线盘
	钢绞线	kg	$W\times1.07$	无线盘
木杆材料		m^3	500	包括木横担
金属、绝缘子		kg	$W\times1.07$	
螺　栓		kg	$W\times1.01$	

(3)横担安装

按施工图设计规定,横担安装分不同形式和截面,以“组”或“根”为计算单位。定额按单根拉线考虑,若安装V型、Y型或双拼型拉线时,按2根计算。拉线长度按设计全根长度计算,设计无规定时可按表8.13计算。

(4)导线架设

按导线类型和不同截面以“km/单线”为计量单位计算。导线预留长度按表8.14规定计算。导线长度按线路总长度和预留长度之和计算。计算主材费时,应另增加规定的损耗量。

表 8.13　拉线长度　　单位:m/根

项　目		普通拉线	V(Y)型拉线	弓型拉线
杆高/m	8	11.47	22.94	9.33
	9	12.61	25.22	10.10
	10	13.74	27.48	10.92
	11	15.10	30.20	11.82
	12	16.14	32.28	12.62
	13	18.69	37.38	13.42
	14	19.68	39.36	15.12
水平拉线		26.47		

表 8.14　导线预留长度　　单位:m/根

项目名称		预留长度
高　压	转　角	2.5
	分支、终端	2.0
低　压	分支、终端	0.5
	交叉跳线转角	1.5
与设备连线		0.5
进户线		2.5

导线架设每千米工程含量取定,见表8.15。

表8.15 导线架设每千米工程含量取定

项 目	裸铝绞线	钢芯铝绞线	绝缘铝绞线
接续管/个	1~2	1~2	4~8
平均线夹/套	5	5	5
瓷瓶/只	65	65	65

10)电气调整试验

(1)电气调试系统的划分

以电气原理系统图为依据,电气设备元件的本体试验均包括在相应定额的系统调试之内,不得重复计算。绝缘子和电缆等单体试验,只在单独试验时使用。

(2)变压器系统调试

以每个电压侧有一台断路器为准,多于一个断路器的,按相应电压等级的送配电设备系统调试的相应定额另行计算。干式变压器、油浸电抗器调试执行相应容量变压器调试定额乘以系数0.8。

(3)配电设备系统调试

系统调试包括各种供电回路(包括照明供电设备)的系统调试。凡供电回路中带有仪表、继电器、电磁开关等调试元件的,均按该调试系统计算。移动式电器和以插座连接的家电设备已经厂家调试合格,不需要用户自调的设备均不应计算调试费用。

(4)特殊保护装置的调试

该装置调试未包括在各系统调试定额之内,应另行计算特殊保护装置调试费。其工程量计算均以构成一个保护回路为一套。如距离保护,按设计规定所保护的送电线路断路器台数计算;高频保护,按设计规定所保护的送电线路断路器台数计算。

(5)自动装置及信号系统调试

该系统调试包括继电器、仪表等元件本身和二次回路的调整试验。

(6)接地网的调试

①接地网接地电阻的测定:一般的发电厂或变电站连为一体的母网,按一个系统计算;自成母网不与厂区母网相连的独立接地网,另按一个系统计算。大型建筑群各有自己的接地网(接地电阻值设计有要求),虽然在最后也将各接地网连在一起,但应按各自的接地网计算,不能作为一个网,具体应按接地网的试验情况而定。

②避雷针接地电阻的测定:每一种避雷针均有单独接地网(包括独立的避雷针,烟囱避雷针等),均按一组计算。

③独立的接地装置接组计算:例如,一台柱上变压器有一独立的接地装置,即按一组计算。避雷针、电容器的调试,按每三相为一组计算;单个装设的亦按一组计算,上述设备如设置在发动机,变压器,输、配电线路的系统或回路内,仍应按相应定额另外计算调试费用。

(7)一般的住宅、学校、办公楼、旅馆、商店等民用电气的供电调试

①配电室内带有调试元件的盘、箱、柜和带有调试元件的照明主配电箱,应按供电方式执行相应的"配电设备系统调试"定额。

②每个用户房间的配电箱上虽装有电磁开关等调试元件,但如果生产厂家已按固定的常规参数调整好了,不需要安装单位进行调试就可以直接投入使用的,不得计取调试费用。

③民用电度表的调整校验属于供电部门的专业管理,一般皆由用户向供电局定购调试完毕的电度表,不得另计算调试费用。

11)**配管配线**

①各种配管应区别不同敷设方式、敷设位置、管材材料、规格,以"延长 m"为计量单位,不扣除管路中间的连接箱(盒)、灯头盒、开关盒所占长度。吊顶(顶棚)内配管属于明配管。

②电线管、刚性阻燃管长度按 4 m 取定,钢管长度按 6 m 取定。计价表指刚性阻燃管为刚性 PVC 管,管子的连接方式采用插入法连接;半硬质阻燃管为聚乙烯管,采用套接法连接;可挠性金属管是指普利卡金属套管(PULLKA),主要用于混凝土内埋设及低压室外电气配线。半硬质塑料管明敷定额可执行刚性阻燃塑料管明敷定额。

③管内穿线的工程量应区别线路性质、导线材料、导线截面,按单线长度以"延长 m"为计算单位。导线预留线长度可参表 8.16 所示。计算导线长度时应包含预留线长度和导线损耗长度。如照明管内穿线,导线界面 1.5 mm^2 的定额耗量每 100 m 为 116 m,即:

$$[100(\text{使用量})+13.9(\text{预留线长度})]\times[1+1.8\%(\text{损耗量})]=115.95\approx116.00$$

其他规格以此类推。如 BV-4:$(100+8.1)\times1.018=110.05\approx110.00$。

表 8.16　照明管内穿线含量　　单位:100 m

导线截面/mm^2	预留线长度/m	接头含量/个
1.5	13.90	32.20
2.5	13.90	32.20
4.0	8.10	14.4

④线路分支接头线的长度已综合考虑在定额中,不另行计算。照明线路中的导线截面≥6 mm^2 时,应执行动力线路穿线相应项目。

⑤绝缘子配线工程量应区别绝缘子形式(针式、鼓型、蝶式)、绝缘子配线位置(沿屋架、梁、柱、墙,跨屋架、梁、柱,木结构、顶棚内砖混凝土结构,沿钢支架及钢索)、导线截面积,按线路长度以"m"为计量单位。

⑥槽板配线工程量应区别槽板材料(木质、塑料),配线位置(木结构、砖混凝土结构)、导线截面、线制(二线、三线),按线路长度以"m"为计量单位。

⑦塑料护套线明敷设工程量应区别导线截面,导线芯数(二芯、三芯)、敷设位置(木结构、砖混凝土结构、沿钢索),按单根线路长度以"m"为计量单位。

⑧接线箱安装工程量应区别安装形式(明装、暗装),接线箱半周长,以"个"为计量单位。接线盒安装工程量应区别安装形式(明装、暗装、钢索上),以及接线盒类型,以"个"为计量单位。

⑨灯具、明(暗)开关、插座、按钮等的预留线,已分别综合在相应定额内,不另行计算,配线进入开关箱、柜、板的预留线,按表 8.17 的长度,分别计入相应的工程量。

表 8.17 配线进入开关箱、屏、柜、板的预留线

序 号	项 目	预留长度	说 明
1	各种开关、柜、板	高 + 宽	盘面尺寸
2	单独安装(无箱、盘)的铁壳开关、闸刀开关、起动器、母线槽进出线盒等	0.3 m	以安装对象中心算起
3	由地平管子出口引至动力接线箱	1.0 m	以管口计算起
4	电源与管内导线连接(管内穿线与软、硬母线接头)	1.5 m	以管口计算起
5	出户线	1.5 m	以管口计算起

12)照明器具

①各种灯具的安装套用定额时应区别灯具的种类、型号、规格等,以“套”为计量单位计算。

②开关、按钮安装的工程量应区别开关、按钮安装形式、种类,开关极数,以及单控与双控,以“套”为计量单位。调光开关、节能延时开关、呼叫按钮开关、红外线感应开关套用相应的单联开关定额。

③插座安装的工程量应区别电源相数、额定电流,插座安装形式,插座插孔个数,以“套”为计量单位。插座盒安装执行开关盒安装定额子目。

④吊扇预留吊钩执行吊扇安装定额,但其人工乘以系数 0.30,其余不变。

⑤灯具、开关、插座除有说明外,每套预留线长度为绝缘导线 2 ×0.15 m、3 ×0.15 m。规格与容量相适应。

13)电梯电气装置

各种电梯电气安装应区别电梯层数、站数,以“部”为计量单位计算工程量。

8.2.2 计价表套用

电气工程施工图预算套用《电器设备安装工程计价表》。其计价表共划分为 14 章,有的地区计价表增加了补充定额的内容。套用计价表时,应注意以下规定。

(1)电机的划分

计价表第 6 章中的“电机”是指发电机和电动机的统称,套用计价表时应注意其界线的划分:凡功率在 0.75 kW 以下的小型电机为微型电机,单台电机重量在 3 t 以下的为小型电机,单台电机重量在 3 t 以上至 30 t 的为中型电机,单台电机重量在 30 t 以上的为大型电机。为便于编制预算,各种常用电机的容量(额定功率)与电机综合平均重量对照表 8.18。

表 8.18 电机的容量(额定功率)与电机综合平均质量对照表

定额分类		小型电机							中型电机			
电机质量(t/台以下)		0.1	0.2	0.5	0.8	1.2	2	3	5	10	20	30
额定功率(kW 以下)	直流电机	2.2	11	22	55	75	100	200	300	500	700	1 200
	交流电机	3.0	13	30	75	100	160	220	500	800	1 000	2 500

注:实际中,若电机的功率与重量的关系和上表不符时,小型电机以功率为准,大中型电机以质量为准。

(2)常用电缆桥架的单位长度与质量换算

其换算详见表8.19和表8.20。

表8.19　立柱及托臂质量表

立柱				托臂		
规格	单位	单件质量/kg		规格	单位	单件质量/kg
		一般	轻型			
工字钢 $h=100$	m	15.70	10.39	臂长150	件	1.21
工字钢 $h=100$	m	14.50	9.12	臂长200	件	1.42
槽钢型6#	m	10.13	8.54	臂长300	件	1.94
槽钢型8#	m	11.54	—	臂长400	件	2.43
槽钢型10#	m	13.50	—	臂长500	件	2.92
角钢型60	m	9.02	6.38	臂长600	件	3.41
角钢型75	m	12.43	—	臂长700	件	3.90
				臂长800	件	4.40

表8.20　桥架质量表

序号	规格	单位	桥架质量/($kg \cdot m^{-1}$)			
			梯级式	托盘式	槽盒式	组合式
1	100×75	m	—	—	6.00	2.00
2	150×75	m	5.00	6.00	8.00	3.00
3	200×60	m	6.00	7.50	—	3.50
4	200×100	m	7.50	9.00	12.00	—
5	300×60	m	6.50	10.00	—	—
6	300×100	m	8.00	11.50	—	—
7	300×150	m	10.50	13.00	17.00	—
8	400×60	m	9.00	12.50	—	—
9	400×100	m	10.50	14.50	—	—
10	400×150	m	13.00	17.00	—	—
11	400×200	m	—	—	25.00	—
12	500×60	m	11.00	15.00	—	—
13	500×100	m	12.50	17.00	—	—
14	500×150	m	14.50	20.00	—	—
15	500×200	m	—	—	30.00	—
16	600×60	m	12.50	18.00	—	—
17	600×100	m	14.00	20.00	—	—
18	600×150	m	16.00	23.00	—	—
19	600×200	m	—	—	35.00	—
20	800×100	m	16.00	26.00	—	—
21	800×150	m	18.00	29.00	—	—

(3)1 kV 以下送配电设备系统调试定额

该系统调试在执行计价表时应注意如下规定:民用建筑工程,在每个用户内的配电箱(板)上虽装有电磁开关、漏电保护器等调试元件,但如生产厂家已按固定的常规参数调整好了,不需要安装单位和用户自行调试就可以直接投入使用,则一律不计取调试费用。民用电度表的调校属于供电部门的专业管理,一般皆由用户向供电部门订购已调好加了封铅的电度表,不应另计取调试费。对于高标准的高层建筑、高级宾馆、大会堂、体育馆等设有较高控制技术的电气工程,可根据设计要求和设备分不同情况考虑,凡需要安装单位进行调试的设备,则按相应的控制方式计取调试费。

设备供应厂商提供的电气设备,如:配电箱(盘、柜)、电动机、含电动机成套供应的各类风机、泵、空调机、制冷机组等,如果检测、调试报告、合格证(质保书)齐全,且对设备及配套的电气装置的运行安全负责,安装后可直接投入使用的,则不应计取调试费。

(4)电梯安装分项规则

半自动梯(手柄或按钮控制):载重在 5 t 以下。

交流系统自动梯(信号、集选控制):载重在 3 t 以下。

直流系统快速梯(可控硅励磁):速度在每秒 2 m 以内。

高速梯(可控硅励磁):速度在每秒 2 m 以上。

小型杂物电梯:载重在 0.2 t 以下,以轿厢内不载人为准。载重大于 200 kg 的且轿厢内有司机操作的杂物电梯,执行客货电梯的相应项目。

两部或两部以上并行或群控电梯,按相应的定额基价增加 20%。

(5)关于计取有关费用的规定

①超高增加费:操作物高度离楼地面 5 m 以上、20 m 以下的电气安装工程,按超高部分人工费的 33% 计取超高费,全部为人工费。

计算规则:在统计超过 5 m 工程量时,应按整根电缆、管线的长度计算,不应扣除 5 m 以下部分的工作量(仅适用于建筑物内);当电缆、管线经过配电箱或开关盒而断开时,则超高系数可分别计算;如多根电缆,只有 n 根电缆符合超高条件的,则只计算 n 根电缆的超高系数;设备的超高也可按整体计算,一台超过 5 m,一台不超过 5 m 时,则只计算一台的超高系数。

②高层建筑增加费:指高度在 6 层以上或 20 m 以上的工业与民用建筑(不包括屋顶水箱间、电梯间、屋顶平台出入口等)的建筑物。由于高层建筑增加系数是按全部建筑面积的工程量综合计算的,因此在计算工程量时,不扣除 6 层或 20 m 以下的工程量。高层建筑的外围工程,均不计算此费用。高层建筑增加费率见表 8.21。

表 8.21　高层建筑增加费率

层数(高度) 费　率	9 层以下(30 m)	12 层以下(40 m)	15 层以下(50 m)	18 层以下(60 m)	21 层以下(70m)	24 层以下(80 m)	27 层以下(90 m)	30 层以下(100 m)	33 层以下(110 m)	36 层以下(120 m)	40 层以下
按人工费的百分比/%	6	9	12	15	19	23	26	30	34	37	43
其中人工费占百分比/%	17	22	33	40	42	43	50	53	56	59	58
机械费占百分比/%	83	78	67	60	58	57	50	47	44	41	42

③脚手架搭拆费(10 kV 以下架空线路除外):按人工费的4%计算,其中人工工资占25%,材料占75%。

④安装与生产同时进行增加的费用:按人工费的10%计算,其中人工费100%。

⑤在有害身体健康的环境中施工降效增加的费用:按人工费的10%计算,其中人工费100%。

8.3 工程量清单项目设置

《建设工程工程量清单计价规范》(GB 50500—2013)附录D"电气设备安装工程"适用于工业与民用建设工程中,10 kV 以下变配电设备及线路安装工程工程量清单编制与计量。主要内容包括变压器、配电装置、母线、控制设备及低压电器、蓄电池、电机检查接线与调试、滑触线装置、电缆、防雷及接地装置、10 kV 以下架空配电线路、电气调整试验、配管及配线、照明器具(包括路灯)等安装工程。

1)变压器安装工程

变压器安装工程工程量清单项目设置如表8.22所示(节选部分)。本节适用于油浸电力变压器、干式变压器、整流变压器、自耦式变压器、带负荷调压变压器、电炉变压器、消弧线圈安装的工程量清单项目的编制和计量。

表8.22 变压器安装(编码:030201)

<table>
<tr><th>项目编码</th><th>项目名称</th><th>项目特征</th><th>计量单位</th><th>工程内容</th></tr>
<tr><td>030401001</td><td>油浸电力变压器</td><td rowspan="2">1.名称
2.型号
3.容量(kV·A)
4.电压(kV)
5.油过滤要求
6.干燥要求
7.基础型钢形式、规格
8.网门、保护门材质、规格
9.温控箱型号、规格</td><td rowspan="3">台</td><td>1.本体安装、调试
2.基础型钢制作、安装
3.油过滤
4.干燥
5.接地
6.网门、保护门制作、安装
7.补刷(喷)油漆</td></tr>
<tr><td>030401002</td><td>干式变压器</td><td>1.本体安装、调试
2.基础型钢制作、安装
3.温控箱安装
4.接地
5.网门、保护门制作、安装
6.补刷(喷)油漆</td></tr>
<tr><td>030401005</td><td>有载调压变压器</td><td>1.名称
2.型号
3.容量(kV·A)
4.电压(kV)
5.油过滤要求
6.干燥要求
7.基础型钢形式、规格
8.网门、保护门材质、规格</td><td>1.本体安装、调试
2.基础型钢制作、安装
3.油过滤
4.干燥
5.网门、保护门制作、安装
6.补刷(喷)油漆</td></tr>
</table>

注:选自《建设工程工程量清单计价规范》附录C.2中的表C.2.1(节选部分)。

在设置清单项目时,首先要区别所要安装的变压器的种类,即名称、型号;再按其容量来设置项目。名称、型号、容量完全一样的,合并同类项,数量相加后,设置一个项目即可。型号、容量不一样的,应分别设置项目,分别编码。每一种规格、型号的变压器都应有一个对应的项目编码。

【例8.1】 某工程需要安装3台变压器,分别为:

①油浸电力变压器 S9-1000 kV · A/10 kV,1 台,并且需要做干燥处理,其绝缘油需要过滤,变压器的绝缘油重750 kg,基础型钢为10#槽钢20 m。

②空气自冷干式变压器 SG10-400 kV · A/10 kV,1 台,基础为10#槽钢10 m。

③有载调压电力变压器 SZ9-800 kV · A/10 kV,1 台,基础为10#槽钢15 m。

本例中的项目特征如下。

序号	第1组特征(名称)	第2组特征(型号)	第3组特征(容量)
1	油浸电力变压器	S9	1000 kV · A/10 kV
2	空气自冷干式变压器	SG10	400 kV · A/10 kV
3	有载调压电力变压器	SZ9	800 kV · A/10 kV

项目特征必须按规范要求分别体现在项目设置和描述上。例8.1中序号1的油浸电力变压器安装,名称、型号和容量是其自身的特征,最能体现该清单项目;而干燥、过滤、基础槽钢安装不是其自身特征,是项目的附属工作,与项目特征无必然联系。但由于项目是包括全部内容的,即完成该变压器安装还要求干燥、过滤和基础槽钢安装。序号3的有载调压电力变压器安装,就不需要干燥和过滤,所以不提示,只考虑基础槽钢安装。

在编制分部分项工程量清单时,项目特征和工作内容所描述的信息都反映在"分部分项工程量清单"的"项目名称"栏。上例的变压器安装,编制分部分项工程量清单如下:

序 号	项目编码	项目名称	计量单位	工程数量
1	030401001001	油浸电力变压器安装 S9-1000 kV·A/10 kV (1)变压器需要作干燥处理 (2)绝缘油需过滤 750 kg (3)10#基础槽钢制作安装 20 m	台	1
2	030401002001	空气自冷干式变压器安装 SG10-400 kV·A/10 kV 10#基础槽钢制作安装 10 m	台	1
3	030401005001	有载调压电力变压器安装 SZ9-800 kV·A/10 kV 10#基础槽钢制作安装 15 m	台	1

工程内容应按项逐一填写。如前例油浸电力变压器安装,清单描述:变压器安装、干燥、滤油、基础型钢制作安装。体现在综合单价分析表的工程内容应为:

序 号	工程内容	单 位	数 量
1	油浸式电力变压器 S9-1000 kA·A/10 kV 安装	台	1
2	变压器干燥	台	1

续表

序　号	工程内容	单　位	数　量
3	干燥棚搭拆	座	1
4	绝缘油过滤	kg	750
5	基础型钢制作	kg	200
6	基础型钢安装	m	20

以例8.1的油浸式电力变压器S9-1000 kV·A/10 kV安装为例,其综合单价计算表如下:

分部分项工程量清单综合单价计算表

工程名称:　　　　　　　　　　　　　　　　　　　计量单位:台

项目编码:030401001001　　　　　　　　　　　　　工程数量:1

项目名称:油浸式电力变压器S9-1000 kV·A/10 kV安装　　　综合单价:7 431.06元

序号	定额编号	工程内容	单位	数量	综合单价计价组成					小　计
					人工费	材料费	机械费	管理费	利润	
1	2-3	油浸式电力变压器S9-1000 kV·A/10 kV安装	台	1	474.32	221.00	429.88	222.93	66.40	1 414.53
2	2-25	变压器干燥	台	1	459.58	990.18	41.86	216.00	64.34	1 771.96
3	补	干燥棚搭拆	座	1	510.00	1 190.00				1 700.00
4	2-30	绝缘油过滤	t	0.750	59.32	158.84	229.85	27.88	8.30	484.19
5	2-358	10#基础槽钢制作	100 kg	2.00	505.44	224.88	136.68	237.56	70.76	1 175.32
6		10#槽钢主材费	kg	210		630.00				630.00
7	2-356	基础槽钢安装	10 m	2.00	96.88	59.72	39.36	45.54	13.56	255.06
8		合　计			2 105.54	3 474.62	877.63	749.91	223.36	7 431.06

上表中的管理费是按人工费的47%计算的,利润是按人工费的14%计算的。表中综合单价等于合计金额除以该项的实物量,即综合单价=7 431.06/1=7 431.06元/台。

2)配电装置安装工程

配电装置安装包括各种断路器、真空接触器、隔离开关、负荷开关、互感器、熔断器、避雷器、电抗器、电容器、交流滤波装置、高压成套配电柜、组合型成套箱式变电站及环网柜等安装。配电装置安装工程工程量清单编码为030402001~030402018,计量单位为台或个,工程量计算规则按设计图示数量计算。

3)母线安装工程

本节适用于软母线、带型母线、槽形母线、共箱母线、低压封闭插接母线、重型母线安装;母线安装工程工程量清单项目设置,见表8.23。

表 8.23 母线安装

项目编码	项目名称	项目特征	计量单位	工程量计算规则	工程内容
030403006	低压封闭式插接母线槽	1. 名称 2. 型号 3. 规格 4. 容量(A) 5. 线制 6. 安装部位	m	按设计图示尺寸以长度计算	1. 母线安装 2. 补刷(喷)油漆
030403008	重型母线	1. 名称 2. 型号 3. 规格 4. 容量(A) 5. 材质 6. 绝缘子类型、规格 7. 伸缩器及导板规格	t	按设计图示尺寸以质量计算	1. 母线制作、安装 2. 伸缩器及导板制作、安装 3. 支持绝缘子安装 4. 补刷(喷)油漆

【例 8.2】 某工程设计图示的工程内容有"低压封闭式插接母线槽"安装,该分部分项工程量为:低压封闭式插接母线槽 CFW-2-400,300 m,进、出分线箱 400A,3 台,型钢支吊架制安,800 kg,各项安装高度均为 6 m。

从表 8.23 工程内容栏中可以看出该清单项目参考工作内容如下:安装;进、出分线箱安装;刷(喷)油漆。实际上为完成该分部分项工程,还必须制作安装 800 kg 支吊架,也应在描述该清单项目时予以说明。根据以上工作内容,制订分部分项工程量清单如下:

序 号	项目编码	项目名称	计量单位	工程数量
1	030403006001	低压封闭式插接母线槽 CFW-2-400; 进、出分线箱:400 A,3 台; 型钢支吊架制安 800 kg 以上,各项的安装高度为 6 m	m	300

本例中的低压封闭式插接母线槽安装定额中没有包括主材的消耗量。参照"主要材料损耗率表"取定低压封闭式插接母线槽损耗率为 2.3%,再参照定额消耗量及材料价格,该分部分项工程量清单综合单价计算如下:

分部分项工程量清单综合单价计算表

工程名称: 计量单位:m

项目编码:030403006001 工程数量:300

项目名称:低压封闭式母线槽 CFW-2-400 综合单价:383.70 元

序号	定额编号	工程内容	单位	数量	综合单价计价组成					小 计
					人工费	材料费	机械费	管理费	利润	
1	2-206	低压封闭式母线槽 CFW-2-400 安装	10 m	30	2 106.00	2 949.90	2 278.80	989.70	294.90	8 619.30

续表

序号	定额编号	工程内容	单位	数量	综合单价计价组成					小　计
					人工费	材料费	机械费	管理费	利润	
2		低压封闭式母线槽CFW-2-400主材费	m	306.9		92 070.00				92 070.00
3	2-213	分线箱400A	台	3	101.10	58.80	0.00	47.52	14.16	221.58
4		分线箱400A主材费	台	3		1 350.00				1 350.00
5	2-358	支吊架制作	100 kg	8.00	2 021.76	899.52	546.72	950.24	283.04	4 701.28
6		型钢主材费	kg	840.00		2 520.00				2 520.00
7	2-359	支吊架安装	100 kg	8.00	1 314.16	151.76	415.68	617.68	184.00	2 683.28
8		超高增加费	元	1.00	1 829.20			859.72	256.09	2 945.01
9		合　计			7 372.22	99 999.98	3 241.20	3 464.86	1 032.19	115 110.45

表中超高费增加按人工费的33%计算,即:

超高增加费=(2 106.00+101.10+2 021.76+1 314.16)元×33%=1 829.20元

超高增加费中的人工费也可以计取管理费和利润,本例中管理费率和利润率分别按47%和14%计算,相应的管理费和利润分别为:

管理费=1 829.20元×47%=859.72元

利　润=1 829.20元×14%=256.09元

表中的综合单价=115 110.45/300元=383.70元。

4)控制设备及低压电器安装工程

控制设备包括各种控制屏、继电信号屏、模拟屏、配电屏、整流柜、电气屏(柜)、成套配电箱、控制箱、集装箱式配电室等;低压电器包括各种控制开关、控制器、接触器、启动器等。控制设备及低压电器安装工程量清单项目设置,见表8.24。

表8.24　控制设备及低压电器安装

项目编码	项目名称	项目特征	计量单位	工程内容
030404006	箱式配电室	1.名称 2.型号 3.规格 4.质量 5.基础规格、浇筑材质 6.基础型钢形式、规格	套	1.本体安装 2.基础型钢制作、安装 3.基础浇筑 4.补刷(喷)油漆 5.接地

续表

项目编码	项目名称	项目特征	计量单位	工程内容
030404017	配电箱	1. 名称 2. 型号 3. 规格 4. 基础形式、材质、规格 5. 接线端子材质、规格 6. 端子板外部接线材质、规格 7. 安装方式	台	1. 本体安装 2. 基础型钢制作、安装 3. 焊、压接线端子 4. 端子接线 5. 补刷(喷)油漆 6. 接地
030404031	小电器	1. 名称 2. 型号 3. 规格 4. 接线端子材质、规格	个 (套、台)	1. 本体安装 2. 焊、压接线端子 3. 接线

控制设备及低压电器安装工程的清单项目基本上以工程实体名称列项(小电器除外),所以设备名称就是项目的名称。小电器是同类实体的统称,它包括按钮、照明用开关、插座、电笛、电铃、电风扇、水位电气信号装置、测量表计、继电器、电磁锁、屏上辅助设备、辅助电压互感器、小型安全变压器等,列项时必须把小电器实体的名称作为项目名称,表述其特征,如型号、规格,且各自编码。

【例8.3】 综合楼图示工作内容中有下列工程量:

AP86K11-10单联单控开关,25个;AP86K21-10双联单控扳式暗开关,30个;AP86K31-10三联单控扳式暗开关,15个;AP86Z223-10五孔暗插座,100个。

在编制工程量清单时,上述开关、插座都必须在"小电器"中列项,按具体的名称设置,并表述其特征,如型号、规格,且各自编码。其分部分项工程量清单如下:

序　号	项目编码	项目名称	计量单位	工程数量
1	030404031001	AP86K11-10单联单控扳式暗开关	个	25
2	030404031002	AP86K21-10双联单控扳式暗开关	个	30
3	030404031003	AP86K31-10三联单控扳式暗开关	个	15
4	030404031004	AP86Z223-10五孔暗插座	个	100

5)蓄电池安装工程

蓄电池安装工程包括蓄电池和太阳能电池两部分,清单编码为030405001和030405002,工程量按设计图示数量计算。

6)电机检查接线及调试工程

电机包括发电机、调相机、普通小型直流电动机、可控硅调速直流电动机、普通交流同步电动机、低压交流异步电动机、高压交流异步电动机、交流变频调速电动机、微型电机、电加热器、电动机组。电机的检查接线及调试工程量清单项目设置编码为030406001～030406012，其工程量按设计图示数量计算。

7）滑触线装置安装工程

滑触线包括轻型、安全节能型滑触线，扁钢、角钢、圆钢、工字钢滑触线及移动软电缆。滑触线安装工程量清单项目的设置，见表8.25。

表8.25　滑触线装置安装

项目编码	项目名称	项目特征	计量单位	工程量计算规则	工程内容
030407001	滑触线	滑触线 1.名称 2.型号 3.规格 4.材质 5.支架形式、材质 6.移动软电缆材质、规格、安装部位 7.拉紧装置类型 8.伸缩接头材质、规格	m	按设计图示尺寸以单相长度计算	1.滑触线安装 2.滑触线支架制作、安装 3.拉紧装置及挂式支持器制作、安装 4.移动软电缆安装 5.伸缩接头制作、安装

8）电缆安装工程

电缆安装包括电力电缆和控制电缆的敷设，电缆桥架安装，电缆阻燃槽盒安装，电缆保护管敷设等。电缆安装工程量清单项目的设置，见表8.26。

表8.26　电缆安装

项目编码	项目名称	项目特征	计量单位	工程量计算规则	工程内容
030408001	电力电缆	1.名称 2.型号 3.规格 4.材质 5.敷设方式、部位 6.地形	m	按设计图示长度计算	1.电缆敷设 2.揭（盖）盖板
030408002	控制电缆				
030408003	电缆保护管	1.名称 2.材质 3.规格 4.敷设方式			保护管敷设

续表

项目编码	项目名称	项目特征	计量单位	工程量计算规则	工程内容
030408006	电缆终端头	1. 名称 2. 型号 3. 规格 4. 材质、类型 5. 安装部位 6. 电压等级/kV	个	按设计图示数量计算	1. 电缆终端头制作 2. 电缆终端头安装 3. 接地
030408007	电缆中间头	1. 名称 2. 型号 3. 规格 4. 材质、类型 5. 安装方式 6. 电压等级/kV			1. 电缆中间头制作 2. 电缆中间头安装 3. 接地

编制清单时应注意:

①由于电缆、控制电缆型号、规格繁多,敷设方式也多,设置清单编码时,一定要按型号、规格、敷设方式分别列项。

②电缆保护管敷设项目指埋地暗敷设或非埋地的明敷设两种,不适用于过路或过基础的保护管敷设。过路或过基础的保护管敷设已综合进电缆、控制电缆项目。

③电缆敷设中所有预留量,不作为实物量。

④电缆直埋敷设时,要描述电缆沟的平均深度、土壤类别,电缆沟土方工程量清单按附录A设置编码。

⑤电力电缆头定额均按铝芯电缆考虑,铜芯电力电缆头按同截面电缆头定额乘以系数1.2,双屏蔽电缆头制作安装人工乘以系数1.05。

⑥电力电缆敷设定额均按3芯考虑,5芯电力电缆敷设定额乘以系数1.3,6芯电力电缆乘以系数1.6,每增加一芯定额增加30%,以此类推。单芯电力电缆敷设按同截面电缆定额乘以0.67。截面面积在400 mm^2 以上至800 mm^2 的单芯电力电缆敷设按400 mm^2 电力电缆定额执行。截面800~1 000 mm^2 的单芯电力电缆敷设按400 mm^2 电力电缆定额乘以系数1.25执行。240 mm^2 以上的电缆头的接线端子为异型端子,需要单独加工,应按实际加工价计算(或调整定额价格)。

【例8.4】 某综合楼电气安装工程,需敷设铜芯电力电缆,根据设计图纸,相关工程量如下:

YJV-4×35+1×16,350 m,穿钢管S80明配,300 m,户内干包式电力电缆终端头10个;YJV22-4×120+1×70,150 m,直接埋地敷设,其中埋地部分120 m,土壤类别为普通土,沟槽深度为0.8 m、底宽为0.4 m,铺砂厚度为10 cm,盖240 mm×115 mm×53 mm红砖,户内干包式电力电缆终端头2个。其工程量清单如下:

序　号	项目编码	项目名称	计量单位	工程数量
1	010101006001	管沟土方,普通土,深0.8 m,宽0.4 m	m	120
2	030408001001	铜芯电缆敷设 YJV-4×35+1×16; 户内干包式电力电缆终端头10个	m	350
3	030408001002	铜芯电缆敷设 YJV22-4×120+1×70; 户内干包式电力电缆终端头2个; 电缆沟铺砂10 cm厚,盖240×115×53红砖,120 m长	m	150
4	030408003001	电缆保护管S80明配	m	300

综合单价的确定:考虑电缆的两端各预留1.5 m,并考虑电缆敷设驰度、波形弯度、交叉等因素,附加长度按电缆全长的2.5%计算。电缆主材单价按242.6元/m计算,计算该工程量清单综合单价如下表:

分部分项工程量清单综合单价计算表

工程名称:　　　　　　　　　　　　　　　　　　　　　　　　计量单位:m

项目编码:030408001002　　　　　　　　　　　　　　　　　　工程数量:150

项目名称:YJV22-4×120+1×50铜芯电缆敷设　　　　　　　　　综合单价:275.87元

序号	定额编号	工程内容	单位	数量	综合单价计价组成					小　计
					人工费	材料费	机械费	管理费	利润	
1	2-619×1.3	YJV22-4×120+1×70 铜芯电缆敷设	100 m	1.57	604.44	483.67	84.38	284.10	84.63	1 541.21
2		YJV22-4×120+1×70 电缆主材费	m	158		38 426.20				38 426.20
3	2-627×1.2	户内干包式电缆头制安120 mm²	个	2	50.54	185.59	0.00	23.76	7.08	266.98
4	2-529	铺砂盖砖	100 m	1.20	162.00	884.68	0.00	76.14	22.68	1 145.50
5		合　计			816.99	39 980.14	84.38	384.00	114.39	41 379.89

表中:电缆敷设预算工程量=(150+1.5×2)×1.025 m=157 m

电缆主材费计算长度=157×1.01(电力电缆的损耗率为1%)m=158 m

综合单价=41 379.89/150元/m=275.87元/m。

9)防雷及接地装置工程

接地装置包括生产、生活用的安全接地、防静电接地、保护地等一切接地装置的安装。防雷装置包括建筑物、构筑物、金属塔器等防雷装置,由受雷体、引下线、接地干线、接地极组成一个系统。接地装置及防雷装置的工程量清单项目设置,见表8.27。

表8.27 防雷及接地装置

项目编码	项目名称	项目特征	计量单位	工程量计算规则	工程内容
030409001	接地极	1.名称 2.材质 3.规格 4.土质 5.基础接地形式	根(块)	按设计图示数量计算	1.接地极(板、桩)制作、安装 2.基础接地网安装 3.补刷(喷)油漆
030409005	避雷网	1.名称 2.材质 3.规格 4.安装形式 5.混凝土块标号	m	按设计图示尺寸以长度计算	1.避雷网制作、安装 2.跨接 3.混凝土块制作 4.补刷(喷)油漆
030409007	半导体少长针消雷装置	1.型号 2.高度	套	按设计图示数量计算	本体安装

编制清单时应注意：

①接地装置项目适用于纯接地系统(不含防雷装置)，而防雷装置项目则包含接地极部分的内容。接地母线、避雷网在清单中的工程量均为实物工程量，计价时预算工程量必须考虑附加长度(包括转弯、上下波动、避绕障碍物、搭接头所占长度)，附加比例可取3.9%，计算主材费应另增加规定的损耗率(型钢损耗率为5%)。

②计量单位为“项”，要计算每一项中各分项的数量，如接地极根数、引下线米数等。

③避雷针的安装部位要描述清楚，它影响到安装费用。如装在烟囱上，装在平面屋顶上，装在墙上，装在金属容器顶上，装在金属容器壁上，装在构筑物上等。

④引下线的形式主要是单设引下线和利用柱筋作引下线，利用柱筋作引下线的，一定要描述是几根柱筋焊接作为引下线。

⑤利用桩基础作接地极时，应描述桩台下桩的根数，每桩几根柱筋需焊接。其工程量可计入柱引下线的工程量中一并计算。

⑥接地母线材质、埋设深度、土壤类别应描述清楚。

【例8.5】 某建筑上设有避雷针防雷装置。设计要求1根钢管避雷针 $\phi25$，针长2.5 m在平屋面上安装；利用柱筋引下(2根柱筋)，柱长15 m；角钢接地极50×50共3根，每根长2.5 m；接地母线为镀锌扁钢40×4长20 m，埋设深度0.7 m 。本例的工程量清单和综合单价计算表编制如下：

工程量清单

序号	项目编码	项目名称	计量单位	工程数量
1	030409005001	钢管避雷针 $\phi25$，针长2.5 m，平屋面上安装； 利用柱筋引下(2根柱筋)15 m； 角钢接地极50×50共3根，2.5 m/根； 镀锌扁钢接地母线40×4长20 m，埋深0.7 m	项	1

分部分项工程量清单综合单价计算表

工程名称：　　　　计量单位:项

项目编码:030409005001　　　　工程数量:1

项目名称:避雷装置　　　　综合单价:953.73 元

序号	定额编号	工程内容	单位	数量	综合单价计价组成					小计
					人工费	材料费	机械费	管理费	利润	
1	2-705	2.5 m 钢管避雷针制作	根	1	41.18	25.30	30.28	19.35	5.77	121.88
2		ϕ25 镀锌钢管主材费	m	2.63		31.50				31.50
3	2-718	避雷针装在平屋面上	根	1	19.89	45.04	21.20	9.35	2.78	98.26
4	2-746	利用建筑物柱主筋引下	10 m	1.50	28.79	6.08	71.61	13.53	4.04	124.04
5	2-690	角钢接地极 50×50	根	3	33.69	6.96	40.89	15.84	4.71	102.09
6		镀锌角钢 50×50 主材费	m	7.88		118.76				118.76
7	2-697	户外接地母线 40×4	10 m	2.08	148.31	2.95	6.30	69.70	20.76	248.01
8		镀锌扁钢 40×4 主材费	m	21.84		109.20				109.20
9		合　计			271.85	345.78	170.28	127.77	38.05	953.73

10)10 kV 以下架空配电线路工程

10 kV 以下架空配电线路工程包括电杆组立、导线架设两大部分项目。10 kV 以下架空配电线路工程量清单项目的设置,见表 8.28。

表 8.28　10 kV 以下架空配电线路

项目编码	项目名称	项目特征	计量单位	工程量计算规则	工程内容
030410001	电杆组立	1. 名称 2. 材质 3. 规格 4. 类型 5. 地形 6. 土质 7. 底盘、拉盘、卡盘规格 8. 拉线材质、规格、类型 9. 现浇基础类型、钢筋类型、规格,基础垫层要求 10. 电杆防腐要求	根(基)	按设计图示数量计算	1. 施工定位 2. 电杆组立 3. 土(石)方挖填 4. 底盘、拉盘、卡盘安装 5. 电杆防腐 6. 拉线制作、安装 7. 现浇基础、基础垫层 8. 工地运输
030410003	导线架设	1. 名称 2. 型号、规格 3. 地形 4. 进户横担材质、规格 5. 跨越类型	km	按设计图示尺寸以单线长度计算	1. 导线架设 2. 导线跨越及进户线架设 3. 进户横担安装 4. 工地运输

11)电气调整试验工程

电气调整试验包括电力变压器系统、送配电装置系统、特殊保护装置(距离保护、高频保护、失灵保护、电机失磁保护、变流器断线保护、小电流接地保护)、自动投入装置、接地装置等系统的调整试验。其工程量清单项目设置,见表 8.29。

表 8.29 电气调整试验

项目编码	项目名称	项目特征	计量单位	工程量计算规则	工程内容
040411001	电力变压器系统	1. 名称 2. 型号 3. 容量/(kV·A)	系统	按设计图示数量计算	系统调试
030411002	送配电装置系统	1. 名称 2. 型号 3. 电压等级/kV 4. 类型			

12)电气工程的配管、配线工程

电气工程的配管包括电线管敷设、钢管及防爆钢管敷设、可挠金属套管敷设、塑料管(硬质聚氯乙烯管、刚性阻燃管、半硬质阻燃管)敷设。配线包括管内穿线,瓷夹板配线,塑料夹板配线,鼓型、针式、蝶式绝缘子配线,木槽板、塑料槽板配线,塑料护套线敷设,线槽配线。配管、配线工程量清单项目设置如表 8.30 所示。

表 8.30 配管、配线

项目编码	项目名称	项目特征	计量单位	工程量计算规则	工程内容
030412001	配管	1. 名称 2. 材质 3. 规格 4. 配置形式 5. 接地要求 6. 钢索材质、规格	m	按设计图示尺寸以长度计算	1. 电线管路敷设 2. 钢索架设(拉紧装置安装) 3. 预留沟槽 4. 接地
030412002	线槽	1. 名称 2. 材质 3. 规格		按设计图示延长米计算	1. 本体安装 2. 补刷(喷)油漆
030412004	配线	1. 名称 2. 配线形式 3. 型号 4. 规格 5. 材质 6. 配线部位 7. 配线线制 8. 钢索材质、规格		按设计图示尺寸以单线长度计算	1. 配线 2. 钢索架设(拉紧装置安装) 3. 支持体(夹板、绝缘子、槽板等)安装

电气配管项目特征主要指名称、材质、规格、配置形式及部位。名称是反映材料的大类,如电线管、钢管、防爆钢管、可挠金属套管、塑料管。材质是反映材料的小类,如塑料管中又分硬质聚氯乙烯管、刚性阻燃管、半硬质阻燃管。在配管清单项目中,名称和材质有时是一体的,如钢管敷设,"钢管"既是名称,又代表了材质,它就是项目的名称。规格指管的直径,如 $\phi25$。配置形式表示明配或暗配(明、暗敷设)。部位表示敷设位置,即是敷设在砖、混凝土结构上,钢结构支架上,钢索上,钢模板内,吊棚内,还是埋地敷设。

电气配管按设计图示尺寸以延长米计算,不扣除管路中间的接线箱(盒)、灯位盒、开关盒所占长度。

由于配置形式及敷设部位的不同,电器配管项目的工作内容也各不相同,如刨沟槽,主要是在暗配管或者在混凝土地面动力配管清单中才出现;钢索架设(拉紧装置安装)是钢索上配管项目中的工作内容;防腐刷油,主要是金属导管项目中才可能发生;埋设于混凝土内的导管内壁应做防腐处理,外壁可不做防腐处理。

电气配线项目特征主要指配线形式,导线型号、材质,敷设部位或线制。

配线形式有管内穿线,瓷夹板或塑料夹板配线,鼓型、针式、蝶式绝缘子配线,木槽板或塑料槽板配线,塑料护套线明敷设,线槽配线。

敷设部位一般指:木结构上,砖、混凝土结构,顶棚内,支架或钢索上,沿屋架、梁、柱,跨屋架、梁、柱。线制主要在夹板和槽板配线中要注明,因为同样长度的线路,由于两线制和三线制所用的主材导线的量相差30%,辅材也有差别。

在配线工程中,清单项目名称与配线形式连在一起,因为配线的形式会决定选用什么样的导线,因此对配线形式的表述很重要。

电气配线按设计图示尺寸以单线延长米计算。所谓"单线"不是以线路延长米计,而是线路长度乘以线制,即两线制乘以2,三线制乘以3。管内穿线也同样,如穿三根线,则以管道长度乘以3。

工程量清单综合单价的确定时应注意以下几点:

①在配线工程中,所有的预留量(指与设备连接)均应依据设计要求或施工及验收规范规定的长度考虑在综合单价中,而不作为实物量计算。

②根据配管工艺的需要和计量的连续性,按规范规定设置的接线箱(盒)、拉线盒、灯位盒应综合在配管工程中。

③配电线保护管遇到下列情况之一时,中间应增设接线盒和拉线盒,且接线盒或拉线盒的位置应便于穿线:a. 管长度超过30 m,无弯曲;b. 管长度超过20 m有1个弯曲;c. 管长度超过15 m有2个弯曲;d. 管长度超过8 m有3个弯曲。

④垂直敷设的电线保护管遇下列情况之一时,应增设固定导线用的拉线盒:a. 管内导线截面为50 mm^2 及以下,长度超过30 m;b. 管内导线截面为70 ~ 95 mm^2,长度超过20 m;c. 管内导线截面为120 ~ 240 mm^2,长度超过18 m。

【例8.6】 某工程施工图示在砖、混凝土结构上进行塑料槽板配线,三线制,导线规格BV2.5 mm²,线路长度为450 m。塑料槽板规格为40×20,位于某10层高大楼内混凝土天棚上,且安装高度距楼面6 m。槽板单价4.90 元/m,BV2.5 mm² 线0.71 元/m。

本例的清单项目设置如下表:

序号	项目编码	项目名称	计量单位	工程数量
1	030412004001	塑料槽板配线,在砖、混凝土结构上,三线制。 1. 槽板安装;2. 配线 BV2.5 mm²	m	1 350

由于清单工程量计算规则为按单线长度延长米计算,而计价表的计算规则是按线路长度延长米,必须先进行换算:线路长度=1 350 m /3 =450 m。

参照计价表的消耗量,塑料槽板的预算用量为:450 m×1.05 =472.5 m;

BV2.5 mm² 预算用量为:450 m×3.359 4 =1 511.73 m。

套用计价表,综合单价的计算如下表所示:

分部分项工程量清单综合单价计算表

工程名称: 计量单位:m

项目编码:030412004001 工程数量:1 350

项目名称:槽板配线、三线 BV2.5、砖混凝土结构上 综合单价:5.92 元

序号	定额编号	工程内容	单位	数量	综合单价计价组成					小 计
					人工费	材料费	机械费	管理费	利润	
1	2-1311	塑料槽板配线(三线 BV 2.5、砖混凝土结构)	100 m	4.5	1 841.72	405.54	0.00	865.62	257.85	3 370.73
2		塑料槽板 40×25 主材费	m	472.5		2 315.25				2 315.25
3		BV2.5 mm² 主材费	m	1 511.7		1 073.33				1 073.33
4		超高增加费	元	1	607.77			285.65	85.09	978.50
5		高层建筑增加费(×9%×22%)	元	1	48.50		171.95	22.79	6.79	250.04
6		合 计			2 497.98	3 794.12	171.95	1 174.06	349.73	7 987.84

表中超高增加费中:人工费=1 841.72 元×33% =607.77 元

管理费=607.77 元×47% =285.65 元

利 润=607.77 元×14% =85.09 元

高层建筑增加费中:人工费=(1 841.72 +607.77)元×9% ×22% =48.5 元

机械费=(1 841.72 +607.77)元×9% ×78% =171.95 元

管理费=48.50 元×47% =285.65 元

利 润=48.50 元×14% =85.09 元

13)照明器具安装工程

工业与民用建筑(含公用设施)及市政设施的照明器具包括普通吸顶灯及其他灯具、工厂灯、装饰灯具、荧光灯具、医疗专用灯具、一般路灯、广场灯、高杆灯、地道涵洞灯等的安装工程,其安装工程量清单项目设置见表8.31。

表8.31 照明器具安装

项目编码	项目名称	项目特征	计量单位	工程量计算规则	工程内容
030413001	普通灯具	1.名称 2.型号 3.规格 4.类型	套	按设计图示数量计算	本体安装
030413005	荧光灯	1.名称 2.型号 3.规格 4.安装形式			

编制清单时,灯具的型号、规格应描述清楚,不同型号、规格的灯具价格均不一样;注明是成套型,还是组装型,没带引导线的应予说明;注明灯具的安装高度,特别是安装高度超过5 m的必须注明;注明灯具的安装方式(如吸顶式、嵌入式、吊管式、吊链式等)。

8.4 电器工程施工图预算编制实例

8.4.1 设计与施工说明

1)工程概况

本工程为5层混合结构单身宿舍楼工程,建筑层高:底层3.1 m,二至五层2.9 m。电气施工图详见图8.1—图8.4。

2)设计范围

本工程设计包括以下电气系统:

220/380 V照明、配电系统。

建筑物防雷、接地系统及安全措施。

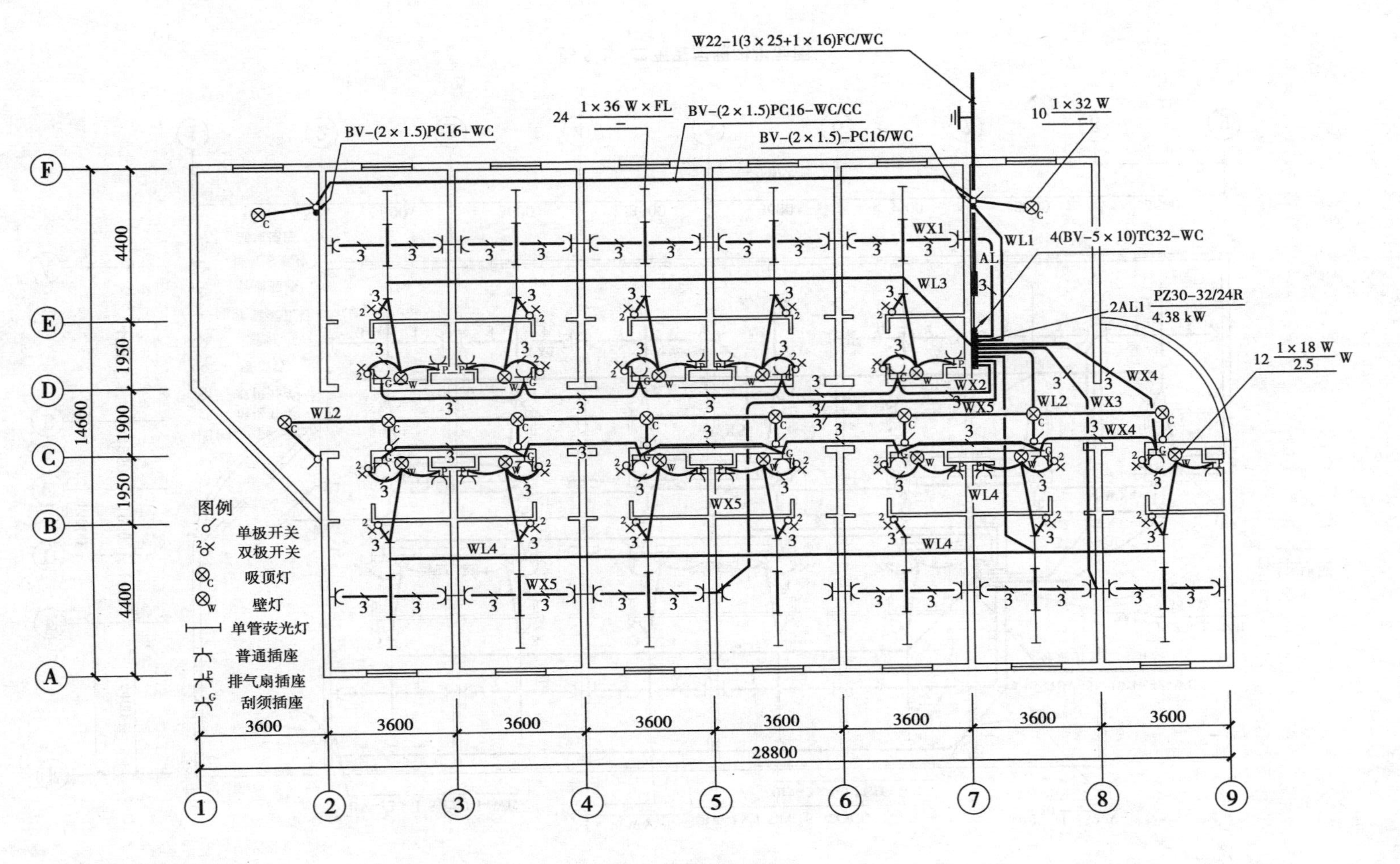
W22-1(3×25+1×16)FC/WC
24 1×36 W×FL
BV-(2×1.5)PC16-WC/CC
BV-(2×1.5)PC16-WC
BV-(2×1.5)-PC16/WC
10 1×32 W
WX1
WL1
AL
4(BV-5×10)TC32-WC
WL3
2AL1
PZ30-32/24R
4.38 kW
12 1×18 W 2.5 W
WX2
WX5
WX4
WL2
WX3
WL4
图例
单极开关
双极开关
吸顶灯
壁灯
单管荧光灯
普通插座
排气扇插座
刮须插座
4400
1950
1900
14600
3600
28800

图 8.1 一层照明平面图

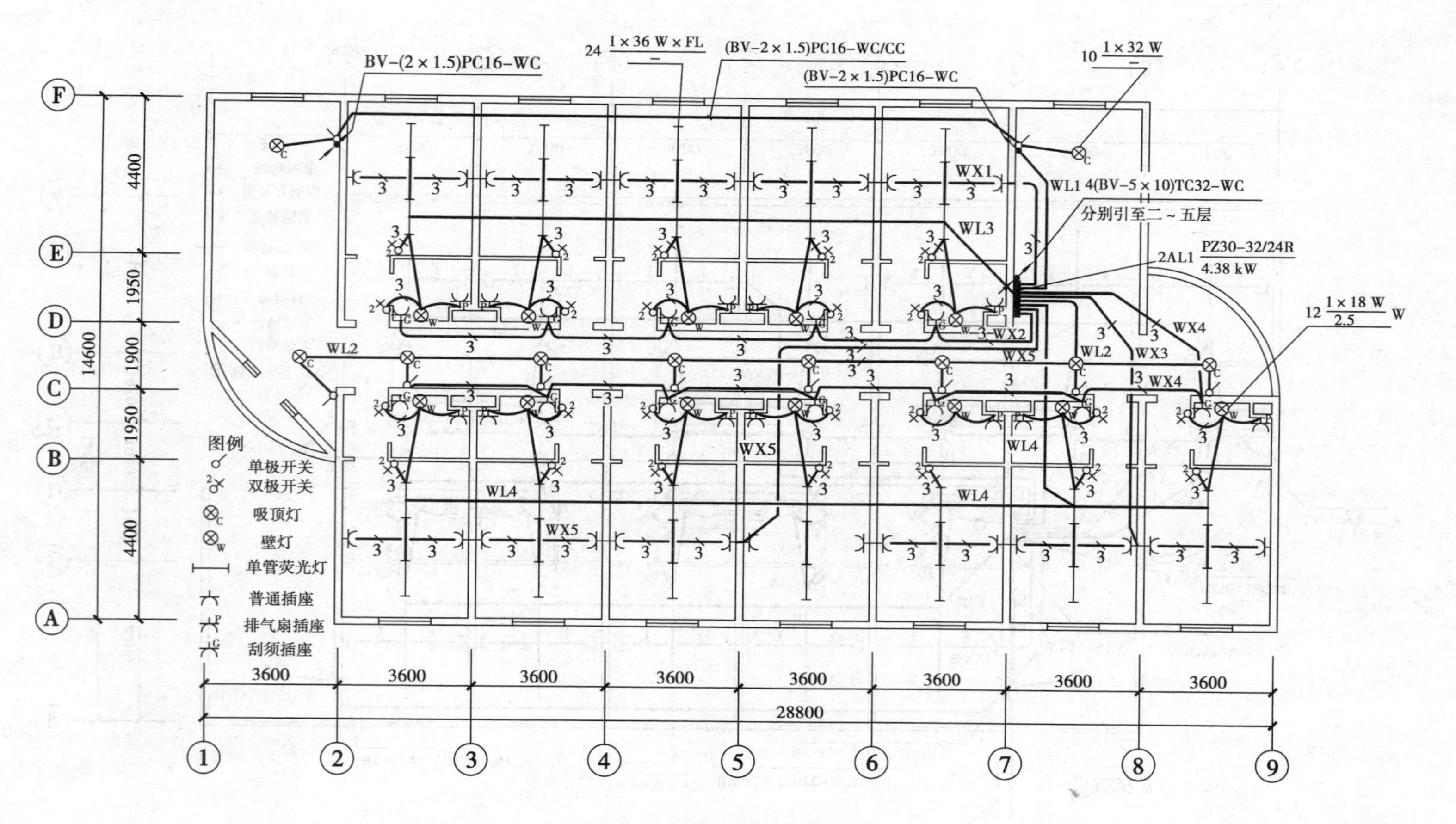

图 8.2　二至五层照明平面图

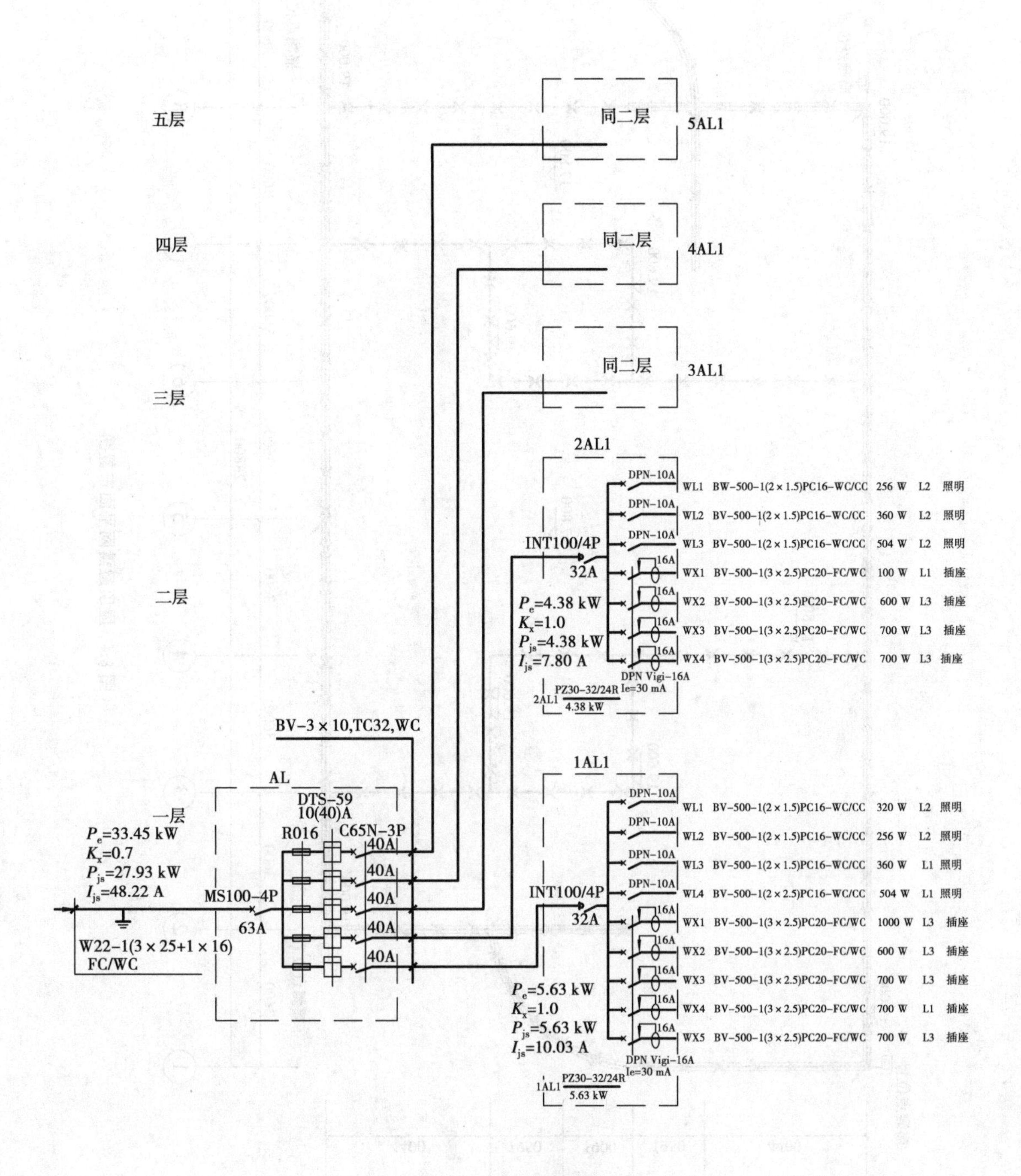

五层
同二层
5AL1
四层
同二层
4AL1
三层
同二层
3AL1
2AL1
二层
DPN-10A
WL1 BW-500-1(2×1.5)PC16-WC/CC 256 W L2 照明
WL2 BV-500-1(2×1.5)PC16-WC/CC 360 W L2 照明
WL3 BV-500-1(2×1.5)PC16-WC/CC 504 W L2 照明
INT100/4P
32A
16A
WX1 BV-500-1(3×2.5)PC20-FC/WC 100 W L1 插座
WX2 BV-500-1(3×2.5)PC20-FC/WC 600 W L3 插座
WX3 BV-500-1(3×2.5)PC20-FC/WC 700 W L3 插座
WX4 BV-500-1(3×2.5)PC20-FC/WC 700 W L3 插座
Pe=4.38 kW
Kx=1.0
Pjs=4.38 kW
Ijs=7.80 A
DPN Vigi-16A
Ie=30 mA
2AL1 PZ30-32/24R
4.38 kW
BV-3×10,TC32,WC
AL
DTS-59
10(40)A
一层
Pe=33.45 kW
Kx=0.7
Pjs=27.93 kW
Ijs=48.22 A
R016
C65N-3P
40A
MS100-4P
63A
W22-1(3×25+1×16)
FC/WC
1AL1
WL1 BV-500-1(2×1.5)PC16-WC/CC 320 W L2 照明
WL2 BV-500-1(2×1.5)PC16-WC/CC 256 W L2 照明
WL3 BV-500-1(2×1.5)PC16-WC/CC 360 W L1 照明
WL4 BV-500-1(2×2.5)PC16-WC/CC 504 W L1 照明
INT100/4P
32A
WX1 BV-500-1(3×2.5)PC20-FC/WC 1000 W L3 插座
WX2 BV-500-1(3×2.5)PC20-FC/WC 600 W L3 插座
WX3 BV-500-1(3×2.5)PC20-FC/WC 700 W L3 插座
WX4 BV-500-1(3×2.5)PC20-FC/WC 700 W L1 插座
WX5 BV-500-1(3×2.5)PC20-FC/WC 700 W L3 插座
Pe=5.63 kW
Kx=1.0
Pjs=5.63 kW
Ijs=10.03 A
DPN Vigi-16A
Ie=30 mA
1AL1 PZ30-32/24R
5.63 kW

图 8.3　配电系统图

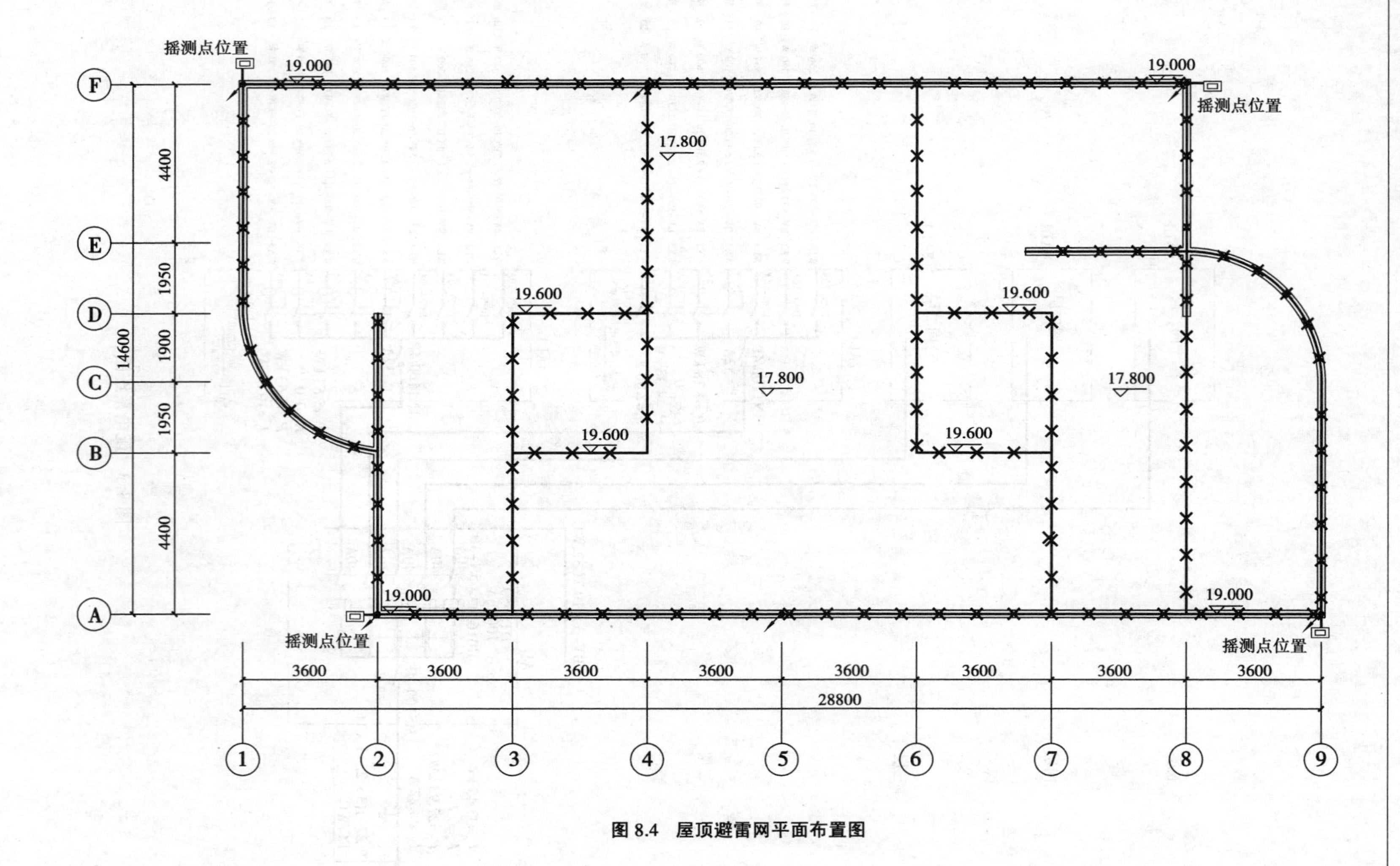

图 8.4 屋顶避雷网平面布置图

3)220/380 V **照明、配电系统**

①本工程负荷等级均为三级。从附近变电所引来一路220/380 V电源,承担全部负荷。进线电缆直埋引入,进户时穿TC110镀锌钢套管。

②导线除图中注明外,照明回路均采用BV—500-(2×1.5)PC16-WC/CC,若灯具按照高度低于2.4 m的,须增加保护线。插座回路均采用BV—500(3×2.5)PC20-F,插座回路均设漏电断路器保护。

③设备安装(均为嵌墙安装):计量箱、配电箱下沿距地面1.5 m,跷板开关下沿距地面1.4 m,刮须插座下沿距地面1.4 m,排气扇插座下沿距地面2.2 m,其余插座下沿距地面0.3 m。

4)**接地系统**

①本工程接地形式采用TN-C-S制,电源在进户处做重复接地,并与防雷接地共用接地极。要求接地电阻不大于1 Ω,实测不满足要求时,增设人工接地极。

②凡正常不带电,而当绝缘破坏有可能所呈现电压的一切电气设备金属外壳均引可靠接地。

③接地极采用50×50,L=2 500 mm镀锌角钢,接地线采用40×4镀锌扁钢,与接地极可靠焊接,接地极每组一般为3根。

④本工程采用总等电位连接,其中卫生间、厕所等采用局部等电位联结。具体做法参见国标图集《等电位联结安装》02D501-2。

5)**防雷系统**

①经计算,本工程年预计雷击次数0.061,根据《建筑物防雷设计规范》规定,本工程防雷等级为3类。

②接闪器。采用ϕ10镀锌圆钢,沿女儿墙和水箱一周敷设,固定支架采用ϕ10圆钢,高0.1 m,间距1 m,由土建预埋。屋面上所有高出避雷带的金属构筑物或管道等均须用ϕ10镀锌圆钢与避雷带连接成电气通路。

③引下线。如防雷平面图所示,各柱的主钢筋须伸出顶面0.1 m与避雷带焊接;接地极、引下线、避雷带须自下而上焊接为一体。

④接地极。接地极利用基础主钢筋,接地电阻不得大于1 Ω,若达不到此值应加设人工接地装置。

⑤作引下线的各柱在±0.8 m处分别用40×4角钢作预埋连接板,引出连接板与柱内主钢筋焊接,供测量接地电阻和必要时加人工接地装置连接用。

⑥配电箱预留洞和暗管预埋须与土建密切配合,预埋暗管时若遇到非电气设备应设法避开,以免与其碰撞。

8.4.2 主要材料及设备用量

本工程主要材料及设备用量如下表:

序 号	名 称	型号或规格	数量	单位	备 注
1	分层计量箱	现场订制	1	只	830×670×180
2	照明配电箱	PZ30-18	5	只	525×320×90
3	接线盒	86HS60	230	只	75×75×60
4	开关盒	86HS60	410	只	
5	荧光灯	PAK-B03-214C-0X 36 W	120	套	
6	吸顶灯	HXXD377 1×32 W	50	套	
7	壁灯	HXBD447 1×18 W	60	套	
8	单相二极加三极暗插座	86Z223A10	120	只	
9	单相三极暗插座	86Z13A10	60	只	卫生间排气扇适用
10	跷板式暗开关	86K11-10	50	只	
11	跷板式暗开关	86K21-10	120	只	
12	刮须插座	146ZX22D	60	只	
13	进户线零线重复接地装置		1	组	

1)图纸目录(略)

2)电气安装工程施工图预算编制

(1)电气安装工程施工图预算书封面(略)

(2)编制说明(略)

(3)安装工程预算

安装工程预算表

序号	定额号	项目名称	单位	工程量	序号	定额号	项目名称	单位	工程量
1	2-618	电缆敷设 VV29-1 (3×25+1×10)	100 m	0.14	7	2-1201	铜芯塑料线 BV10 mm^2	100 m 单	2.08
2	2-521	电缆沟挖填土	m^3	45	8	2-984	电线管 DN32 PC16	100 m	0.37
3	2-529	电缆沟铺砂盖砖	100 m	0.1	9	2-1131	半硬质塑料管 PC16	100 m	14.15
4	2-626	电缆终端头	个	2	10	2-1132	半硬质塑料管 PC20	100 m	7.04
5	2-1171	铜芯塑料线 BV1.5 mm^2	100 m 单	31.65	11	2-1014	焊接钢管 SC70	100 m	0.123

续表

序号	定额号	项目名称	单位	工程量	序号	定额号	项目名称	单位	工程量
6	2-1172	铜芯塑料线 BV2.5 mm^2	100 m 单	21.12	12	2-749	避雷带 ϕ10 镀锌圆钢	10 m	15
7	2-746	避雷引下线	10 m	19.7	22	2-1638	跷板式暗开关 86K21-10	10 套	12
8	2-264	照明配电箱 PZ30-18	台	1	23	2-1707	刮须插座	10 套	6
9	2-263	照明配电箱 PZ30-18	台	5	24	2-690	接地极	根	3
10	2-1594	单管吸顶式荧光灯 PAK-B03-214C-OX,36 W	10 套	12	25	2-697	接地线	10 m	1.5
11	2-1385	环型管吸顶灯 HXXD377 1×32 W	10 套	5	26	2-886	接地装置调试	系统	1
12	2-1393	壁灯 HXBD 447 1×18 W	10 套	6	27	2-849	送配电系统调试	系统	1
13	2-1670	单相二级加三级暗插座 86Z223A10	10 套	12	28	2-1377	灯头盒	10 个	23
14	2-1667	单相二级暗插座 86Z13A10	10 套	6	29	2-1378	开关、插座盒	10 个	41
15	2-1637	跷板式暗开关 86K11-10	10 套	5					

(4)工程量计算

工程量计算表

建设单位:________ 第___页 共___页

工程名称:单身宿舍楼 ____年___月___日

序号	分部分项名称	轴线位置	计算式	单位	数量
1	电缆 VV22-1 (3×25+1×16)		水平长度、垂直长度、配电箱半周长 10+(0.8+1.5)+(0.83+0.67)=13.80 SC7010+(0.8+1.5)=12.30	m m	13.80 12.30
2	电缆沟挖填土		查表得出 0.45 m^3/m 10×0.45	m^3	45
3	电缆沟铺砂盖砖		10	m	10
4	电缆终端头		按每根电缆 2 个终端头计算	个	2

续表

序号	分部分项名称	轴线位置	计算式	单位	数量
5	铜芯塑料绝缘线	底层	BV-5×10,TC32,WC 水平长　配电箱半周长 1.5+(0.525+0.32)=2.35		
		二层	引至二层 配电箱半周长　水平长 3.1+(0.525+0.32)+ 1.5=5.45		
		三层	引至三层　半周长 3.1+2.9+(0.525+0.32)+1.5=8.35		
		四层	引至四层 3.1+2.9×2+(0.525+0.32)+1.5=11.25		
		五层	引至五层 3.1+2.9×3+(0.525+0.32)+1.5=14.15 总计:41.55		
			BV-10:41.55×5=207.75	m	207.75
			TC32:41.55-(0.525+0.32)×5=37.33	m	37.33
6	铜芯塑料线 一层	WL1: BV-2×1.5,PC16	4+0.1(3.1-1.4)+5×3.6+(3.1-1.4)+0.1+2(3.1-1.4+1.7)+(3.1+2.9×3)×2 +(2.9-1.4+1.7)×2×4=81.6		
		WL2: BV-2×1.5,PC16	(3.1-1.5)+2.6+3.6×7+(0.9+3.1-1.4)×8=50.2		
		WL3: BV-2×1.5,PC16	(3.1-1.5)+2.8+3.6×4+2.2×5+[3+(3.1-2.2)+1.2+(3.1-2.2)]×5+(3.1-2.2)×5 =64.3		
		BV-3×1.5,PC16	(1.2+3.1-1.4)×5+(0.9+3.1-2.2+3.1-1.4)×5 =32		
		WL4: BV-2×1.5,PC16	(3.1-1.5)+6.2+3.6×6+2.2×7+[3+(3.1-2.2)+1.2+(3.1-2.2)]×7+(3.1-2.2)×7 =93.1		
		BV-3×1.5,PC16	(1.2+3.1-1.4)×7+(0.9+3.1-2.2+3.1-1.4)×7 =44.8		
		WX1: BV-3×2.5,PC20	1.5+3.2+3.6×5+0.3×11=26		
		WX2: BV-3×2.5,PC20	1.5+2.4+1.4+(1.4+3.3+1.4)×2 +(1.4+3.9+1.4)×2=30.9		
		WX3: BV-3×2.5,PC20	1.5+7.8+3.6×7+0.3×15=39		
		WX4: BV-3×2.5,PC20	1.5+3.6+1.4+(1.4+3.3+1.4)×3 +(1.4+3.9+1.4)×3=44.9		
	二层	WL1: BV-2×1.5,PC16	(2.9-1.5)+2.6+3.6×7+(0.9+2.9-1.4)×8 =48.4		
		WL2: BV-2×1.5,PC16	(2.9-1.5)+2.8+3.6×4+2.2×5+[3+(2.9-2.2)+1.2+(2.9-2.2)]×5+(3.1-2.2)×5 =61.1		
		BV-3×1.5,PC16	(1.2+2.9-1.4)×5+(0.9+2.9-2.2+2.9-1.4)×5 =29		

续表

序号	分部分项名称	轴线位置	计算式	单位	数量
	二层	WL3: BV-2×1.5,PC16	(2.9−1.5)+6.2+3.6×6+2.2×7+[3+(2.9−2.2)+1.2+(2.9−2.2)]×7+(2.9−2.2)×7=88.7		
		BV-3×1.5,PC16	(1.2+2.9−1.4)×7+(0.9+2.9−2.2+2.9−1.4)×7=35		
		WX1: BV-3×2.5,PC20	1.5+3.2+3.6×5+0.3×11=26		
		WX2: BV-3×2.5,PC20	1.5+2.4+1.4+(1.4+3.3+1.4)×2+(1.4+3.9+1.4)×2=30.9		
		WX3: BV-3×2.5,PC20	1.5+7.8+3.6×7+0.3×15=39		
		WX4: BV-3×2.5,PC20	1.5+3.6+1.4+(1.4+3.3+1.4)×3+(1.4+3.9+1.4)×3=44.9		
6	三,四,五层 (同二层)		WL1:48.4×3=145.2 WL2:61.6×3=183.3 29×3=87 WL3:88.7×3=266.1 35×3=105 WX1:26×3=78 WX2:30.9×3=92.7 WX3:39×3=117 WX4:44.9×3=137.7		
			总计: BV-1.5: 81.6×2+50.2×2+64.3×2+32×3+93.1×2+44.8×3+48.4×2+61.1×2+29×3+88.7×2+35×3+145.2×2+183.3×2+87×3+266.1×2+105×3=3 165.4	m	3 165.4
			BV-2.5: (26+30.9+39+44.9)×5×3=2 112	m	2 112
			PC16: 81.6+50.2+64.3+32+93.1+44.8+48.4+61.1+29+88.7+35+145.2+183.3+87+266.1+105=1 414.8		1 414.8
			PC20: (26+30.9+39+44.9)×5=704		704

续表

序号	分部分项名称	轴线位置	计算式	单位	数量
7	避雷引下线(利用柱子主钢筋引下)		女儿墙高度,6 根柱子 (3.1 +2.9 ×4 +0.8 +0.9)×2 ×6 =16.40 ×2 ×6 =196.80	m	196.80
8	避雷带 ϕ10 镀锌圆钢	女儿墙上 屋面及水箱处	(28.80 -3.60)×2 +(4.40 +1.95 +4.40)×2 +3.6 ×3.14 ×0.25 ×2 =77.55 4.8 +3.8 =8.60 水箱引下　女儿墙引上 (9.5 +10 +3.8 ×2 +1.5 ×2 ×2 +0.9 ×2)×2 =63.80 合计:149.95	m	149.95
9	分层计量箱 AL			台	1
10	照明配电箱 1AL1 ~1AL5			台	5
11	单管吸顶式荧光灯			套	120
12	环型管吸顶灯 HXXD377 1 ×32 W		10 ×5	套	50
13	壁灯 HXBD447 1 ×18 W		卫生间 12 ×5 =60	套	60
14	灯头盒			个	230
15	单相二极加三极暗插座 86Z223A10		24 ×5 =120	只	120
16	单相三极暗插座 86Z13A10		卫生间排气扇专用 12 ×5 =60	只	60
17	跷板式暗开关 86K11-10			只	50
18	跷板式暗开关 86K21-10			只	120
19	刮须插座			只	60
20	开关盒			只	410
21	接地极		按每组 3 根计	根	3
22	接地线		5 ×3 =15	m	15
23	接地装置调试			组	1
24	送配电系统调试			系统	1

思考题

8.1　掌握电气安装工程常用材料和电气设备的性能、型号和用途，对编制电气安装工程预算有什么意义？

8.2　试述识读电气工程施工图的步骤和要点。

8.3　试述电气安装工程量的计算方法和计算步骤。

8.4　试述电气安装工程预算的编制程序和注意事项。

8.5　电气安装工程清单项目设置主要有哪些内容？

8.6　电气安装工程综合单价如何确定？

8.7　结合图8.1—图8.3电气施工图，计算照明回路WL1和WL2的工程量。

8.8　结合图8.4电气施工图，计算防雷及接地装置的工程量。

9

建筑设备工程招投标

9.1 工程招投标基本概念

招标投标作为一种采购方式和签订合同的一种程序,在国际国内贸易中普遍采用,是目前公认的一种成熟且可靠的交易方式。我国工程建设行业在经历了几十年的任务行政分配体制以后,招标投标制在全国范围内推广。《中华人民共和国招标投标法》对于规范招标投标活动、保护国家利益、社会公共利益和招标投标活动当事人的合法权益、提高经济效益、保证项目质量等有着积极的意义。

1)招标投标活动

招标投标活动是招标人(业主或发包方)对所需要的货物、工程或服务事先公布采购要求和条件,吸引若干个投标人(卖方或承包方)来参加竞争,就业主的要求和条件进行投标报价,并按规定程序选择交易对象的行为。它规范了工程建设的竞争机制,有利于公平竞争、引进先进技术与管理经验,提高工程建设单位的竞争能力,以及保质保量如期完成工程建设。

2)招标

招标是指招标人根据自己的需要,提出招标项目和条件,公开向社会或几个特定的卖方发出投标邀请的行为。在建筑设备工程中,招标人以文件形式表明项目的需要和各种内容、条件,由符合条件的卖方按照文件内容和要求提出自己的价格等来参与竞争。招标是一项有组织的采购活动,是为了在更广泛的范围内选择合适的承包方。

3)招标的范围和原则

凡在中华人民共和国境内进行的关系社会公共利益、公众安全的项目,或全部或部分使用国有资金的项目及使用国际组织、外国政府贷款、援助奖金的工程建设项目,包括项目的勘察、设计、施工、监理以及与工程建设有关的重要设备、材料等的采购,均必须进行招标。任何单位或个人不得将依法必须进行招标的项目化整为零或者以其他任何方式规避招标。

招标活动应当遵循公开、公平、公正和诚实信用的原则。依法必须进行招标的项目,其招标投标活动不受地区或者部门的限制。任何单位和个人不得违法限制或者排斥本地区、本系统以外的法人或者其他组织参加投标,不得以任何方式非法干涉招标投标活动。

4)招标方式

《招标投标法》确定了公开招标和邀请招标两种招标方式,这是目前我国建筑工程施工招标主要采用的方式。我国工程建设设计、设备、材料常采用公开招标、邀请招标、两阶段招标和议标四种方式。

(1)公开招标

公开招标是一种无限竞争性招标,由招标人通过国家指定的报刊信息网络或者其他媒介发布招标公告,邀请不特定的法人或者其他组织投标。招标公告上应当说明招标人的名称、地址,招标工程项目的名称、性质、规模、实施地点、建筑结构与设备安装特征、质量要求、招标投标日期等事项。对投标单位数量没有限制,凡有意承包该工程项目并符合规定条件的承包商都可以参加投标,让符合资格要求的承包商能公平竞争、打破垄断、减少暗箱操作现象。招标单位有较大的选择范围,能在众多投标单位中择优选取报价合理、工期较短、信誉良好的承包单位。对于依法必须进行招标的项目,全部使用国家资金投资或者国家资金投资占控股或者主导地位的项目,大中型建设项目等均应当公开招标。

公开招标存在投标单位多、时间长、招标成本也大。另外,由于参加竞争的投标人多,投标费用也增多,为了减少损失,投标人会将投标费用转嫁到报价上,最终由招标单位负担。

(2)邀请招标

邀请招标是一种有限竞争性招标(选择性招标),是招标人以投标邀请书的方式邀请特定的法人或者其他组织投标。

招标单位不公开刊登公告,根据过去与承包商合作的经验或咨询机构提供的情况等,有选择地直接邀请若干个信誉良好、技术力量雄厚、对投标项目有经验的承包单位前来投标。相对公开招标,参加投标的单位数量少,招标的时间较短,招标费用较少。但在竞争的公平性和投标报价方面存在不足,由于竞争对手少,招标人难以获得理想的报价,并且不符合自由竞争、机会均等的原则。

为了克服公开招标的缺陷并减少邀请招标的不足,《招标投标法》规定:国家重点项目和省、自治区、直辖市的地方重点项目不适宜公开招标的,经国务院发展计划部门或者省、自治区、直辖市人民政府批准,可以进行邀请招标。采用邀请招标方式的,应当向三个以上具备承担招标项目的能力、资信良好的特定法人或者其他组织发出投标邀请书。

投标邀请书的内容与公开招标公告的内容相同。邀请招标一般适用于工程规模较小,没必要公开招标的;或者规模大、专业性强,只有少数单位有承包能力的工程。

(3)两阶段招标

两阶段招标是无限竞争性招标和有限竞争性招标相结合的一种招标方式。第一阶段通过公开招标,邀请投标人提交根据概念设计或性能规格编制的不带报价的技术建议书,进行资格预审和技术方案比较,经过开标、评标,淘汰不合格者,这是非价格竞争阶段。第二阶段由合格的承包者提交最终的技术建议书和带报价的投标文件,再经过开标、评标,选择理想的投标人并签订合同。这是关键性的价格竞争阶段。

两阶段招标适用于内容复杂的大型工程项目或“交钥匙工程”。

(4)议标

议标是一种非竞争性招标。招标单位直接向一个或几个承包单位发出招标通知,通过协商谈判,就招标条件、要求和价格等达成协议。通常不进行资格预审,不需开标,但谈判双方仍受到市场价格及国际惯例的制约。

议标适用于总价较低、专业性强、工期要求紧、工程性质特殊(由于保密不宜招标);或设计资料不完整,需要承包单位配合;或主体工程的后续工程等项目。有时也用于专业设计、监理、咨询或专用设备的安装和维修等项目。

5)投标

投标是指经过招标单位审查获得资格的投标单位按照招标文件的要求,在规定的时间内向招标单位填报投标书并争取中标的法律行为。

投标人在响应招标之前,必须权衡自己是否具备承担招标项目的能力;其次应当按照招标文件的要求编制投标文件,并在投标截止日期之前,将投标文件送达投标地点。投标是利用商业机会进行竞卖的活动,既是价格的竞争也是技术力量、管理实力等多方面的竞争。

两个以上法人或者其他组织可以组成一个联合体,以一个投标人的身份共同投标。在投标过程中,联合体各方均应当具备规定的相应资格条件。若由同一专业的单位组成的联合体,则按照资质等级较低的单位确定资质等级。

6)开标

开标是招标人在预先规定的时间和地点召开会议,邀请公证监督和各投标人代表参加,按法定的程序正式启封揭晓投标文件,公开宣布投标人的名称、投标价格及投标文件中的其他主要内容,并加以记录和认可的过程。

开标时应对标书进行审查,无效标书即被取消投标资格。出现标书未密封,标书未加盖法人印章、法定代表人或其委托代理人的印鉴,标书内容与招标文件要求不相符,标书未按规定的时间、地点送达,投标人未按时参加开标会,标书经涂改后的内容部分未加盖法定代表人或其委托代理人的印鉴之一的情况,视为无效标书。

7)评标

评标是由招标人确定的评标委员会根据招标文件和有关法规的要求,对所有投标文件进行审查、评估、排序,并推荐出中标候选人的过程。评标应遵循“合法、合理、公正、择优”的原则,其过程要按招标要求,对投标文件中的投标价格、质量、期限、商务条件等进行全面的审查,择优选择。

8)定标

定标是招标人在评标的基础上,最终确定中标人的行为。对招标人而言,定标就是授标,对投标人则是中标。招标人向中标单位发出中标通知书接受其投标报价及有关条件,并通知所有未中标的投标人。

确定中标单位后,招标单位及时发出中标通知书,并在规定期限内与中标单位签订工程施工承包合同。若中标单位放弃中标,招标单位有权没收保证金,并重新评定中标单位。

9.2 招投标的参与者与招投标程序

9.2.1 工程招投标中的主要参与者

1)招标人

招标人可以是各级政府的专业部门或政府委托的资产管理部门,也可以是工厂、学校、房地产开发公司等企事业单位或其他组织。

招标人若具有与招标工程项目相适应的技术、经济、管理人员,并有编制审查招标文件和组织开标、评标、定标的能力,则可以自行办理招标事宜。招标人不具备自行组织招标条件的,应当委托具有相应资格的招标代理机构来进行招标。

招标人在招标过程中的主要工作内容有:提出和确定拟招标项目的范围(总招标,分阶段、分专业招标),确定招标方式和招标内容(公开招标或其他方式,包工包料或包工不包料等),办理相关的审批手续,确定自行招标还是委托代理机构进行招标,编制招标文件,对潜在投标人进行资格审查,组织现场踏勘以及开标和评标工作,确定中标人并签订合同等。全面负责建设项目的策划、落实项目资金的来源、勘察设计、工程施工、工程竣工使用、归还贷款等工作。

2)投标人

投标人是指响应招标,参加投标竞争的法人或者其他组织。主要是勘察、设计、施工、监理、材料设备制造等单位,或者是材料设备的经销者、代理商。投标人既可以是一个法人或组织,也可以是两个以上的法人或者组织组成的一个联合体,以一个投标人的身份共同投标。

所有可能参加投标的组织均称为潜在投标人。其中,响应招标并购买招标文件、参加投标的就是投标人。投标人应当具备承担招标项目的能力并符合招标文件规定的资格条件。此外,投标人还应具备下列条件:

①有与招标文件要求相适应的人力、物力和财力。

②有招标文件要求的资质证书和相应的工作经验及业绩证明。

③法律、法规规定的其他条件等。

3)招标代理机构

招标代理机构是依法设立,从事招标代理业务并提供相关服务的社会中介组织。工程招标代理机构受招标人委托,办理工程项目的勘察、设计、监理、施工等的招标事宜。其提供代理服务是以委托人(招标人)的名义进行招标活动,既要符合招标投标法律法规的规定,更要维护委托人(招标人)的合法权益。在招标人委托的范围内独立办理招标事宜并维护招标活动中各参与者的合法权益。

根据有关规定,工程招标代理机构应当具备的条件有:

①必须依法取得国务院建设行政主管部门或者省、自治区、直辖市人民政府建设行政主管部门认定的工程招标代理机构资格。

②与行政机关和其他国家机关没有行政隶属关系或其他利益关系。

③有从事招标代理业务的营业场所和相应的资金。

④有能够编制招标文件和组织评标的相应技术力量。

⑤有符合规定条件、可以作为评标委员会成员人选的技术、经济等方面的专家库。

招标代理机构的主要工作内容有:投标资格的预审、工程招标方案的确定、编制招标文件、编制工程招标标底、组织投标人踏勘现场和答疑、组织开标、评标和定标、为招标人和中标人草拟项目合同,等等。

工程招标代理机构的资格等级分为甲、乙两级和暂定资格。甲级工程招标代理机构对承担的工程招标代理业务没有投资额的限制,可以承担所有工程招标代理业务。乙级工程招标代理机构只能承担工程投资额(不含征地费、市政配套费与拆迁补偿费)3 000 万元以下的工程招标代理业务。取得暂定资格的工程招标代理机构,其能承担的工程招标代理业务范围与乙级相同。

9.2.2 工程招标投标的程序

建设单位有招标项目时,需提出招标申请,经建设行政主管部门审查批准后,才能进入工程招标过程。

招投标程序是指从招标人开始提出招标要求和条件、投标人准备投标、直到确定中标单位,签订施工合同的全部工作环节。这些程序有的由招标人单方面进行,有的由投标人单方面完成,有的由招标人和投标人共同完成。不同招投标方式的程序不尽相同,以公开招标为例来说明招标投标的程序。

1)招标程序

①成立招标组织:招标组织必须具备一定的条件,并经招标投标办事机构审查批准后方可开展工作。

②提出招标申请并进行招标登记:建设单位向招标投标办事机构提出招标申请,经招投标办事机构审查批准后,进行招标登记,领取有关招投标用表。

招标申请内容一般包括:招标工程具备的条件、招标单位的资质、拟采用的招标方式,对投标企业的资质要求或拟选择的投标企业等。

③编制招标文件:由符合招标条件的建设单位自行编制或委托招标代理机构编制。主要包括的内容有:投标须知,招标项目的综合说明和招标工程范围说明,招标工程的技术要求和设计文件,采用工程量清单招标的需提供工程量清单,拟签订合同的主要条款,要求投标人提交的其他材料等。

④编制标底:招标人根据项目的招标特点,可以不设标底进行无标底招标,也可以预设标底进行有标底招标。需要标底的就编制标底,由招标人自行编制或委托经建设行政主管部门批准的具有编制工程标底资格和能力的中介咨询服务机构代理编制。

⑤发布招标公告:若采用公开招标方式,则应根据工程性质和规模,通过报刊、网络等新闻媒介发布招标公告。

若采用邀请招标方式,则应由招标单位向有承包能力的施工企业发出招标邀请书。

⑥投标单位资格预审和发放招标邀请书:投标申请人按照资格预审文件要求的格式,如实填报相关内容,并递交资格预审资料。招标人据其考查该企业的总体能力,使参与投标的法人或其他组织在资质和能力方面满足招标工作的要求。招标人据此向资格预审合格的投标人发放招标邀请书,投标人应以书面形式确认是否参加投标。

⑦招标文件的发售:招标人按招标邀请书规定的时间和地点,向合格的投标人发售招标文件、图纸和有关资料,投标人收到核对无误后以书面形式予以确认。

⑧组织踏勘现场和答疑:招标人在投标须知规定的时间组织投标人进行实地考察,让投标人了解现场场地情况和现场周围的环境条件等,便于投标书的编制和投标策略的确定,也避免在合同履行过程中以不了解现场情况为由推卸应承担的合同责任。

招标人应在规定的时间(投标预备会或答疑会)以书面形式解答投标人对招标文件和现场中不清楚的问题。招标人对已发出的招标文件所做的任何澄清或修改,应在提交投标文件截止日期15日前书面通知,投标人应书面确认。招标文件的澄清或修改内容视为招标文件的组成部分。

⑨投标:投标人在充分研究招标文件的基础上,经过工程量核实、施工组织设计编制、计算报价等工作来编制投标文件。完整的投标文件一般包括:投标函、投标保证金、投标报价表、法人代表授权书、投标企业资格证明、施工方案或施工组织设计、合同或商务响应条款、附件和其他资料。

装订成册并密封的投标文件在投标截止时间前按规定的时间、地点递交,招标人出具签收凭证并妥善保存。开标前,任何单位和个人均不得开启,但投标截止时间之前,投标人可以撤回或修改,然后按要求密封、递交。规定投标时间以后递交的投标文件不予接收或原封退回。

⑩开标:开标会议由招标单位主持,在招标文件规定的地点、投标截止时间的同时公开进行,评标委员会全体成员、公证部门、所有投标人的法定代表人或授权代理人都签到出席。首先当众宣读无效标和弃权标的规定,核查投标人提交的证件并确认投标文件的密封情况后启封。按报送投标文件时间的先后顺序唱标,当众宣读有效投标的投标人名称、投标报价、工期、质量等必要的内容。投标人对招标人记录的唱标内容要签字确认。

开标时,如果投标文件中出现缺少印章、关键内容模糊不清等符合无效标规定的现象,则作为无效投标文件,不得进入评标阶段。

⑪评标:由招标人组建的评标委员会按招标文件中明确的评标方法进行。评标委员会是由建设行政主管部门及其他有关政府部门或招标机构等确定的专家临时组织,成员人数为五人以上的单数,其中技术、经济、法律等方面的专家人数不得少于评标委员会总人数的2/3。

按照招标文件规定的评标方法,首先对投标文件进行符合性鉴定,不响应或不符合招标文件的要求会被确认为无效标。然后对响应招标文件要求的投标进行商务标和技术标的评审,包括报价、工期、施工组织设计等内容。最后对投标人以往业绩、社会信誉、财力等其他因素进行综合评审并编写评估报告,按顺序推选出1~3个中标候选人。

⑫定标并签订合同:招标单位根据评标结果分别与中标候选人会谈,即双方签订合同前的谈判,进一步考察投标人的实力和投标书中施工组织设计的可行性,选择最优和最可靠的投标人作为中标人。15天内,将招标投标情况书面报告和有关招标投标情况备案资料、中标人的投标文件向建设行政主管部门备案。建设行政主管部门自接到资料之日起5个工作日内未提出异议的,招标人向中标人发放中标通知书,并在恰当的时间通知未中标人。

自中标通知发出之日起30天内,招标人和中标人应按照招标文件和投标文件签订书面合同,中标人应按招标文件要求提交履约保证金。中标人在规定的时间内拒绝提交履约保证金和签订合同的,招标人报请招标管理机构批准后取消其中标资格,并按规定没收其投标保证金,同时考虑与排在其顺序后的中标候选人签订合同。

招标人与中标人签订合同前,应到建设行政主管部门或其授权单位进行合同审查。合同签订后,招标人应及时通知投标未被接受的其他投标人。在签订合同5个工作日内,按要求退还投标保证金和投标文件,因违反规定被没收的投标保证金不予退回。

招标主要程序,见图9.1。

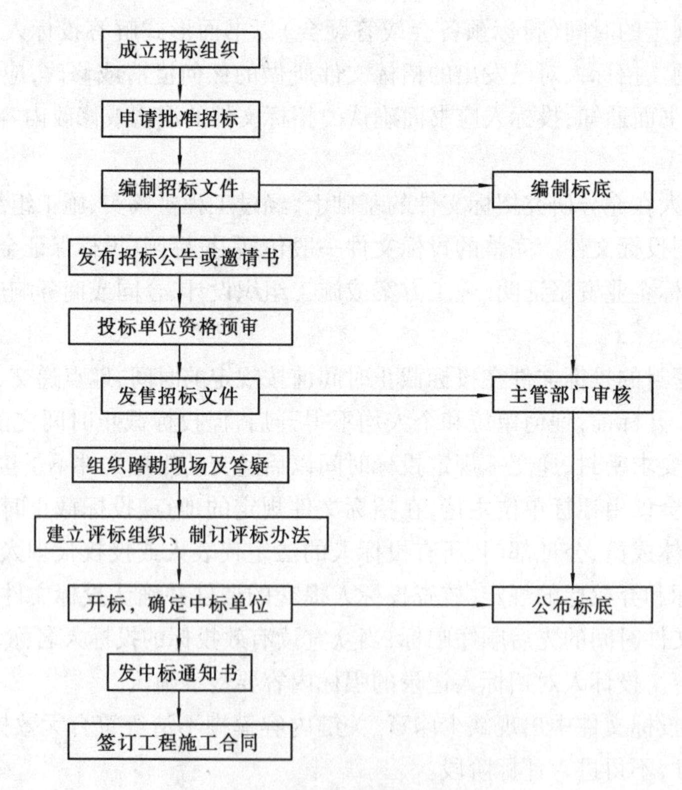

图9.1 建设项目招标程序

2)投标程序

投标是对招标的响应,参与投标竞争必须遵循以下程序:

①编制投标申请书,参加投标:投标申请书中应明确投标企业资质,以往工程业绩,技术能力,设备情况,财务状况等。

②接受招标单位对企业的资格审查。

③领取招标文件:经招标单位审查合格的企业,可领取或购买招标文件。

④研究招标文件:投标单位应认真研究工程条件,计算工程量;研究招标文件中质量要求及合同条件;弄清承包责任和报价范围。对招标文件有疑问需要澄清的,应以书面形式向招标人提出。

⑤编制施工计划,制订施工方案:投标单位在核实工程量的基础上,制订施工方案和计划。这是节约成本的关键,也是争取中标的前提条件。

⑥勘察工程施工现场,修订施工计划:根据施工现场地质条件、交通情况、现场设施情况、劳动力资源和材料供应情况等,及时修正施工方案和施工计划,优化施工计划。

⑦编制投标文件:投标单位根据招标文件和工程技术规范要求,根据编制的施工方案或施工组织设计,计算投标报价,编制投标文件。

投标文件包括投标函、施工组织设计或施工方案、投标报价、投标担保和招标文件要求提供的其他材料。

⑧投送投标文件:投标人应当在要求提交投标文件的截止时间前,将投标文件密封送达投标地点。在开标前,任何单位和个人均不得开启投标文件。

提交投标文件的投标人少于3个的,招标人应当依法重新招标。

⑨参加开标会议:开标由招标人主持,邀请所有投标人参加。投标文件在经公证机构确认为有效后,由有关人员当众拆封,宣读投标文件的主要内容。

⑩订立书面合同:招标人与中标人按招标、投标文件订立书面合同,同时不得另行订立背离合同实质性内容的其他协议。订立书面合同后7天内,中标人应当将合同送县级以上工程所在地的建设行政主管部门备案。

9.3 建筑设备工程施工招标投标文件的编制

建筑设备工程是建筑工程的组成部分之一,必须进行招标。建筑工程的招标形式一般有总承包招标、分阶段招标和分专业招标。总承包招标从勘察、设计、施工到交付使用等全过程实施招标;分阶段招标是对工程建设过程中的勘察、设计、施工、监理等分别进行招标;分专业招标也叫专项招标,对建设工程中的土建、建筑设备、电气、装饰等按专业不同分别招标。根据工程项目的不同特点和具体条件,在我国3种招标形式都在应用。下面以分阶段招标中的施工阶段和分专业招标中的建筑设备招标为例,介绍招标投标文件的编制。

9.3.1 建筑设备工程施工招标文件的编制

招标文件既是投标人投标的依据也是签订工程合同的基础,因此招标文件的编制是招标准备工作中最重要的一个环节。当工程项目已列入国家或省市基本建设年度计划、具有满足施工招标要求的设计文件、监理单位已经确定、施工现场已具备施工条件、招标申请报告已经批准等条件满足时,就可以开始建筑设备工程施工招标。

1)招标文件的编制原则

本着公平、互利的总原则,招标文件应尽量完整、严密、内容明确、合理合法。施工工程的范围和内容要客观详细地说明,使投标建立在可靠的基础上,减少履约过程中的争议;确定的设备、材料的技术规格和合同条件不应对有资格投标的投标人造成歧视;施工依据的规范、规定和必须达到的标准应明确。评标的内容和方法、标准应公开、公平、合理;符合国家现行的法律、法规要求;公正处理招标人和投标人的利益,使中标人能获得合理的利润,风险责任的分担应公平合理。

2)招标文件的内容

施工招标文件的内容相比设计、监理招标来说,更加明确和具体。一般包括编写和提交投标文件的规定、评标的方法和标准、合同的主要条款以及附件等内容。其中,技术要求、报价要求、主要合同条款等是关键性内容。

①投标须知:投标须知为标准化条款,一般有精简的"投标须知前附表"。内容包括招标工程项目综合说明(名称、地点、范围、现场条件、预计工期等),投标人资质和合格条件、招标程序规定及要求,开标时间、地点和相关规定,评标的内容、要求、依据等。

②合同条款:应采用住房和城乡建设部和国家行政管理局联合颁布的《建筑工程施工合同》标准化文本,分为通用条款和专用条款。通用部分不得改动,专用条款可以根据招标工程项目的具体情况和特点明确并细化。

③技术要求和规范:包括招标工程的招标范围、工程内容、承包方式(包工包料、包工不包料、包工部分包料)、施工现场组织要求、工程量计算说明、工程量清单添加要求以及建筑设备施工中必须依据的规范和规定,质量必须达到的标准等。

④投标文件的编制要求:一方面是商务投标文件,包括有关的资格和资信证明文件、投标保证金的数额或其他形式的担保、工程量清单和投标报价书等;另一方面是技术投标文件,包括施工方案或施工组织设计、项目技术和管理人员的配备等。

⑤施工图纸:包括工程招标范围内的所有施工图纸。

3)招标文件范本和实例

为了规范招标文件的内容和格式,节约编写招标文件的时间,提高招标文件的质量,国家相关部门分别编制了招标文件范本。建筑设备工程的施工招标参照住房和城乡建设部《建设工程施工招标文件范本》,标书制作方面软件的出现,简化了招标文件的编制工作。使用"范本"编制招标文件时,通用文件和标准条款不需做任何改动,只针对招标项目的具体情况重新编写投标须知前附表、专用条款、协议条款、技术规范、工程量清单等部分内容,加上施工图纸就构成一套完整的施工招标文件。由于篇幅所限,招标文件的内容见例9.1。

【例9.1】　投标须知前附表。

第一章　投标须知前附表

项　目	条款号	内容规定
1	1.1	工程综合说明： 工程名称：××交流展示中心工程 建设地点：××市 工程简介：本工程总建筑面积：25 000 m^2，为一局部四层的钢筋混凝土结构、钢结构建筑物 要求质量标准：国家验收优质工程标准 要求工期：200×年×月1日至200×年×月1日共273天（日历日） 招标范围：另详见附件 发包形式：包工包料
2	1.1	合同名称：
3	2	资金来源：私企、自筹
4	3.2	投标单位资质等级：机电设备安装工程专业承包一级及以上资质
5	11.1	投标有效期为56天
6	12.1	投标保证金数额为20 000元
7		投标价格的计算依据： (1)执行的定额和计价标准：2007年《××市建筑工程预算基价》《××市设备安装工程预算基价》；2007年12月《××市工程造价信息》；同时结合市场行情； (2)执行的取费标准：××市建委有关规定； (3)工程计价类别：××市工程计价办法； (4)执行的政策性文件：截止到××市建委颁发建管[2007]第658号文件，以后发生不再调整； (5)合同价款采用固定价格合同
8	13.1	投标预备会 1.领取招标文件日期：200×年2月18日下午4:00 地　点：××市北辰科技工业园区 联系人：××　联系电话： 2.现场勘察及投标预备会时间：200×年2月22日下午3:00 地　点：××市北辰科技工业园区 联系人：××　联系电话：
9	14.1	投标文件份数：正本1份，副本2份
10	15.4	投标文件递至地点：××集团招标办公室（××市北辰科技园区楼）
11	16.1	投标截止日期：200×年4月28日9:00
12	18.1	开标时间：200×年4月28日14:00 地　点：××集团质检楼五楼会议室

9.3.2　建筑设备工程施工投标文件的编制

投标单位或委托投标单位获得招标信息后，根据自己的资质等级及承担招标项目的能力等，通过参加投标来承揽工程项目的建设。为了把投标失误降低到最低点，投标人首先应当通过分析、判断、决策决定是否投标。

1)投标文件的基本内容

投标文件是根据招标文件要求的内容和格式,以及相关施工标准、规范和定额等的要求编制的,也叫做投标书。基本内容包括:投标函、投标保证金、投标报价表、法人代表授权书、投标企业资格证明、施工方案或施工组织设计、对招标文件中各条件和要求的响应等。

①投标函:即投标人的正式报价信。综合说明所承担工程的名称、范围、总报价金额、施工质量达到的标准,以及开工、竣工日期,总报价金额中未包含的内容,要求招标人配合的条件,如投标被接受愿意提供履约保证等。

②投标总报价及价格组成的分析:准确计算工程量或校核招标文件中的工程量清单,根据国家及当地现行定额和取费标准、施工方案、各类费率、利税、风险等因素确定单价和投标总报价。

③施工组织设计或施工方案:用来指导所承担建筑设备工程施工安装全部过程中各项活动的技术、经济和组织的综合性文件。主要说明该工程的施工顺序、施工方法、主要机械设备的使用、工程进度计划表、项目部管理人员和施工劳动力安排,保证质量、工期和安全的措施等。施工组织设计或施工方案既是投标报价的重要前提和依据,又是评标时主要考虑的因素之一。

④其他内容:一般包括:投标人资格、资信证明文件,企业近几年经审计的财务报表,近几年完成的施工项目和正在实施的项目名录,主要设备、仪器的明细情况,质量保证体系情况,项目负责人与主要技术人员的资格证书及简历等。

2)投标项目选择

企业为了能够选择适当的投标项目,首先必须广泛了解和掌握所有招标项目的分布与动态,即企业必须经过各种渠道广泛搜集和掌握有关招标项目的情报或信息(如项目名称、分布地区、建设规模、工程建设大致内容、资金来源、建设要求、招标时间等);根据这些情况对招标项目进行早期跟踪,主动地选择对自己有利的投标项目,并有目的地预先做好投标的各项准备工作。其次,企业要正确地选择投标项目。只有正确选择投标项目,才能提高中标率,企业才能在工程建设中取得良好的经济效益。通常,在项目的选择过程中,主要考虑的因素有:

①工程的性质、特征:如工程是工业建筑还是民用建筑;是新建工程还是改建工程;其规模特征如何等。

②工程社会环境特征:如国家的政治经济形势,特别是与该工程直接有关的政策、法令和法规等。

③工程的自然环境:包括工程的地理位置及其所在地区的气象、水文、地质等自然条件。这些条件直接关系着工程能否顺利进行及所花费用的高低。

④工程的经济环境:包括资源条件、协作与服务条件和竞争对手条件等因素。考虑工程的资源条件主要是分析研究能为招标工程所用的当地劳动力的素质、数量、工价,以及各种原材料的供应条件等,这些因素绝不可忽视。工程的协作条件,通常是考虑工程所在地的社会服务和劳务服务情况(如构配件供应、机修能力、租赁机械和水、电供应以及商业网点、医疗文教

等)及当地的分包力量。竞争力量主要是分析竞争对手的实力和优势,以便权衡自己取胜的可能性及应采取的对策。

⑤本企业的承担能力:主要考虑自身的技术水平、管理水平、施工经验、职工队伍素质等因素,企业应当选择与自己承担能力相适应的工程作为投标项目。当其承担能力不足时,看有无可靠的对策。

⑥对后续工程的考虑:如果招标工程有后续项目,则应考虑低价中标,力争取得后续项目施工任务;在基本建设规模相对缩减时,为保持施工任务的来源,也应考虑在不利的条件下参加投标;在开拓新的市场领域时,也应采用低利策略,以便占领新的市场。

确定是否参与一项工程的投标取决于多种因素,企业需要从长期战略任务出发,综合考虑诸因素,以求战略目标的实现。除了定性地分析选择投标项目外,还需定量地分析投标项目选择的利与弊。

3)投标报价的技巧

(1)正确计算标价

其关键在于确定和掌握好工程量、综合单价和各种取费费率三大要素,计算准确和确定得合理,就可保证报价既有一定的竞争力,又不致严重失误。

计算和核实工程量,一方面认真研究招标文件,吃透设计技术要求,检查疏漏;另一方面,要进行实地勘察,取得第一手资料,掌握一切与工程量计算有关的因素。工程量计算的准确与否,关系整个算标工作的基础。施工方法、用工量、用料量及机具设备、脚手架和临时设施数量等,都是根据工程量的多少来确定或计算的。

查实、核实或推算出与直接费用诸因素有关的价格。例如,按本企业各项开支标准算出工日基价;在材料价格表的基础上,结合市场调查和询价结果,并考虑运输等各种因素,计算出运抵现场的各种材料预算单价;按照所选用设备的来源途径和相应的费用计算出机具设备基价。

(2)降低预算成本

降低预算成本的途径是多方面的,如降低人工费、材料费、机械使用费及紧缩各种间接费等。降低预算成本的策略与降低预算成本的途径密切相关,但是它不等于简单地分析降低成本的途径,而是按照这些途径去研究既能通过降低预算成本而降低报价,又能使企业减少利润损失的措施和技巧。

企业应当发挥自己的优势,利用自己的优势降低成本、降低报价(如发挥职工队伍优势,发挥技术装备优势,发挥材料供应优势,企业施工技术先进、方案切实可行、经济优势明显,管理体制好、办事效率高,间接费低等);在计算报价时,要把优势转化为较低的报价。这样既提高了竞争获胜的概率,又减少了利润上的损失。

(3)确定合理的利润率

确定一个适度的利润率,既保证了投标报价的竞争力,又使企业能避免无谓的利润损失。如前所述,施工企业确定利润率的高低,除了纯技术性的因素外,主要是通过对经营竞争环境的分析,有谋略地进行决策。

①不低于最低预算成本。所谓的"低标""中标"或"高标",主要是按照报价中的利润率的高低来划分,虚假的报价在评标中也会引起招标单位的怀疑,不但投之无益,还会使企业丧

失信誉。此外,除非有很特殊情况投高标,如边远地区或技术要求高、工程难度大的项目,或在竞争中处于绝对优势的情况下;否则,企业不要轻易投"高标"。

②正确分析竞争对手。报价中利润率的高低取决于对投标竞争对手的信誉、实力、优势,以及过去投标报价水平等所作的分析,还取决于在上述各方面对自己企业的正确估计。这样,所谓"低标""中标"又是相对于竞争对手的强弱而言的。

③充分了解工程状况。企业确定一个合理而适度的利润率,还要分析工程对象本身的性质和特点具体分析。一般情况下,在建筑产品价格上涨时期,承包工程利润率高;反之,承包工程利润率低;技术密集型工程利润率高,劳务密集型工程利润率低。

(4)适当的辅助措施

①报价附带优惠条件。优惠条件是提高中标率行之有效的一种手段,报价附带优惠条件必须是在调查研究的基础上,针对招标单位的实际需要或存在的困难提出的,也必须是自己一方能够解决的问题。例如,承包企业如果中标,可以许诺为招标单位提供融通资金服务;对于集资建设项目,承包商可以投入一定资金,或给予低息贷款。又如,对招标单位提出某些一时难以解决的特殊材料,可以利用自己的周转材料、库存材料为其解决品种、规格的配套供应。另外,在人才培训方面,可以利用自己的优势帮助招标单位培训生产及维修工人等。报价附带优惠条件如果是招标单位之急需的,且参加投标的主要对手实力相当、报价接近时,往往是决定中标的关键因素。

②搞好工程业务招揽工作。工程业务招揽是指建筑施工企业通过合法的业务渠道,为开辟企业经营业务来源而进行的调查、宣传、社交活动等一系列工作,是企业进行市场活动的重要内容。

由于建筑产品的技术经济特点,大部分工程交易活动不是通过产成品,而是通过信誉与实力直接在企业与企业间进行较量。因此,建筑施工企业的业务招揽活动与工业企业相比具有不同特点。例如,样板工程广告、人事聘用广告、科技广告、多种经营的商品或劳务服务广告与建设单位、科研单位的协作范围等,都是建筑企业招揽业务活动的方式。

③联营承包经营管理。许多大型现代化建设项目仅靠一家公司进行承包,在技术、业务、管理等方面都会有一定困难,有时甚至是不可能的。采取灵活的联营承包经营管理方式参加投标竞争会大大增加中标的机会,甚至也更有利于中标以后的工程建设。

联营承包方式有多种,可以有选择性地采用联合方式,获得最佳的经营效果。常用的联营承包方式有:国有大中型企业与小型集体企业的联合、外地公司与本地公司的联合、两家以上公司组成松散联合体等。

国有大中型企业与小型集体企业的联合:国有大中型企业技术力量雄厚,装备精良,抗风险能力强,可承包多种工程施工任务,但其拖累大,负担重,相对成本高。与此相反,小型集体企业,特别是乡镇建筑队,劳动成本低,经营方式灵活,且有一定的公关优势,但因技术与装备的原因,承包工程的范围受到一定限制。二者联合投标,可以有效地降低报价,提高竞争能力。一旦中标,优势互补,可降低成本,提高经济效益。

外地公司与本地公司的联合:外地公司(或专业公司)以自己的技术优势、专业特长与建设项目所在地的建筑施工企业联合投标,可以利用当地公司了解地方市场情况、与地方政府和建设单位有一定的业务联系、在该地区有一定社会信誉、业务渠道畅通、协作关系广泛等优势。

同时，跨地区、跨部门的联合也有利于打破“地区保护主义”“部门保护主义”的壁垒，甚至可以分享当地公司的一些优惠政策。

两家以上公司组成松散联合体：具有不同专业特长和优势的两家及两家以上的公司组成松散的联合体进行长期合作，共同投标。松散联合体组织形式的选择，要根据建设的具体情况来决定，要符合项目实际，有利于同业主和监理公司进行工作联系；内部机构设置要精干高效、分工明确、合作密切，有利于联营体成员之间的紧密配合，协调一致。目前，通常采用的联营体组织形式有项目管理委员会组织形式和联营体形式。项目管理委员会是由各参加单位推选代表产生的，与建设单位签订工程合同，共同对建设单位负责，并在建设过程中，协调各单位之间的关系。但参加联营的各单位仍是各自独立经营的企业，只是在共同承包的工程项目上，根据事先达成的协议，承担各自的义务和分享各自的收益。项目管理委员会的牵头单位一般由联营体中承担份额最大的公司出任（特殊情况下也可选择最有管理经验或与业主关系密切的单位出任），其余各联营成员各派一名代表参与项目管理委员会，各位代表应是各公司的领导成员，且被授权决定联营体内的重大问题。联营体是由若干个独立法人组成的总承包商，负责组织实施一个建设项目建设全过程。一旦承揽到大型工程项目，总承包商即可将若干专业工程交给不同的专业承包公司去完成，并统一协调和监督各公司的工程进展情况。

思考题

9.1　招标方式有哪几种？

9.2　工程招投标中的主要参与者各有何特点？

9.3　简述建设工程招投标的程序。

9.4　招标文件和投标文件分别有哪些内容？

9.5　简述投标项目的选择技巧。

9.6　简述投标报价的计算方法和合理确定标价的技巧。

参考文献

[1] 中华人民共和国住房和城乡建设部. GB 50500—2013 建设工程工程量清单计价规范[M]. 北京:中国计划出版社,2013.

[2] 全国造价工程师执业资格考试应试指南. 工程造价计价与控制[M]. 北京:中国计划出版社,2012.

[3] 中华人民共和国住房和城乡建设部标准定额司. 全国统一安装工程预算定额[S]. 北京:中国计划出版社,2001.

[4] 天津建委. 2004 年天津市设备安装工程预算基础[M]. 北京:中国建筑工业出版社,2004.

[5] 梁庚贺,王和平. 2004 年造价工程师继续教育培训教材[M]. 天津:天津人民出版社,2004.

[6] 郭婧娟. 工程造价管理[M]. 北京:清华大学出版社,2005.

[7] 宁素莹. 建筑工程价格管理,北京:中国建材工业出版社,2005.

[8] 车春鹂,杜春艳. 工程造价管理[M]. 北京:北京大学出版社,2006.

[9] 尹贻林. 工程造价计价与控制[M]. 北京:中国计划出版社,2005.

[10] 郝建新. 工程造价管理的国际惯例[M]. 天津:天津大学出版社,2005.

[11] 何耀东. 中央空调工程预算与施工管理[M]. 北京:中国建筑工业出版社,2003.

[12] 曹克民. 建筑电气工程师手册[M]. 北京:中国建筑工业出版社,2003.

[13] 中国建设工程造价管理协会. CECA/GC1—2007 建设项目投资估算编审规程[S]. 北京:中国计划出版社,2007.

[14] 中国建设工程造价管理协会. CECA/GC2—2007 建设项目设计概算编审规程[S]. 北京:中国计划出版社,2007.

[15] 柯洪. 工程造价计价与控制[M]. 北京:中国计划出版社,2009.

[16] 张宝军. 建筑设备工程计量计价与应用[M]. 北京:中国建筑工业出版社,2007.